건축적산과 원가관리

배 대 권 저

기 문 당

| 머리말 |

최근 건축물의 고층화 · 대형화 · 지능화와 건축공사의 전문화, 정보화로 새로운 건축기술과 재료의 선택이 활성화고 있다. 특히 정보화 시대를 맞이하면서 건축공사에 적용하는 설계기술도 녹색기술을 지향한 신공법과 재료를 활용하기 위해 더 많은 노력을 기울이고 있다. 이와 함께 건설사업의 규모가 커짐에 따라 공사비용의 절감 등 경제적인 이익에도 관심이 커짐에 따라 공사비를 산출하는 건축적산에 대하여도 그 적용의 범위가 넓고 원가에 대한 인식도 커서 이를 절감하기 위한 관리기술이 중요한 사안으로 떠오르고 있다.

건축적산이란 사업계획 수립 시 요구된 건축공법과 재료 및 투입노무량을 공사의 수량으로 산출하는 기술적인 활동이다. 따라서 건축적산은 프로젝트의 공사내용을 이해하고 설계도서에 따라 정확하고 신속하게 작성되어야 한다. 이는 곧 건축공사비의 합리적인 결정과 전체 공사기간을 예측할 수 있는 기준이 된다. 특히 최근과 같이 정보화시대에는 적산장비와 견적기술의 발달로 보다 빠르고 정확하게 공사수량을 산출할 수 있는 적산프로그램의 활용으로 공사비를 조기에 예측할 수 있다.

그러나 적산기술은 건축기술의 급격한 발달로 건축물에 대한 공사내용을 빠르게 이해하기가 쉽지 않고 시공수량과 공사비 결정과정에 대한 이해 없이 결과적인 것에만 치우쳐 공사비에 대한 검토가 소홀해질 수 있다.

따라서 공사수량의 산출과정에 대한 산술적인 계산근거를 이해할 수 있도록 하는 것과 공사내용이 변경되는 경우나 새로운 공법으로 대체 적용되는 경우에도 적용되는 재료나 공법의 변경 및 이에 따른 공사비의 신속한 변경관리를 추진할 수 있는 기술자적 역량이 필요하다. 뿐만 아니라 전체적인 공사비가 결정되면 건축물을 실현하는 과정에서 원가의식을 가지고 시공에 임하게 함으로써 실시간 원가관리활동이 가능하다.

이에 따라 건설전문가 여러분과 현장종사자들이 제공하는 실무적 · 경험적인 자료들을 바탕으로 건축적산과 원가관리를 수행할 수 있는 교재를 집필하게 되었다. 이 교재의 특징과 주요내용은 다음과 같다.

제1장은 총론으로 건설사업의 환경과 적산의 중요성 및 공사비, 원가계산서의 작성방법 등 건설공사비에 대한 일반적인 사항을 기술하고 있다.

제2장에서 제11장까지는 건축공사의 주요 공종들에 대한 적산방법과 절차를 기술하고 각 장별로 연습문제를 두어 독자들에게 주요 공종별 수량산출방법을 습득하게 하여 궁극적으로는 건설원가의 계산과 및 사업예산 편성 등에 도움이 되도록 하였다.

제12장은 건설사업에서 주요하게 다루고 있는 원가관리에 관한 사항으로서 건축공사의 수행단계별 원가개념에 대한 이해와 비용절감 및 원가관리기법을 학습하도록 현장의 실무적인 경험을 바탕으로 기술하였다.

제13장은 현재 건설사업에 널리 적용되고 있는 건설공사의 경제성 검토의 한 부분으로써 건설VE와 생애주기비용(LCC) 산정 등 실제적인 원가관리활동을 이해할 수 있도록 기술하였다.

제14장에서는 건설사업의 생애주기비용과 각 단계별 비용산출방법 등의 사례를 들어 기술하였다.

제15장에서는 원가관리와 밀접한 관련이 있고 공사계약의 이행에서 중요시되고 있는 "건설공사의 계약일반조건" 에 명시된 54개 항목에 담긴 사항을 효과적으로 이행할 수 있도록 해설하였다.

전체적으로 본 교재의 내용을 보다 쉽게 이해하도록 하기 위하여 가능한 각 장별로 표와 그림으로 도시하고 설명을 덧붙였으나 아직 부족한 면이 많이 남아있다. 이에 선배 여러분들의 많은 관심과 채찍이 있으시길 기대합니다.

끝으로 본 교재가 출간되도록 도와주신 여러분께 진심으로 감사드리며, 앞으로도 계속해서 미흡한 점을 보완하여 최신의 기술정보내용에 충실할 수 있도록 노력할 것을 약속드리는 바입니다.

2012년 8월

저자

| 차례 |

| 표 차례 |

| 그림 차례 |

제 1 장

총 론

1.1 건설산업과 경영환경

1. 건설산업의 환경

지난 1997년 이후 정부의 조달협정 발효로 공공건설시장의 전면적인 개방이 이루어졌다. 특히 1999년을 기점으로 일본과 프랑스 등 선진 건설업체들의 우리나라 진출이 이루어지면서 국내 건설시장의 경쟁력 강화가 커다란 이슈로 작용되어 왔다.

외국 건설업체들의 국내 진출은 대부분 국내 업체들과의 합작형태로 이루어지다가 국내 기술이 취약한 분야에 중점적으로 진입하여 적극적인 공략이 이루어졌다. 특히 지난 1998년 우리나라의 IMF 국제구제금융 이후 국내 건설경기의 급격한 침체상황에서 외국 기술자들이 상대적으로 국내 진출이 급속히 증가하였다. 이러한 상황은 그 이후 국내 건설산업 전반에 커다란 영향을 미쳐 우리나라 건설업체들의 경쟁력 약화로 이어져 이를 강화하기 위한 노력들이 이루어졌다.

한편, 건설산업의 또 다른 환경변화의 하나로 건설산업의 구조가 종래의 생산자중심의 산업사회에서 점차 사용자중심의 지식정보화 사회로 변화되었고, 이에 따라 국내 건설기술에 대한 정부의 정책이나 제도 역시 커다란 변화의 시대를 맞이하였다. 특히 정보화와 인터넷의 활성화는 건설사업 환경의 급격한 변화를 가져왔으며, 이에 따라 정부의 건설제도나 정책도 새로운 변화의 시대를 맞이하고 있다. 따라서 기업의 경영자들이 간과하지 말아야 할 다음과 같은 사항들이 있다.

(1) 국제화

기업경영활동은 이미 국내시장에서 세계시장으로의 진출이 확대되고 국내 건설업체들도 건설시장 확대를 위한 적극적인 노력이 이루어지고 있다. 특히 경제의 글로벌화와 국제적인 자본시장의 등장으로 건설업체들의 해외 진출이 더욱 확대되고 있다.

(2) 경쟁의식 심화

외부의 사업환경 변화로 기업체들이 자사의 경영자원과 능력보다 외부 경쟁자와의 대응경험의 차이에 따라 경쟁우위가 확보되며 내부적 경영혁신 정도에 따라 기업 경쟁력이 결정되고 있다.

(3) 고객중심 경영방식

모든 사업경영활동은 고객이 중심이며, 고객의 가치가 존중되지 못할 경우 고객은 기업을 외면한다. 따라서 기업은 고객의 요구와 기대사항을 어떻게 파악하고 수용하며, 그들에게 제공되는 서비스가 충족될 것인가에 관심이 많다.

(4) 지식정보의 중요성

현대사회는 인적자원과 기술력만이 경쟁력의 원천이 되는 산업사회와는 달리 정보와 지식이 경쟁력의 원천으로 작용하고 있다. 특히 컴퓨터와 정보통신기술의 발달은 정보화를 기반으로 작용하고 있으며, 기업의 입장에서는 새로운 시장과 고객을 창출하고 경영의 성과로 연결시키는 기회를 확보할 수 있다.

따라서 기업은 이러한 지식과 정보를 이용하여 새로운 부가가치와 서비스를 창출하는 능력이 요구된다. 또한 기업의 경쟁력이 노동과 자본 등 물리적 자원보다는 지식과 정보의 창출, 확산, 습득과 활용을 통한 혁신능력에 의해 결정되고 있다. 특히 인터넷 중심사회에서의 개인과 조직은 새로운 지식과 기술을 습득하고 활용할 수 있는 능력의 개발이 중요시 된다. 또한 기업경영방식도 기술, 정보, 지식집약적인 분야에 경영자원을 집중 배치해야 경쟁력의 확보가 가능하다.

(5) 프로세스와 시스템의 경영방식 활용

바람직한 기업경영은 기업이 고객에게 제공하는 서비스의 요구사항을 이해하여 이를 충족하기 위한 사업모델을 개발하여 운영하는 데 있다. 또 서비스에 가치를 부가하기 위해 입 · 출력사항의 상호관계를 실현해나가야 하는 프로세스의 혁신이 필요하다. 따라서 이러한 프로세스의 성과나 효과성을 극대화할 수 있도록 하기 위해서는 조직 경영자에 의한 검토하에 "프로세스"와 "시스템"의 개선이 필요하다.

1.2 건축적산이란

1. 개요

적산이란 건축물을 생산하는 데 소요되는 비용, 즉 공사비를 산출하는 것을 말한다.

적산작업을 위해서는 설계도면과 시방서, 현장설명서 및 시공계획에 의해 시공해야 할 공사의 수량과 단위 단가를 구하여 재료비, 노무비, 경비를 산출하고 여기에 일반관리비와 이윤 등 총공사비를 산출하는 과정이라 할 수 있다.

그러나 최근의 적산에 대한 용어는 보다 더 넓은 의미를 가지며 건설공사의 기본계획이나 설계는 물론 각종 설계에 대한 경제성 평가, 입찰, 계약 및 시공 등 프로젝트 수행과정의 전반적인 비용관리의 의미로도 설명되고 있다.

실무적인 면에서의 적산은 발주자의 입장에서 산출하는 공사비 예정가격의 산출과 시공자의 입장에서 산출하는 공사비 입찰가격의 산출과정은 견적작업으로 통용되고 있어 견적가격이라고도 한다.

공사비에 대한 예정가격이란 공공 발주공사의 입찰 전 낙찰자의 결정기준으로 작성하는 공사비를 말하며, 관급 재료비의 가격이 포함되지 않는다. 즉 예정금액은 예정가격에 관급 재료비를 합한 금액이다. 이와 같은 공사비 적산의 활용사례는 공사비의 예산이 요구되거나 발주자의 예정가격 산정, 입찰자의 입찰금액 산출내역서 작성, 대안설계의 비교, 시공자의 실행예산서 작성, 공사시공 중 계약금액의 조정, 기성금액의 산출 등에 이용된다.

2. 공사비의 구성

건설공사는 공사목적물의 실현을 위해 투입되는 제 비용, 즉 재료비, 노무비, 경비의 합계를 말한다. 재료비는 공사원가를 구성하는 직접재료비와 간접재료비의 합계이다.

직접재료비란 해당되는 공사목적물 구현을 위해 직접적으로 투입되는 재료의 비용으로 주요 재료비와 부품비 등을 포함한다.

간접재료비는 본 구조물에 영구적으로 실체를 형성하지 않고 본 구조물을 형성하기 위해 보조적으로 소비되는 재료의 비용이다.

노무비는 근로자에게 지급되는 임금으로 직접노무비와 간접노무비로 구분할 수 있다.

직접노무비는 공사목적물을 완성하기 위해 직접적으로 건설현장에서 작업에 참여하는 노무자나 기능공 등 기술자에게 지급되는 인건비다. 간접노무비는 직접적으로 공사현장에 참여하지는 않으나 공사현장에서 보조작업에 종사하는 노무자, 기술관리자, 현장관리직원 등에 대한 인건비다.

경비는 소요되는 공사비목별 경비로 공사원가 중 재료비와 노무비를 제외한 현장에 소요되는 비용이며, 일반관리비는 회사를 유지하기 위해 발생하는 제반관리비용을 말한다.

총공사비란 공사원가에 이윤과 일반관리비 및 부가세액을 모두 포함한 금액이다. 공사원가란 순 공사비와 현장관리비를 합한 것으로 여기에서 순 공사비는 직접공사비와 간접공사비를 포함한 가격이다.

직접공사비란 재료비, 노무비, 외주비, 경비의 합을 말한다. 여기에서 외주비는 해당되는 공사 중 일부를 위탁하고 그 대가로 지불하는 비용을 말한다.

또한 이윤은 영업적 이익을 말하는 것으로, 통상 공사비 계산 시 노무비와 경비 및 일반관리비의 합계액에 이윤율을 곱하여 산정하게 되는데 이윤율은 전체 합계액의 15%를 초과하여 계산할 수 없다. 공사비 구성요소 중 총원가는 공사원가와 보험료로 구분되는데 공사원가는 순 공사원가와 일반관리비 및 이윤 등으로 분류할 수 있고 순 공사원가는 재료비와 노무비 및 경비로 구분된다. 이와 같은 건설원가의 구성요소는 다음과 같다.

(1) 공사원가

건축공사 시 투입되는 재료비, 노무비, 경비의 합계액을 말한다.

(2) 재료비

공사원가를 구성하는 직접재료비와 간접재료비의 합계다. 직접재료비는 공사목적물의 실체를 형성하는 재료비이고 간접재료비는 당해 공사목적물의 실체 형성에 직접적으로 사용되지는 않으나 보조적으로 사용되는 재료비다.

(3) 노무비

노무비는 근로자에게 지급되는 인건비로 기본급, 제수당, 상여금 및 퇴직급여충당금 등을 말한다. 또 노무비는 건축물 시공에 소요되는 공사공종별 노무량에 그 노임단가를 곱한 것으로 직접노무비와 간접노무비가 있다. 직접노무비는 공사계약 목적물을 완성하기 위해 직접 작업에 종사하는 노무자, 기능공 및 기술자에게 지급되는 대가이며, 간접노무비는 직접 공사현장에 종사하지는 않으나 공사현장에서 보조작업에 종사하는 노무자, 현장감독자, 현장사무직원, 경비원 등에 대한 대가이다.

(4) 경비

경비란 건축물 시공에 소요되는 각 비목별 경비의 합계를 말하며, 실제로는 건축공사 시 소요되는 공사원가 중 재료비와 노무비를 제외한 모든 현장비용을 말한다. 여기에는 전화료, 전기료, 기계경비, 가설비, 보험료, 안전관리비, 품질관리비, 환경관리비 등이 포함된다.

(5) 일반관리비

일반관리비는 기업의 유지를 위해 관리부문에서 발생하는 제 비용을 말하며, 보통 재료비와 노무비 및 경비의 합계금액에서 일반관리비율을 곱하여 산정한다. 보통 여기에는 직원급료, 수당, 퇴직충당금, 복리후생비, 여비, 교통통신비, 세금과 공과금, 감가상각비, 운반비 등이 있다.

(6) 이윤

이윤은 회사의 영업이익을 말하며, 공사원가 계산 시 재료비를 제외한 노무비와 경비 및 일반관리비의 합계액에 이윤율을 곱하여 산정한다. 일반적으로 이윤율은 직접공사비의 15%를 초과하여 계상하지 않는다.

(7) 외주비

외주비는 공사 중 일부 공종의 시공을 협력업체에 위탁하여 시공하는 대가로 지불되는 비용을 말한다. 외주비 계산 시에는 재료비와 노무비를 구분하여 계산한다.

(8) 직접공사비

직접공사비는 계약목적물의 시공에 직접적으로 소요되는 비용을 말하며, 통상 재료비와 직접노무비, 외주비, 직접공사경비를 포함한다.

(9) 간접공사비

본 공사 시공을 위하여 간접적으로 소요되는 법정경비 및 기타 부수적인 제 비용으로 직접공사비의 총액에 비용별로 곱하여 산정한다. 여기에는 간접노무비, 산재보험료, 고용보험료, 안전관리비, 환경보전비, 복리후생비 등이 있다.

3. 견적이란

(1) 명세견적

완성된 설계도서, 현장설명서 등에 의한 견적과 단가를 곱하여 공사비를 산출하는 방법이다. 계략적인 명세견적의 순서는 다음의 표 1-1과 같이 수량조사, 물량산출, 일위대가표 작성, 공사단가 적용 및 집계, 공사비의 계산 순으로 이루어진다.

표 1-1 명세견적의 순서

구 분	내 용
수량조사	설계도서, 현장설명서 등에 따라 공사수량을 산출한다.
단가조사	공사단위 항목별 물가시세표, 시장조사 등을 통해 각 세목별 단위공사비를 산출한다.
가격	수량에 단가를 곱하여 가격을 산출한다.
집계	각 세목별 가격을 집계하고 순공사비를 산출한다.
현장경비	현장 공사여건 및 운영상황을 고려하여 현장경비를 산출한다.
일반관리비	현장 및 본사 등을 관리하는 일반관리비를 산출한다.
이윤	공사규모, 공사기간, 회사의 영업적 운영자본 등을 고려하여 작성한다.
총공사비	총원가에서 부가세액을 합하여 산출한다.

(2) 개산견적

개산견적이란 개략적인 공사비 산출방식으로, 설계도서기 완성되지 않은 상태에서 정확한 수량산출을 할 수 없을 때 공사비를 산출하는 방법이다.

이 방법은 건축물의 용도, 구조, 규모, 마감공사의 수준, 공사예상 여건 등을 검토하고, 이전에 유사한 건축물의 공사 수행실적 자료 등을 참고하여 공사비를 개략적으로 산출하는 방법이다. 개산견적의 종류는 단위면적, 단위체적, 단위설비당 견적방법과 실제 적용된 공사비용을 사례로 하는 실적공사비에 의한 방법 등 표 1-2와 건축물의 용도별 적용된 공사비용을 적용한 표 1-3과 같은 방법이 있다.

표 1-2 개산견적 종류

구 분	내 용
단위면적 기준	건축물의 연면적, 동일 또는 유사 동 규모 정도의 건축물의 단위면적당 통계자료 단가를 곱하여 총공사비를 산정한다.
단위설비 기준	건축물의 단위설비나 사용인원의 통계단가를 곱하여 총공사비를 산정한다.
단위체적 기준	동일하거나 유사한 용도의 건축물의 단위체적에 소요되는 공사비를 기준으로 총공사비를 산정한다.
실적공사비 기준	유사 건축물의 실적공사비 자료를 분석한 자료를 기준으로 총공사비를 산출한다.

표 1-3 개산견적방법(예)

구 분	내 용
일반건축물	단위면적당 가격(면적법)
병원, 학교, 극장 등	수용 단위면적당 가격(용적법)
도로, 터널 등	연장 단위당 가격
교량	차선연장 단위당 가격
발전소 등	생산전력용량 단위당 가격

1.3 건축적산방법과 절차

1. 개요

건축적산이란 공사목적물에 대한 설계도서(도면, 시방서, 구조계산서), 현장설명서 등에 따라 현장의 시공여건 및 계약항목에 적합한 공사비를 산출하는 활동이다.

즉 적산은 공사에 필요한 재료 및 품의 수량을 산출하는 활동이며 견적은 공사수량에 단가를 곱하여 공사비용을 산출하는 활동이다.

일반적으로 공사비를 산출하기 위해서는 정확한 견적활동이 필요한데, 이를 위해서는 공사목적물 및 현장여건과 공사계약 상황을 충분히 파악하고 공사수량별의 통상적인 적용단가와 작업조건 등을 고려하여 작성하게 된다.

특히 견적은 설계도서에 따라 공사비를 산출하여 공사예산을 정하거나 적정 공사비를 결정하는 데 사용하도록 한다. 또한 적산은 공사실행예산서 작성을 위하여 공사수량과 공사비를 산출하는 것으로 공사관리의 기본이 된다.

이와 같이 견적은 관공서나 설계자, 시공자 등 작업주체별 작성원칙 및 구성순서나 서식의 적용 방식에 차이가 있을 수는 있지만 건설업법상 합리적인 기준과 원칙에 입각하여 작성하게 된다면 견적서의 활용이 편리하게 된다.

견적서의 사용은 크게 대내적인 견적서와 대외적인 견적서로 구분하게 되는데, 대내적인 견적서는 기업이 실제 공사의 예산을 작성하기 위해 공사비를 산출하는 것으로 공사운영의 기준이 되며, 대외적인 견적서는 시공자가 발주자에게 제출하기 위하여 작성하는 것으로 이때 견적서의 작성순서와 내용이 대외적인 견적서와는 동일하지만 전체적으로는 견적서 내용이 보다 일목요연하게 작성하여 알기 쉽게 구성한다.

그 이외의 적산방법에는 요소단가적산법과 계수적산법 크게 두 가지가 있다. 요소단가적산법은 기본 설계단계에서 공사에 대한 대체적인 설계도와 시방이 결정되어 이를 기초로 공사의 여러 기능요소에 대하여 적산하는 방법을 말하며, 계수적산법은 기본 설계단계에서 공사비를 기능요소별로 배분하거나 전체 또는 기능요소별 공사비를 재료비, 노무비, 경비 등으로 산출하는 방식이다.

이 방법은 기능요소의 기능이 비교적 공통적인 정유설비나 발전설비, 건물설비의 적산법에 이용되고 있으며 비용계수는 과거의 유사 공사 실적자료로부터 입수할 수 있다.

2. 적산작업 과정

(1) 적산조건 확인

적산작업을 위해서는 먼저 요구되는 공사목적물에 대한 설계도면과 시방서, 현장설명서, 특기시방서 등 적산의 전제조건에 해당하는 서류의 입수가 필요하다.

그리고 관련서류가 입수되면 요구되는 적산조건을 확인해야 하는데, 이때 주로 다음과 같은 내용을 확인한다.

① 도면 인수 시 실무자가 골조, 마감, 내역 확인

② 설계도서 검토 및 확인

③ 적산기간(제출일), 적산 투입인력

④ 내역서 작성기준, 수량산출방법, 단가적용 기준

⑤ 자재업체 연락 및 자재정보 확인, 입찰유의서 등

⑥ 기타 의뢰인(발주자) 또는 견적참여자 요청사항

(2) 가격조건 확인

적산의 전제조건이 확인되면 크게 주요 구조체 공사와 마감공사를 분류하여 각 공사의 공종별 시장정보에 의한 단가를 조사하고 수량을 산출하게 된다. 일반적으로 구조체와 마감을 구분하여 다음과 같이 단가를 조사한다.

① 구조체부문

구조체 시공을 위해 요구되는 공사의 공종, 즉 가설공사, 토공사, 흙막이공사, 철근콘크리트공사, 철골공사, 조적공사 등 주요 공사 공종에 대한 수량산출 및 단가조사를 한다.

② 마감부문

건축공사 중 주요 마감공사는 내·외부의 창호공사, 유리공사, 지붕공사, 기타 마감공사 등에 대한 단가조사와 일위대가표를 작성하고, 필요한 경우 회사 외부의 전문업체에 견적을 의뢰하는 등 수량계산과 검산 및 단가분석을 실시하는데, 이 경우 견적내용을 취합하고 결정된 일위대가표 등을 검토한다.

(3) 내역서 작성

적산작업이 완료되면 공사별, 공종별로 분류하고 적용단가를 삽입하여 전체적인 공사비를 공사의 유형별로 분류, 취합하여 집계한다.

① 공사별, 공종별 분류
② 내역서의 작성
③ 단가 적용(일위대가표, 외부의뢰 견적서, 자재단가조사서)
④ 공사비 전체의 취합(토목, 건축, 기계, 전기, 설비, 조경 등)
⑤ 적산조건 재확인(누락 여부 확인)

(4) 내역서 제출

공사비내역서는 전체공사의 공종별, 유형별로 작성되지만 공사내역서는 관련조직 내에서 비교분석하여 적정한 공사가격을 확정하게 된다.

① 내역서
② 내역금액의 분석과 비교
③ 내역서의 내부승인 및 제출

3. 적산작업의 원칙

건축적산작업의 순서와 수량계산 및 적산작업의 원칙은 표 1-4와 같다.

표 1-4 적산작업의 원칙

항 목	주 요 원 칙
적산순서	• 시공순서에 맞추어 적산 • 수평방향에서 수직방향으로, 내부에서 외부로 적산 • 큰 곳에서 작은 곳으로, 단위유닛에서 전체로 적산
수량계산	• 수량단위는 표준품셈 단위표준에 의함 • 면적과 체적계산은 공학적 공식에 의한다. • 곱하거나 나눗셈은 기재된 순서에 의해 계산 • 지정 소수위, 절상, 절하 및 반올림을 한다. • 계산은 정확히 하고 결과는 반드시 확인한다. • 자신이 실시한 작업은 다른 통계자료 등과 비교 검증한다.

4. 적산작업 시 주의사항

적산의 근거자료는 설계도서(설계도면, 시방서, 구조계산서)에 있다. 그러나 설계도면에만 의지하지 말고 시방서나 구조계산서, 현장의 시공조건이나 특기시방사항 등도 요구하여 전반적인 내용 파악이 이루어져야만 수량산출이 가능하다.

즉 설계도서와 해당되는 공사항목을 충분한 파악하는 것이 중요하며, 만약 설계도면이 불분명하거나 부적합한 부분이 나타날 경우 적산자가 임의로 처리하지 말고 설계사무소나 의뢰처에 확인하고, 같이 견적작업에 참여하는 다른 작업자들에게도 알려주어 상호간 적산정보가 연계될 수 있어야 한다.

설계도서내용이 확인된 경우에는 팩스본이나 이메일을 받은 사람과 회사, 직책, 이름, 날짜 등을 기록하여 향후 발생할 수 있는 책임의 한계를 명확히 해둘 필요가 있다.

일반적으로 설계도서와 공사내용에 대한 검토는 작업 전, 작업 중, 작업 후로 나누어서 수행하고 작업 전이나 작업 중일 경우에는 적산자가 직접 점검을 하고(적산은 산출한 사람이 가장 잘 안다.) 작업 후에는 다른 사람에 의해 검토받는 것을 권한다. 설계도서의 검토 후에는 수정작업을 신속히 하고 검토자 확인을 받는다. 특히 물량산출 시 골조공사의 물량은 가장 중요한 수량산출 항목으로 전체공사비에서 차지하는 비중이 크므로 주의를 요한다. 또한 마감공사의 물량산출에서는 물량의 크기보다는 단위작업 항목이 누락되지 않도록 하고 산출 후에는 역시 다른 사람에 의한 대체검토가 필요하다.

적산작업에서 수량산출 계상은 정부재정 표준품셈, 단위 및 소수위 표준금액 단위표준과 수량 환산을 기준으로 한다. 또한 적산은 설계도서를 금액으로 환산한 것이므로 도면에 명기된 내용이 정확하게 적산에 반영되도록 수량 및 수치가 설계도서의 어느 부분인가를 식별할 수 있도록 표시하여 산출해야 한다.

그리고 설계도서에 불분명하게 표시된 사항은 설계자에게 명확히 질의하여 문의내용 및 확인시간 등을 문서화하여 기록으로 유지한다. 아울러 수량산출서는 중복되지 않게 세분화하여 작업하고 계산 시 산출을 위한 산식, 내용표시 등을 명확히 하고 간단명료하게 표현하며, 계산이 완료되면 도면, 시방서, 지시사항 등을 확인 검토한다. 적산 및 원가계산의 결과물은 다음과 같으나 이에 국한하는 것은 아니다.

① 공사예정원가 계산서(총괄표)
② 공사비내역서
③ 일위대가표
④ 단가산출서
⑤ 원가계산 조건(예정원가 산정기준)

5. 적산단위

① 길이 : mm(cm, m) [yard · ft · inch]
② 면적 : m^2 · cm^2 [Square yard · sq ft]
③ 체적 : cm^3 · m^3 [Cubic yard · cu ft]
　재(寸 : 1寸×1寸×12尺) · 석(石 : 1尺×1尺×10尺)
④ 무게 : g · kg · ton
⑤ 부분 : 1개, 1조, 1본, 1속, 1매
⑥ 기타 : 1식, kW, 인

1.4 건설원가조사와 비목별 산정기준

1. 원가조사란

원가조사의 목적은 개발된 건축공법에 대한 원가조사를 행하는 것을 말하며 제반 실무업무에 참고로 활용하도록 하는 데 있다. 원가의 조사는 국가를 당사자로 하는 계약에 관한 법률시행령 제9조제1항제2호 및 국가를 당사자로 하는 계약에 관한 법률시행규칙 제6조의 규정에 의한 원가계산〔예정가격 작성기준(회계예규 22000.04-106-6, 2009. 9. 21)〕을 준용하여 작성된 예정가격(Predetermined cost)으로서 제시된 공법과 개발되는 공법의 설계도면 및 관련자료 등을 근거로 적용하여 산출하게 된다.

2. 원가조사의 전제조건

원가의 조사는 해당되는 기술이나 공법의 설계도면 및 관련자료 등에 의거하여 원가를 조사하는 시점을 기준으로 산정하게 되며, 일반적으로는 다음과 같은 여건이 변동되었을 때에는 공법별 공사비의 변경사항도 함께 수정되어야 한다.

(1) 제시된 공법의 설계도면, 관련자료, 현장여건 및 시공방법의 변경
(2) 제시된 공법의 공사비 산정범위의 변동
(3) 적용된 조사시점의 변동
(4) 공법의 단위당 재료 소요물량(일위대가표) 및 적용단가의 변동
(5) 공법별 단위당 소요공수(일위대가표) 및 시중노임단가의 변동
(6) 건설공사표준품셈의 건설기계 가격 및 시간당 손료의 변동
(7) 경비 적용비목 및 적용요율의 변동
(8) 적용된 공사원가 계산의 제비율의 변동
(9) 개발된 공법에 적용된 품목 등의 변동
(10) 기타 공공요금 및 원가에 영향을 주는 제반여건의 변동

표 1-5 일위대가표(양식)

(단위 : 원)

품 명	규 격	단위	재료비	노무비	경비	합계

3. 원가조사의 근거

원가조사와 관련된 법규적인 근거규정은 다음과 같다.

(1) 국가를 당사자로 하는 계약에 관한 법률시행령 제9조
(이하 "국가계약법"이라 함)

(2) 국가를 당사자로 하는 계약에 관한 법 시행규칙 제6조 내지 제11호
(이하 "국가계약법 시행규칙"이라 함)

(3) 예정가격 작성기준(회계예규 2200-04-160-9, 2011. 5. 13 개정)
(이하 "예정가격 작성기준"이라 함)

(4) 관계 기초자료 및 증거자료

3. 원가비목(요소)별 산정기준

원가비목은 공법의 설계도면 및 관련자료 등을 참고하여 정부회계규정인 국가를 당사자로 하는 계약에 관한 법령 및 원가계산에 의한 예정가격 작성기준에서 정한 기준에 따라 작성하는 것이다. 이는 구매예정가격의 기초자료로 활용할 수 있다.

(1) 재료비

재료비는 계약목적물의 설치에 필요한 것으로, 계약목적물의 실체를 형성하는 직접재료비를 기준으로 산출한다. 직접재료비는 설치에 필요한 재료 또는 부분품의 소비가치를 말하는 것으로 계산방법은 다음과 같다.

① 공정별 소요량은 제시된 설계도면 등에 의거하여 산출 적용한다.

② 재료원단위(일위대가표)는 표준품셈에 의거하여 개별적으로 산출한다.

③ 재료의 단가는 부가가치세를 제외한 조사시점 일을 기준으로 물가지수가격 및 시중유통거래가격 등을 조사하여 낮은 가격을 적용한다.

④ 직접재료비는 제시된 설계도면 등에 의거하여 산출된 공정별 수량 및 재료 원단위에 재료의 단가를 곱하여 산출한다.

(2) 노무비

노무비는 직접노무비와 간접노무비로 구분하고 직접노무비는 공사현장에서 계약목적물을 완성하기 위하여 직접 작업에 종사하는 종업원 및 노무자에 의해 제공되는 노동력에 대한 대가를 말하며, 간접노무비율은 공종별 직접노무비 합계액을 기준으로 재정경제부 회계예규 예정가격 작성기준 간접노무비율에 의거하여 공사종류, 공사규모, 공사기간을 고려한 평균비율을 산출하는 것이다. 직접노무비의 산출방법은 다음과 같다.

① 제시된 설계도면 등에 의해 공정별 소요량을 산출한다.
② 노무공수(일위대가표)는 작업공정별 투입인원과 작업시간을 조사하고 노무공수 원단위는 표준품셈에 의거하여 투입공수를 산출한다.
③ 노임단가는 통계법 제4조 규정에 의한 통계승인기관(대한건설협회)에서 조사 공표한 매년 공사부문 상 · 하반기 시중노임단가를 직종별로 적용한다.
④ 직접노무비는 산출된 공정별 소요량 및 노무공수 원단위 노임단가를 곱하여 산출한다.
⑤ 임률은 공인기관에서 조사, 공표한 시중노임단가를 기준으로 적용한다.

(3) 경비, 일반관리비 및 이윤

경비, 일반관리비 및 이윤은 재정경제부 회계예규 예정가격 작성기준에 의거 적용한다. 여기에서 기계경비는 시공현장에서 소요되는 장비에 대한 경비로 표준품셈을 기준으로 기계경비 산정기준에 따라 시간당 기계경비를 산정하고, 단위당 작업시간을 적용하여 단위당 기계경비를 산정한다.

1.5 건설공사의 품셈

1. 품셈이란

품셈은 어떤 건축물을 인력이나 기계로 만드는 데 소요되는 단위당 노력 및 재료를 수량으로 표시한 것이다. 즉 어떤 단위를 완료하기 위해 소요되는 인적 및 물적 자원의 량을 정해놓은 것이다.

정부나 공공기관들이 발주하는 공사비는 재료비와 노무비 및 경비, 일반관리비로 구분되어 정부고시 가격에 따라 산출된다. 이러한 고시가격을 표준품셈이라 한다. 따라서 표준품셈은 정부 등 공공기관에서 시행하는 건설공사의 적정한 예정가격을 산정하기 위한 일반적인 기준이 된다. 표준품셈의 적용범위는 국가나 지방자치단체, 정부투자기관 및 위 기관의 감독과 승인을 요하는 기관에서는 예정가격 산정의 기초자료로 활용된다.

표준품셈의 제・개정절차는 「실적공사비 및 표준품셈관리규정(건교부 훈령 2003년 제446호)」 제11조 내지 제13조에 의거하여 제・개정하게 되는데, 이때 관련기관의 장 및 관련협회의 장은 제・개정에 필요한 근거자료를 첨부하여 매년 말까지 공사비 산정기준 관리기관의 장에게 제출하고, 제출된 제・개정 공정은 제14조의 공사비 산정기준 심의위원회, 현장실사 등의 과정을 다음 연도에 적용될 표준품셈을 매년 11월까지 확정하게 된다.

2. 일위대가란

일위대가란 단위수량의 작업을 완성하는 데 소요되는 단가를 말한다. 즉 콘크리트 $1m^3$를 만드는 데 소요되는 시멘트와 모래 및 자갈의 수량과 재료비와 소요인건비 등의 수량, 단가이다.

3. 품셈적산의 문제점

현재 사용되는 표준품셈은 공종별 항목의 분류가 너무 세분화되어 있어 이를 단위작업의 공사비로 환산하기가 매우 어렵다.

특히 표준품셈은 건설공사의 작업분류체계와 상이하고 획일적인 표준치를 적용함으로써 현장조건별 단위작업의 양과 작업조건별로 투입되는 노무량 등을 적절히 반영하기가 어렵다.

또한 건설환경 변화에 따라 다양한 기술의 개발과 정보 및 신기술, 신공법 등의 기술과 단가정보를 수용하기가 어려워 실제 현장에 적용할 시에는 품셈항목에 기재된 내용과 다를 수 있어 적용이 어렵다.

특히 최근 들어 건설기술의 발전과 건설공사의 대형화 · 복잡화 · 다양화 경향에 따라 새로이 개발되는 다양한 기술들에 대한 정보가 반영될 수 있어야 하고, 현장에서 실무에서 종사하는 기술자들의 시공경험들이 반영된 시방기준이나 공법들을 반영하는 데에는 어려움이 따를 수밖에 없다.

따라서 품셈은 건설공사의 일반적인 가격정보의 기초단위로서의 역할로 활용되는 정도가 바람직하다고 본다.

1.6 실행예산서 작성과 관리

1. 개요

실행예산이란 사업시행자가 계약된 사업범위 내에서 원가의식을 고려하여 공사여건과 요구 품질대로 완성하기 위하여 실제 집행되는 공사비용을 정확히 예측하여 공사손익을 사전에 예지함으로써 공사원가의 적정한 집행과 이익계획을 수립하여 시공기술적인 방법으로 통제하고 관리하기 위해 작성하는 공사예산서이다.

이는 건설현장의 특성과 여건에 따라 달라질 수 있는 공사비의 증감에 따른 불확실성을 최소화하여 최적의 비용으로 요구품질을 확보하도록 하기 위해 필요하다. 일반적으로 실행예산은 가실행예산, 실행예산, 변경예산 등으로 구분된다.

가실행예산은 공사도급 이전의 견적을 제출하기 위해 기업에서 자체적으로 집행할 수 있는 예상금액을 작성하는 것이며, 실행예산은 공사도급 후 계약조건 설계도서, 현장여건 등을 고려하여 공사수량별 실제의 공사비 집행단가 등을 반영하여 작성하되 회사 내부에서 승인된 예산서를 말한다. 실행예산은 본 공사가 집행되기 전에 작성하는 것이므로 정확한 산정이 매우 어렵다. 그러나 그동안 공사 수행과정에서 집행된 자료들의 실적이나 협력업체로부터 접수받은 견적가격조정금액 또는 시장에서의 정보 등을 정리

분석하여 예측할 수 있는 집행예정 공사비의 작성이 가능하다.

2. 실행예산서의 구성

실행예산서는 공사비와 관리비로 구성되며 공사비는 직접공사비와 간접공사비로 구분한다.

표 1-6 실행예산서의 구성내용

구 분		내 용
공사비	직접공사비	구축할 목적물에 직접 투입되는 비용
	간접공사비	구축할 목적물의 실현을 위하여 간접적으로 투입되는 비용
본사관리비		연도별 매출액 기준 본사직원의 급료 등 일반관리에 필요한 비용

3. 실행예산서 작성절차

실행예산서의 작성방법은 두 가지 방법이 있다. 가실행예산서 작성과 본실행예산서의 작성방법이다. 일반적으로 가실행예산서는 건설공사를 수주하기 위해 개략적인 공사비를 추정하여 작성하는 경우가 있고, 또한 건설공사를 수주하더라도 착공 초기에는 계약금액 대비 집행 예정가를 결정하기가 어려울 때 임시적으로 공사예산을 정하여 활용하기 위해서다. 다른 하나인 본실행예산서는 회사에서 정한 예상 집행가격을 기준으로 작성하게 된다.

가실행예산은 공사수량을 산출한 후 예상되는 현장여건과 작업조건을 고려하여 공사단위단가를 반영하여 집계하면 되지만, 실행예산서는 설계도면과 현장의 작업조건 및 시방서 내용을 참고하고 공사 중 일부를 하도급할 경우 하도급업체들로부터 정확한 견적을 받아 적절히 협상에 의한 조정금액을 확정한 단가와 금액이 반영되어야만 직접공사비의 실행예산서 작성이 가능하다. 또 회사마다 다르게 운영되고 있는 간접비와 경비 등과 본사관리비, 영업이익 등의 비율을 고려하여 전체적인 예산을 확정하게 된다. 본 실행예산서의 작성절차는 다음과 같다.

① 설계도면, 시방서, 계약서, 계약내역서, 특기시방서, 주문서 등 계약관련 서류 입수
② 계약서류 검토 및 제반 공사비 산정기준 검토

③ 건설현장 작업조건 검토
④ 시장단가조사
⑤ 외주업체 견적의뢰 및 금액조정
⑥ 직접공사비 작성
⑦ 간접비, 경비, 본사관리비, 영업이익 등 비율결정 및 가격입력

1.7 공사비 산정기준

1. 개요

우리나라 공공건설공사에서 예정가격은 현장조건이 다양하고 복잡하여 표준품셈에 기초한 원가계산방식에 의해 예정가격을 산정하는 제도를 운영하여 왔다.

표준품셈에 의한 공사비 산출은 공사원가 절감 및 생산성 제고를 위한 기술개발을 저해하고 신기술 · 신공법의 적용에 어려움이 있는 등 건설공사의 실태를 반영하는 데 여러 가지 한계성이 있어, 이미 수행한 유사 공사의 계약단가 등을 토대로 한 실적공사비를 예정가격의 기초자료로 활용하도록 하고 있다.

이 제도는 국가를 당사자로 하는 계약에 관한 법률시행령 제9조제1항제2호 및 제3호에 의하여 예정가격의 결정에 기초가 되는 토목공사(건설기계 · 측량 포함), 건축공사, 기계, 설비공사부문의 실적공사비와 표준품셈을 효율적으로 관리하기 위한 것이다.

2. 공사비지수

건설공사비지수(Construction Cost Index)는 건설공사에 투입되는 직접공사비를 대상으로 특정시점(생산자물가지수 2000년)의 물가를 100으로 하여 재료, 노무, 장비 등 세부 투입자원에 대한 물가변동을 추정하기 위해 작성된 가공 통계자료이다.

대상품목별 모 집단은 산업연관표상의 건설부문 총산출액 중 부가가치부문(영업잉여, 고정자본 모, 간접세 등)을 제외한 금액으로 건설공사의 직접공사비를 구성하는 비목으로 설정하고, 모 집단의 비목 중 1/1,000 이상(635.8억)의 가중치를 갖는 품목 중

가격의 자료와 연결이 가능한 75개 품목을 선정하고 산업연관표상의 75개 품목을 생산자물가지수의 세부 비목과 연결하여 최종적으로 232개 세부품목을 선정하고 있다.

예를 들면, 가중치 자료는 한국은행의 2000년 산업연관표와 생산자물가지수(2000년 =100)와 산업연관표 품목(75개)에 해당되는 생산자물가지수 세부품목(232개)을 연결한 후 산업연관표상의 가중치와 생산자물가지수상의 가중치를 곱하여 최종적으로 가중치를 선정하게 된다. 가격 자료는 한국은행의 생산자 물가지수를 기본으로 하고 생산자물가지수에는 노무비(피용자 보수) 가격 자료가 부재하므로, 노무비(피용자보수)부문은 대한건설협회 공사부문 시중노임을 활용한다.

산업분류체계의 산업연관관계표상의 건설부문에 대한 기본부문 17가지 시설물별로 상향 집계하여 총 25개의 지수가 산출되는데, 최종적으로 산출되는 최상위 지수가 "건설공사비지수"이다.

건설공사비지수는 7개의 기본 시설물지수(소분류지수)와 5개의 중분류지수, 2개의 대분류지수, 최종적인 건설공사비지수로 분류되며, 지수의 산식은 한국은행의 생산자물가지수를 활용하였으므로 지수의 산출에는 생산자물가지수의 산정에 이용되는 라스파이레스 수정식을 활용하게 된다.

실적공사비 적산제도는 기 수행된 유사 사업을 통해 축적된 신뢰성 있는 공사비 자료를 이용하여 차기 사업의 실제 가격을 추정하는 것을 전제로 하고 있으며, 기존의 원가계약방식과는 달리 과거에 축적된 계약단가를 바탕으로 차기 사업의 설계가격을 산정하게 되므로, 계약시점 차이로 인해 발생하는 계약단가 간의 물가변동에 의한 계약자 간 마찰을 제거하는 과정이 필요하다.

따라서 건설공사비지수는 공사비 실적자료의 시간차에 대한 보정과 물가변동에 의한 계약금액조정기준 그리고 건설 물가변동의 예측 및 시장동향 분석에 활용될 수 있다.

3. 실적공사비

실적공사비제도는 품셈을 이용하지 않고 재료비, 노무비, 직접공사경비가 포함된 공종별 단가(unit price)를 계약단가에서 추출하여 유사 공사의 예정가격 산정에 활용하는 방식을 말한다.

이 제도의 추진경위는 미국, 영국 등에서는 이미 수행한 계약단가를 이용하여 공사비를 산정하는 적산방식을 오래전부터 시행하고 있고, 일본에서도 품셈제도의 한계성을 극복하기 위해 1993년부터 표준품셈방식과 병행하여 시장단가방식을 운용하고 있다.

이에 따라 국내에서도 적산제도 개선을 위해 선진외국에서 시행하는 실적공사비제도 도입방안을 검토함으로써 국가계약법 시행령 및 시행규칙을 개정하여, 건설공사는 이미 수행한 사업을 토대로 축적한 실적공사비로 중앙관서장이 인정한 가격과 실적공사비에 의해 예정가격을 결정할 시에는 이미 수행한 공사의 계약단가를 활용하되, 이와 관련하여 필요한 사항은 재정경제부장관이 정하도록 하여 국가계약법 시행규칙 제5조제2항에 의해 실적공사비에 의한 예정가격 작성 준칙을 제정하였다.

품셈제도와 실적공사비제도의 차이점을 비교하면 다음 표 1-7과 같다.

표 1-7 품셈제도와 실적공사비의 비교

구 분	품셈제도	실적공사비제도
내역서 작성	설계자 및 발주기관에 따라 상이	"수량산출기준"에 의해 내역서 작성
단가산출	품셈을 기초로 원가계산	계약단가를 기초로 축적한 공종별 실적단가 계산
직접공사비	재 · 노 · 경 단가분리	재 · 노 · 경 단가 포함
간접공사비	비목(노무비 등)별 기준	직접공사비 기준
설계변경	품목조정방식, 지수조정방식	지수조정방식(비지수 적용)

(1) 실적공사비의 단가관리

실적공사비는 건설공사 계약목적물의 세부공종에 관해 재료비, 직접노무비와 직접경비의 전부 또는 일부가 포함된 시공단위당 가격을 이미 수행한 유사 공사의 계약단가 등을 토대로 공사규모, 특성 등을 고려하여 예정가격의 기초자료로 활용하는 방식이며, "국가를 당사자로 하는 계약에 관한 법률시행령", "실적공사비 의한 예정가격 작성준칙", "실적공사비 및 표준품셈관리규정"을 근거로 매년 2회(1월말, 7월말) 단가를 확정하게 된다.

(2) 건설공사비의 지수관리

건설공사비지수는 실적공사비 및 표준품셈관리규정에 근거하며, 건설공사에 투입되는 직접공사비를 대상으로 재료, 노무, 장비 등 세부 투입자원에 대한 가격변동을 측정하기 위해 개발된 지수이다. 이 지수는 한국은행의 산업연관표와 생산자물가지수, 대한건설협회의 공사부문 시중노임자료 등을 기초자료로 활용하는 가공통계로, 특정시점(생산자물가지수 2000년)의 물가를 100으로 하고 매월 관련자료의 변화 추이를 수집, 분석하며 이를 토대로 건설공사비지수를 매월 업데이트해서 공표하고 있다.

(3) 실적공사비 회계예규

실적공사비의 적용범위는 실적공사비를 일부 공종에만 적용하더라도 실적공사비 관련 규정을 적용하는 것을 원칙으로 하고 있다. 실적공사비에 의해 예정가격을 작성하는 경우 예정가격은 직접비, 간접비, 일반관리 및 이윤, 부가가치세로 구분하여 정리하는데, 직접공사비는 계약목적물의 시공에 소요되는 재료비, 직접노무비, 직접공사경비의 합계액을 말한다. 또 간접공사비(간접노무비, 산업안전보건비 등)는 공사의 시공을 위하여 현장관리 등에 소요되는 법정경비 등을 말한다. 실제로 예정가격 산정 시의 직접공사비는 계약목적물을 세부 공종별로 구분하여 수량과 공종별 단가(실적공사비)를 곱하여 소요비용을 산정하고, 간접공사비는 직접공사비에 대하여 일정비율을 곱하여 계산하도록 하여 산정방식의 간소화를 도모한다. 만약 실적공사비 자료가 없는 공종에 대해서는 표준품셈에 의해 공종별 소요비용을 산정하고 공사의 이윤은 직접공사비, 간접공사비 및 일반관리비의 합계액에 이윤율 10%를 계상한다. 실적공사비 적용대상은 현장여건에 따라 단가변동이 적으면서 설계 관행이 표준화되어 있고 계약실적이 양호한 공종을 선정한다. 실적공사비 대상공종은 현장여건에 따라 단가변동이 적은 공종을 선정한다.

또한 동일한 공종이더라도 유사한 조건에서 설계된 단가를 발췌하여 실적공사비 대상공종을 선정한다. 그리고 조사된 계약단가 중 설계단가와 차이가 적으면서 자료가 일정개수 이상의 공종을 선정해야 한다. 실적공사비 대상공종 및 단가안은 산학연관 전문가의 검토 및 공사비 산정기준 심의를 거쳐 최종 확정하게 된다.

그리고 향후에도 상기 조건을 만족시키는 공종을 대상으로 건설시장의 여건 등을 종합 고려하여 공종의 수와 해당공종의 품목 및 규격의 수를 점진적으로 확대하도록 한다.

1.8 공사비 및 원가계산

1. 개요

현재 우리나라의 공공건축물은 국가계약법 시행령 제2조제2호에 의한 예정가격을 작성하면서 발주가 이루어지는데 건설공사의 예정가격은 원가계산에 의하여 작성된다.

건설공사의 예정가격 산정을 위해 활용되는 품셈은 공사비를 재료비, 노무비, 경비로 구분하여 작업순서별 비용을 산출하여 전체공사비용을 계산하는 방법이다. 건설공사의 예정가격을 구성하는 비목은 재료비와 노무비, 경비, 일반관리비, 이윤 등 다섯 가지로 구성되어 있다.

이러한 비목은 표준품셈과 단위당 가격에 의해 산정이 가능한 비목이지만, 간접노무비와 보험료, 일반관리비, 이윤 등의 비목은 표준품셈에 기준이 제시되어 있지 아니하므로 일반적으로 비율분석방법에 의해 산정된다.

국내 건설공사의 공사비용 산정절차는 원가계산에 의한 예정가격 작성준칙에 근거하여 설계용역회사가 설계도서를 토대로 시공계획을 수립하고 공사내용을 구성하는 공종을 세분화하여 내역항목을 도출한다.

내역항목별 수량을 산출하고 시공하기 위해 필요한 노무, 자재, 기계의 소요량과 각각의 단위당 가격을 표준품셈과 물가정보 등을 이용하여 산출한다. 이를 통해 산정된 재료비, 노무비, 경비, 일반관리비, 이윤 및 부가가치세를 합산하여 당해 공사의 여건, 공사수량의 과다 등을 감안한 보정단가를 적용하면서 최종 예정가격이 결정된다.

이러한 비율분석방법은 일본의 경우에도 유사하게 적용되고 있으며, 세계적으로는 "직접공사비"를 먼저 산출하고 최종적으로는 공사비 산정양식 중 갑(지)에서, 각종 공통비(제 경비)를 비율분석방식으로 산출하고 있다.

2. 공사비내역서 작성

우리나라의 건설공사비내역서 작성 체계는 정부조달공사의 공사비내역서 작성 프로세스를 기준으로 하고 있다. 즉 공공이 발주하는 공사비의 내역서는 "국가를 당사자로 하는 계약에 관한 법률"에 의거하여, 기획재정부 회계예규에 의해 그 절차와 세부적인 집행기준을 명확히 밝혀놓고 있다. 따라서 여기서는 이러한 공공공사의 시설물 공사비내역서 작성방법 및 과정을 알아보고자 한다.

공공공사의 공사비내역 작성방법과 절차를 가장 정확하게 설명하고 있는 것은 조달청의 시설공사 산출내역서 작성 매뉴얼이다. 이 문서는 회계예규를 근거로 한 공신력이 있는 문서로 그간의 공사비내역서 작성방법을 각 기술 분야별, 공종별로 예시를 들어가며 명확히 설명하고 있고, 원가계산방법뿐만 아니라 내역서 작성 프로그램 운용 시 코드체계 등 시설물의 발주를 위한 "공사비내역서" 작성의 모든 과정이 상세하게 수록되어 있다. 따라서 이 매뉴얼을 근거로 공사비내역서 작성과정을 설명하고자 한다.

공사비내역서 작성은 설계단계에서부터 구체적인 공종별 물량산출, 공종별 공사비내역서 작성, 공종별 집계표, 공사원가계산서 작성 등 일련의 과정에 따라 작성되어야 한다.

(1) 수량산출절차

시설물의 공사발주를 위해서는 예산확보가 우선되어야 하며, 그 이후에는 시설물에 대한 구체적인 "설계업무"이다. 설계는 "계획설계"와 "실시설계"로 구분되지만 실제적 공사를 위해서는 "실시설계"가 완료되어야 한다. 여기서는 "실시설계도서"를 "설계도서"의 개념으로 설명하고자 한다.

① 실시설계도서 작성

시설물의 실시설계도는 평면도, 입면도, 단면도를 비롯하여 상세한 세부 설계도면을 포함하고 구체적인 공사를 위한 마감 등이 표기되며, 이를 보충하는 시방서, 구조계산서 등으로 구성되고 있다.

② 분야별, 공종별 수량산출

완성된 실시설계도서를 근거로 설계회사에서 적산전문회사로 외주를 주는 형태로 적산작업과 내역작업이 이루어진다. 이는 적산작업의 전문성에 비추어 자연스럽게 분업화된 형태를 유지하고 있으며, 이러한 수량산출작업은 실시설계도면에서 설계 분야별 당해 공종의 수량이 누락되지 않게 이루어진다.

③ 집계표 작성

설계 분야별 및 공종별로 산출된 공사항목의 구체적인 물량은 "공종별 집계표"의 형태로 집계된다. 공사비 집계정보는 "공종별내역서" 작성을 위한 것으로서 이 과정에서 각 기술 분야 대한 공간적인 정보는 수량산출자료에만 머물게 되고, 각 수량의 공종별 집계정보에는 공종별 세부 공사항목 분류정보만 존재하고 세부 실별의 공간정보는 더 이상 반영되지 못하고 수치정보로만 표현된다.

(2) 공사비내역서 작성

본 항에서는 산출된 공종별 수량집계 정보를 토대로 공사비내역서와 공사원가계산서를 작성한다.

① 공종별 내역서 작성

공종별 수량집계에 대한 정보는 표 1-8과 같이 통상적으로 소수점 등의 조정을 거쳐 내역서에 반영되는데, 국내의 경우 내역서의 프로그램상 물량산출 프로그램의 수량산출정보를 자동적으로 불러와서 내역서 작성 작업을 통하여 공종별 내역서를 작성하게 된다.

표 1-8 직접공사비내역서

품 명	규격	단위	수량	재료비		노무비		경비		합계	
				단가	금액	단가	금액	단가	금액	단가	금액
가설공사											
① 가설사무소											
② 가설창고											
③ 이동식화장실											
④ 가설울타리											
⑤ 수평규준틀											
⑥ 수평규준틀											
⑦ 내부말비계											
⑧ 동바리											
⑨ 강관동바리											
⑩ 목재동바리											
⑪ 강관비계매기											
⑫ 콘크리트보양											
⑬ 석재, 타일보양											
⑭ 현장정리											
⑮ 먹매김											
[합계]											

② 공종별 집계

산출된 공종별 공사비내역서는 공종별로 금액을 집계한다. 이는 각 공종별 금액을 집계목록으로 정리함과 동시에 공사원가계산서 작성을 위해 작성되는 부분이다. 다시 말하면 각 공종별 상세내역서를 그 집계표 하부의 금액을 합계하고, 산출되어 표기된 각 집계표별 공종별 합계금액을 하나의 집계표에 공종별 집계목록으로 링크하여 전체 집계표를 작성하는 것이다. 이와 같은 방식은 "회계예규", "조달청 시설공사 산출내역서 작성 매뉴얼" 등에 양식과 집계방식을 명확히 규정하고 있다.

표 1-9 공종별 집계표 작성(사례)

품 명	규격	단위	수량	재료비		노무비		경비		합계		비고
				단가	금액	단가	금액	단가	금액	단가	금액	
1. 가설공사		식	1									
2. 토공, 지정, 기초공사		식	1									
3. 철근콘크리트공사		식	1									
4. 철골공사		식	1									
5. 벽돌 · 블록공사		식	1									
6. 돌공사		식	1									
7. 타일공사		식	1									
8. 목공사		식	1									
9. 방수공사		식	1									
10. 지붕 및 홈통공사		식	1									
11. 금속공사		식	1									
12. 미장공사		식	1									
13. 창호공사		식	1									
14. 유리공사		식	1									
15. 칠공사		식	1									
16. 수장공사		식	1									
17. 부대공사		식	1									
18. 철거공사		식	1									
19. 골재비 및 운반비		식	1									
20. 작업부산물		식	1									
21. 폐기물처리비		식	1									
22. 인테리어공사		식	1									
[합계]												

(3) 공사원가계산

직접공사비의 공종별 내역서 및 집계표가 완성된 이후의 단계는 제반경비를 포함하는 공사원가계산서를 작성하는 단계이다. 이는 기획재정부령 "회계예규" 3절 "공사원가계산" 제16조에 규정되어 있으며, 공사원가계산을 하고자 할 때에는 아래의 표 1-10과 같이 "공사원가계산서"를 작성하고 비목별 산출근거를 명시한 기초계산서를 첨부하도록 하여 직접공사비와 간접공사비, 일반관리비, 이윤 등을 명확하게 산출하여 총공사원가를 계산하도록 하고 있다.

이렇게 산출된 공사비는 당해 공사에서 총투하비용이 산정된 "예정가격"으로 결정된다. 현행 "국가계약법령"과 "회계예규"에 근거하여 상기의 과정으로 산출되어 확정된 공사비내역서 체계는 다음 표와 같이 "공사원가계산서"와 같이 제경비 등의 간접공사비를

표 1-10 공사원가계산서(갑지)

품명	규격	금 액	구성비	비 고
순 공사비용	재료비	직접재료비		
		간접재료비		
		소계		
	노무비	직접노무비		
		간접노무비	직접노무비의 10.6%	
		소계		
	경비	운반비		
		산재보험료	노무비의 3.4%	
		고용보험료		
		국민연금보험료	직접노무비의 1.40%	
		국민건강보험료	직접노무비의 2.43%	
		노인장기요양보험료	건강보험료의 4.78%	
		산업안전보건관리비		
		환경보존비		
		기타 경비		
		소계		
합계금액				
일반관리비				
영업이익				
사급자재비				
본사관리비				
직접폐기물처리비				
공급가액				
부가가치세			공급가액의 10%	
총공사비				

모두 포함한 총투입비용의 개념과 "직접공사비의 공종별 내역서"로 완전하게 구분되어 이원화되어 있음을 알 수 있다.

표 1-11 공사원가계산서와 직접공사비내역서의 구성

품 명	규격	단위	수량	재료비		노무비		경비		합계		비고
				단가	금액	단가	금액	단가	금액	단가	금액	
01. 가설공사			1									
02. 토공, 지정			1									
03. 철근콘크리트			1									
04. 철골공사			1									
05. 조적공사			1									
06. 방수공사			1									
07. 타일공사			1									
08. 석공사			1									
09. 목공사			1									
10. 금속공사			1									
11. 미장공사			1									
12. 창호공사			1									
13. 유리공사			1									
14. 도장공사			1									
15. 수장공사			1									
16. 지붕 및 홈통공사			1									
17. 기타공사			1									
18. 부대공사			1									
[합계]												

제 2 장

가설공사의 적산관리

2.1 가설공사 적산관리

2.1 가설공사 적산관리

1. 개요

가설공사는 본 공사와 별개로 본 공사를 시공하기 위한 임시적인 공사이며, 본 공사 완성 후에는 철거하게 되는 공사이다. 일반적으로 가설공사는 설계도서에는 표시되지 않으며 공사시방서에만 간단히 설명하고 있다.

따라서 시공자가 공사의 내용, 위치, 대지의 형태 및 공사규모와 공사기간을 파악하여 공사계획을 수행할 수밖에 없다. 그러므로 가설공사는 현장여건에 따라 공사내용이 달라지므로 시공계획도 및 품셈에 의거한 실제의 소요량으로 산출되어야 한다. 주요 가설공사의 종류는 다음 표 2-1과 같다.

표 2-1 가설공사의 분류

구 분	항 목
공통가설공사	• 가설건물(현장사무소, 가설숙소, 가설변소, 가설창고, 시멘트창고 등) • 가설시설(가설도로, 가설울타리, 통신시설, 교통시설, 안전교육시설) • 가설설비(양중설비, 냉난방설비, 급수설비, 용수설비, 가스설비 등) • 변전소, 세면장, 운반시설 등
직접가설공사	• 규준틀(수평, 수직) • 가설비계 비계다리, 가설동바리 • 낙하물방지망, 보호막, 가설천막 • 가설용 수직 · 수평 양중장비(콘크리트타워, 타워크레인 등)

가설공사 항목에 속하는 유형은 감독원사무실, 시공자사무실, 가설작업장, 자재창고, 가설변소, 전력비 동력가설비, 공사용수설치비, 입간판, 안내간판, 노무자숙소, 편의시설 가설울타리, 자재시험실 시험비, 홍보용 마크, 자재운반비 등 공사의 운영관리상 필요로 하는 제 시설물들이 있다. 또한 본 공사의 준비를 위해 필요한 비계다리, 강관틀비계, 단관외줄비계, 내부비계, 수평규준틀, 동바리, 수직 리프트, 타워크레인 등 건축물의 시공을 위한 가설시설물이다.

이와 같이 가설시설물은 본 공사 그 자체는 아니지만 본 공사의 품질과 원가에 영향을 미치게 하는 공사이다.

2. 수량산출

가설공사 중 가설건물은 설계도서에 기술된 내용을 적용하여 면적단위로 산출한다.

일반적으로 현장직원의 수와 작업용도에 따라 가설물의 기준면적이 결정될 수 있다. 또 설계도서에 이러한 사항이 기술되어 있지 않는 경우, 가설건물의 규모는 대개 공사규모나 공사기간에 따라 표준품셈표의 가설물 한도범위 내에서 면적을 산출할 수 있다.

(1) 가설사무소, 가설창고

가설사무소 등의 수량산출은 아래의 표 2-2를 참조하거나 또는 현장여건에 따라 실제로 시공되는 물량으로 산출한다.

표 2-2 가설사무소 등의 규모

규모별	단위	200m^2 이하	1,000m^2 이하	3,000m^2 이하	6,000m^2 이하	6,000m^2 이상
감독사무소	m^2	6	12	30	30	50
도급자사무소	m^2	12	24	60	60	100
자재창고	m^2	10	20	40	40	60
작업장	m^2	–	50	90	90	120

그런데 계약자의 사무실의 면적이 18m^2 이하인 경우는 이동식 가설건물(컨테이너박스 등)로 설치하거나 또는 소규모의 공사일 때에는 컨테이너박스(규격 : 3×6, 3×9)를 주로 사용하기도 한다.

(2) 시멘트 창고

시멘트 창고의 구조는 방수 및 방습구조로 하고 바닥면은 지면에서 약 30cm 이상 높여 습기를 막고 채광창이나 통풍은 두지 않으며 출입구와 반입구는 구분하여 반입순서로 반출할 수 있도록 시공되어야 한다.

시멘트의 쌓기 높이는 13포대 이하로 하고 3개월이 경과한 시멘트는 풍화될 수 있으므로 재시험 후 사용할 수 있도록 한다. 시멘트창고의 구조 및 면적산출은 다음 그림 2-1 및 면적산출방식과 같다.

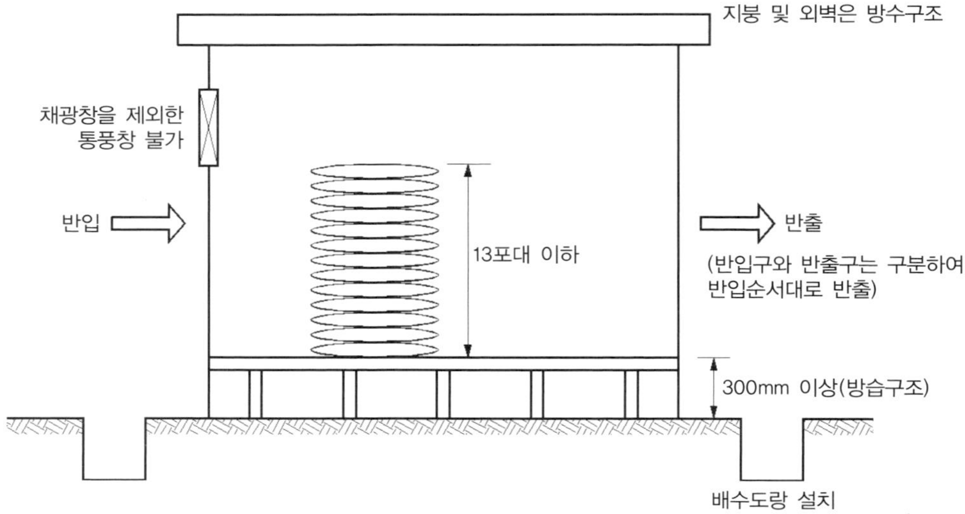

그림 2-1 시멘트창고 구조

시멘트창고의 필요면적(A) = 0.4×N/n

(A : 저장면적(m^2), N : 시멘트양(포대), n : 쌓기 단수, 최고 13포대)

(3) 조립식 가설변소

건설현장용 가설변소는 현장조건, 작업인력, 공사규모에 따라 다르나 일반적으로는 다음 산정기준에 따른다.

① 5층 아파트 : 1동당 1개소
② 고층아파트, 연립주택 : 50세대당 1개소
③ 단독주택 : 20호당 1개소

(4) 규준틀

규준틀의 종류는 수평규준틀(귀), 수평규준틀(평), 수평규준틀(면적당), 세로규준틀 등이 있다. 수평규준틀은 터파기 작업에 지장이 없는 곳에 설치하는데 평면배치도를 작성하여 건물의 외벽 모서리에는 귀규준틀, 내부 칸막이벽 양끝에는 평규준틀 등을 설치한다.

규준틀의 수량산출은 건축면적의 규모 및 평면구조상 불가피한 경우는 면적당으로 계산하고 외부에 기둥이 없는 경우에는 외벽의 중심선으로 둘러싸인 내부면적을 수평보기의 면적으로 한다. 단 2층 이상의 수평보기는 먹매김의 품으로 통용하며 각각 개소당 산출한다. 특히 수평규준틀은 면적당 가장 넓은 층의 바닥면적 또는 건축면적으로 계산한다.

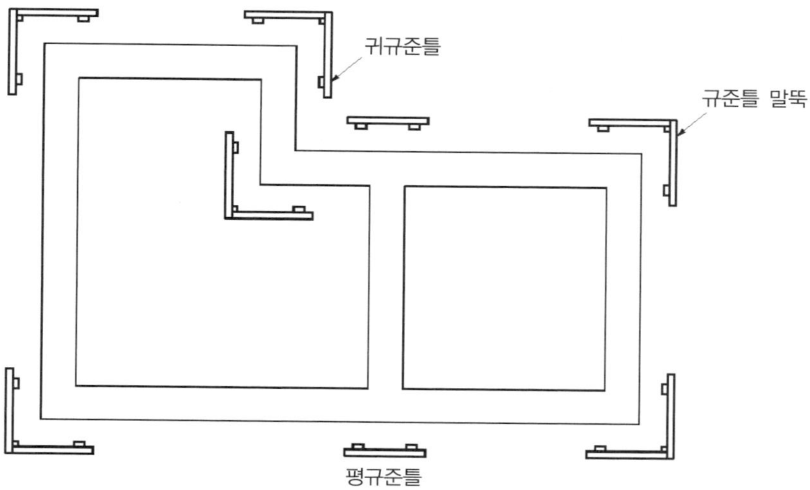

그림 2-2 수평규준틀

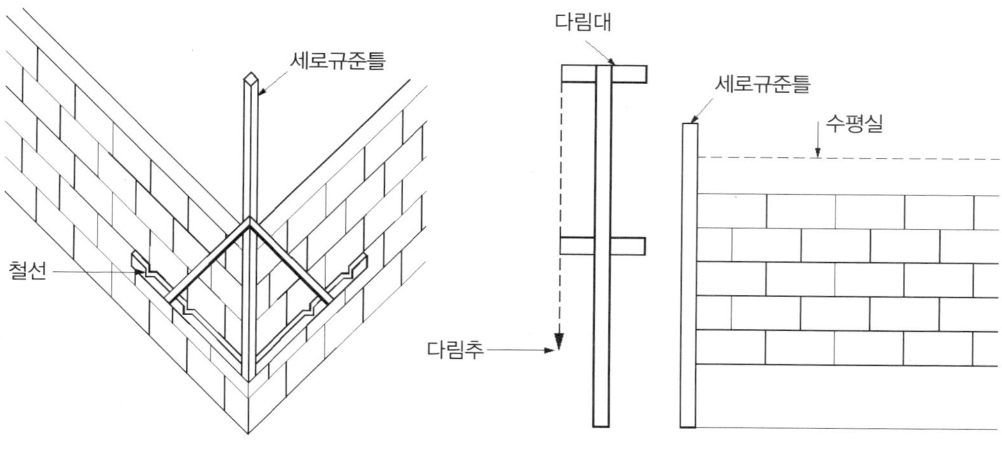

그림 2-3 세로규준틀

(5) 비계

비계란 건축물의 외부나 내부의 높은 곳을 공사할 때에 작업공간의 확보와 현장의 안전을 유지하기 위해 만든 가설시설물이다. 이 같은 비계의 종류로는 나무비계와 철재비계가 있으며 외부비계와 내부비계, 쌍줄비계와 겹비계 및 외줄비계가 있다. 비계의 구조와 형태는 표 2-3과 같이 작업이 편리하도록 적당한 높이와 넓이가 유지되어야 하며 작업 중 하중에 견딜 수 있는 강도 유지와 낙하물 등에 견딜 수 있는 것이어야 한다.

표 2-3 비계의 구조 및 형태

구 분	내 용
외줄비계	저층 건축물로서 조적공사 등 경량재 사용 공사에 적용
겹비계	적재하중이 큰 보강공사에 적용
쌍줄비계	외줄, 쌍줄비계 적용 이외의 중·고층 건축공사의 타일, 미장, 돌공사 등 외장공사에 적용

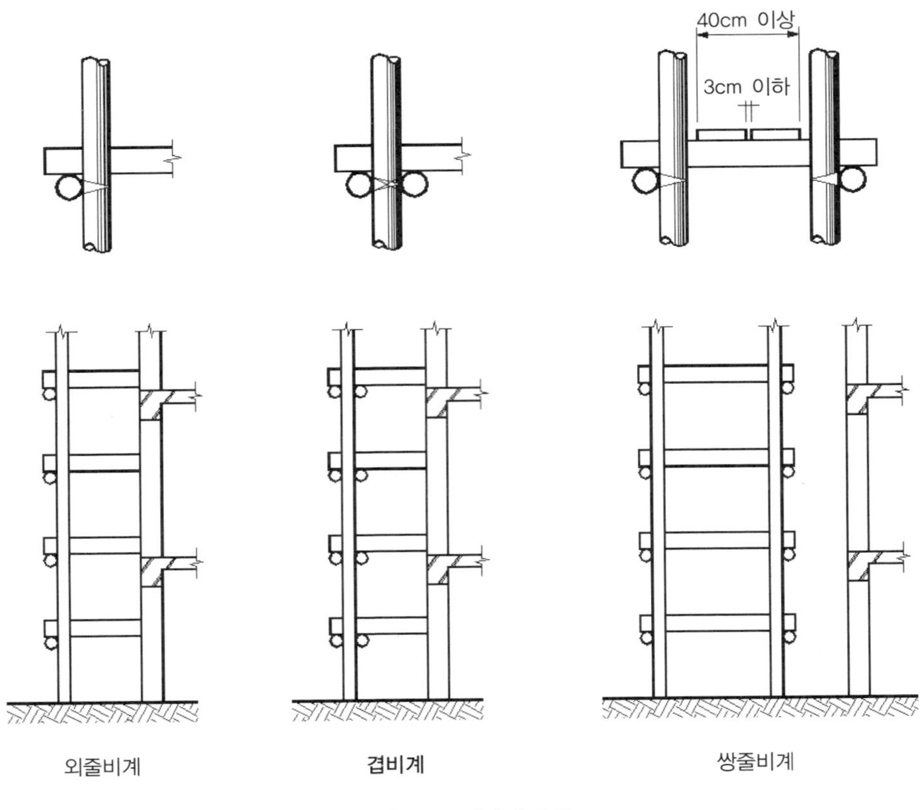

그림 2-4 비계의 종류

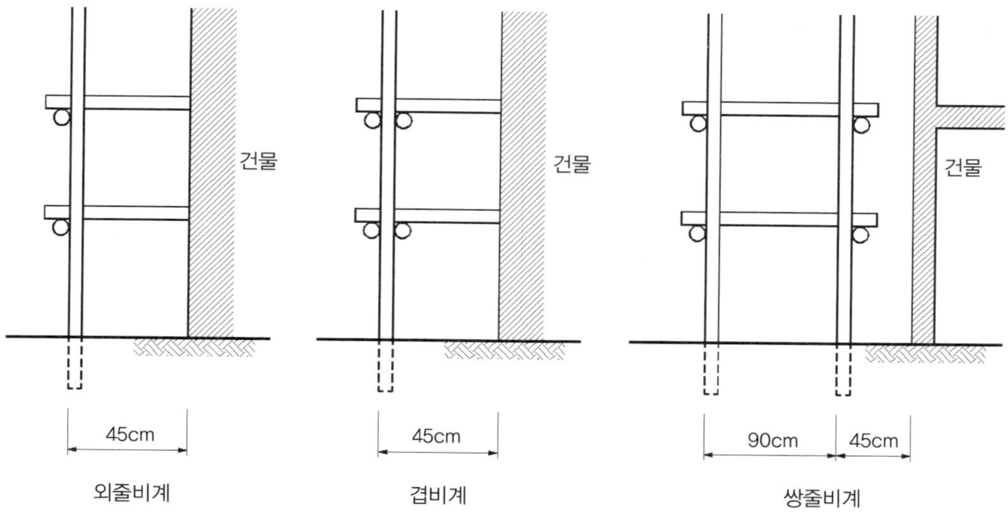

그림 2-5 비계 설치 단면도

① 외부비계 수량산출

외부비계의 면적은 외벽면에서 띄워져 설치된 외주면적(m^2)으로 산출하는데 비계의 종류별 면적산출 기준은 다음과 같다.

표 2-4 비계면적

구 분	쌍줄비계	겹비계, 외줄비계
목조(외부비계)	외벽중심선에서 90cm 거리 지면의 건물높이까지의 외주면적	외벽중심선에서 45cm 거리 지면의 건물높이까지의 외주면적
벽돌조 · 블록조 철근콘크리트조 (외부비계)	외벽면에서 90cm 거리 지면으로부터 건물높이까지의 외주면적	외벽면에서 45cm 거리 지면의 건물높이까지의 외주면적
철근콘크리트조 철골조(강관비계)	외벽면에서 100cm 거리 지면으로부터 건물높이까지의 외주면적	

② 비계면적 산출방식

$$비계의\ 외주면적(m^2) = 비계둘레길이(L) \times 건물높이(H)$$

③ 비계높이 산정기준

외부비계의 높이 산정은 목조인 경우 처마높이, 슬래브조는 패러핏 상단까지의 높이로 한다.

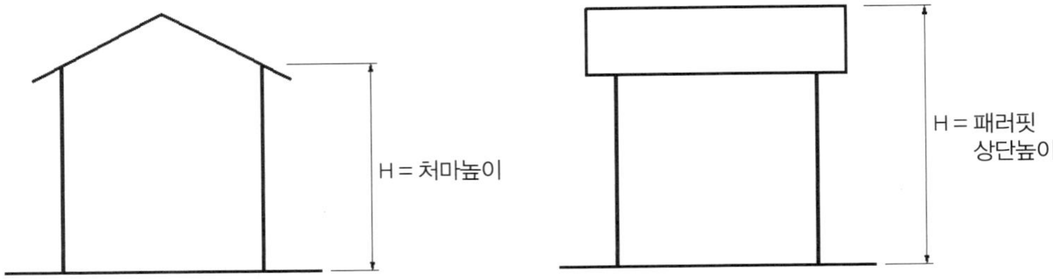

그림 2-6 건물의 높이 기준

④ **비계의 종류별 비계면적**

비계의 종류별 비계면적 산정방식은 다음 표 2-5와 같다.

표 2-5 비계면적 산출

구 분	비계 면적
외줄비계 · 겹비계	비계면적(A) = (L × H) = 〔(a+b)×2+0.45×8〕 × h
쌍줄비계	비계면적(A) = (L × H) = 〔(a+b)×2+0.90×8〕 × h
파이프 비계(단관, 강관틀)	비계면적(A) = (L × H) = 〔(a+b)×2+1.00×8〕 × h

따라서 외줄비계 겹비계 면적(A) = H(l+8×0.45)이며, 쌍줄비계면적(A) = H(l+8×0.90)이다. 즉 비계의 외주길이는 건축물의 총외주길이에 각 코너(8개)를 합한 길이가 된다.

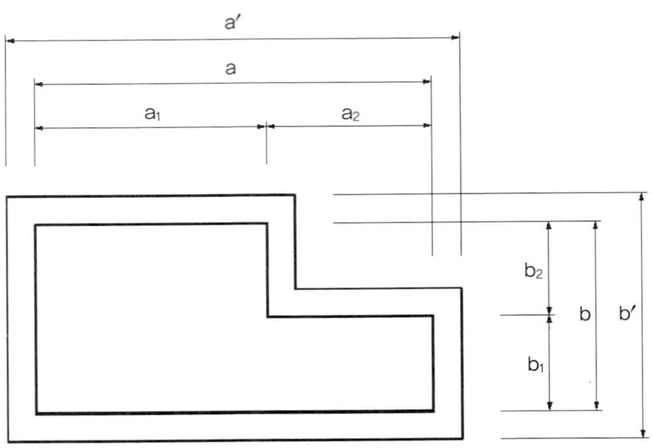

그림 2-7 쌍줄비계의 둘레길이(예)

예를 들면 쌍줄비계 둘레의 길이(L) = 〔(a+b)×0.9×8〕이 된다.

한편, 강관비계는 건설현장에서 가장 많이 사용되는 비계로, 대표적인 종류로는 단관비계와 강관틀비계가 있다. 이들의 수량산출방법은 벽체의 외면에서 $100cm^2$ 떨어진 거리의 외주둘레에 지면에서 건물높이까지 곱한 외주면적으로 산출하되, 비계용 브래킷을 설치한 경우에는 비계의 높이를 브래킷 위치까지의 높이를 공제한 건물높이로 계산한다.

즉 비계의 외주면적(A) = $H(l+8.0\times1.0)$이 된다. 단, l=건물의 외주길이다.

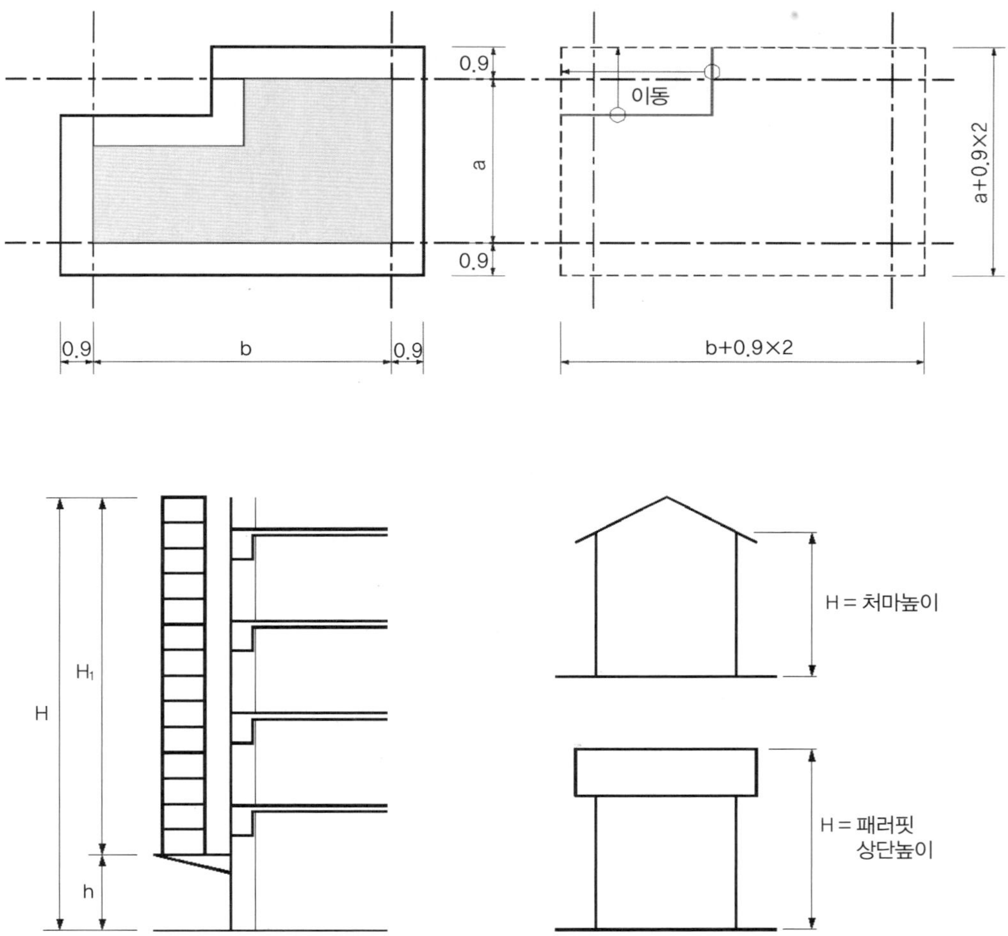

그림 2-8 비계높이 산정기준

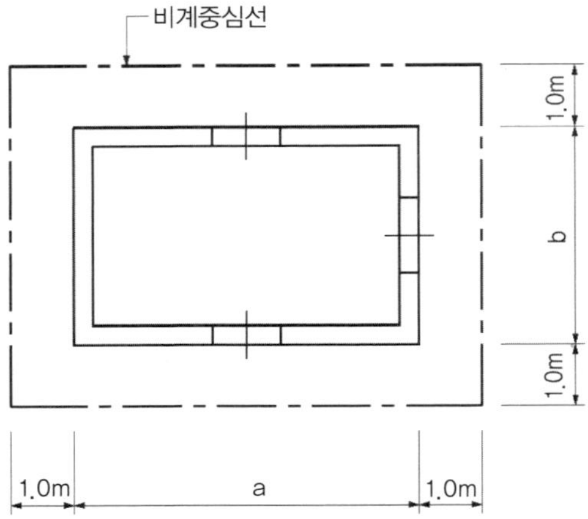

그림 2-9 비계 설치 평면도

(6) 비계다리

비계다리는 작업자나 자재의 운반통로로 건축물 1개동의 연면적 $1600m^2$당 1개소씩 설치하는 것을 원칙으로 하고 작업공정상 현장에서 필요한 경우 추가할 수도 있다.

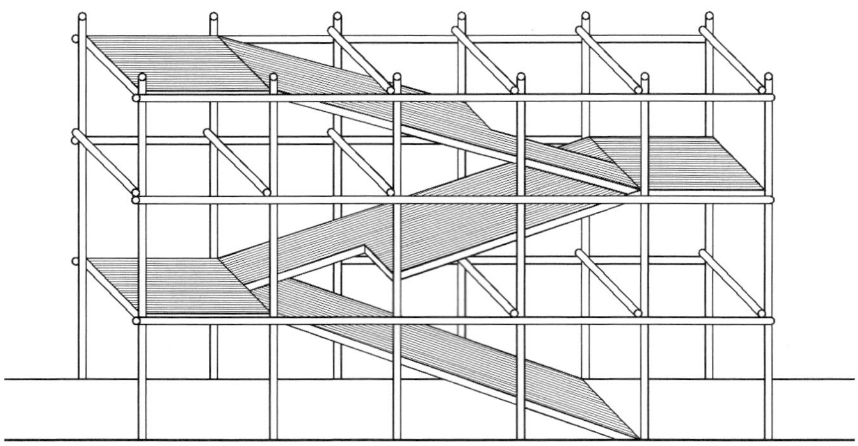

그림 2-10 비계다리

일반적으로 비계다리는 작업반경 약 50m 이내마다 1개소로 산출할 수 있으며, 비계다리의 폭은 90cm 정도로 하고 계단참의 너비는 다음 그림 2-11과 같이 최소한 1.2m, 비탈면 경사는 약 30° 이하로 한다.

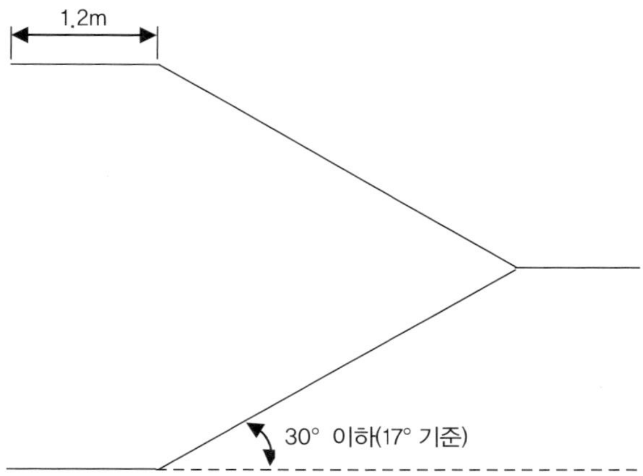

그림 2-11 비계다리의 경사도

표 2-6 비계다리 수량

구 분	단위면적 개소당	비계다리 면적 (m^2당)
긴 비계목	개	0.3
짧은 비계목	개	0.55
발판	매	0.9
각재	개	0.7
철선	kg	0.3

(7) 낙하물방지망

낙하물방지망은 인접도로나 건물 또는 현장시설물 주변에서 건축공사 중 작업자에게 떨어지는 낙하물을 보호하기 위해 설치하는 시설물이다. 보통 낙하물방지망은 길이 약 3.6m의 비계목이나 강관을 기존의 구조물에 연결하여 철망이나 철판, 합판, pvc망 등을 사용하게 되는데, 이는 낙하물 방지뿐 아니라 작업자의 위험 및 안전성을 도모하는 데 목적이 있다.

① 수량산출

낙하물방지망은 보통 지상 3.5m의 높이에서 수평방향으로 약 30° 정도 경사지게 설치하며 건축물의 높이 15m마다 1단씩 설치한다. 건축물의 구조가 철골조일 때에는 부재연결 및 시공의 용이성 등을 고려하여 매 3층마다 1단씩 설치하는 것을 원칙으로 한다. 설치면적은 방지망의 너비에 총설치길이를 곱하여 계산한다.

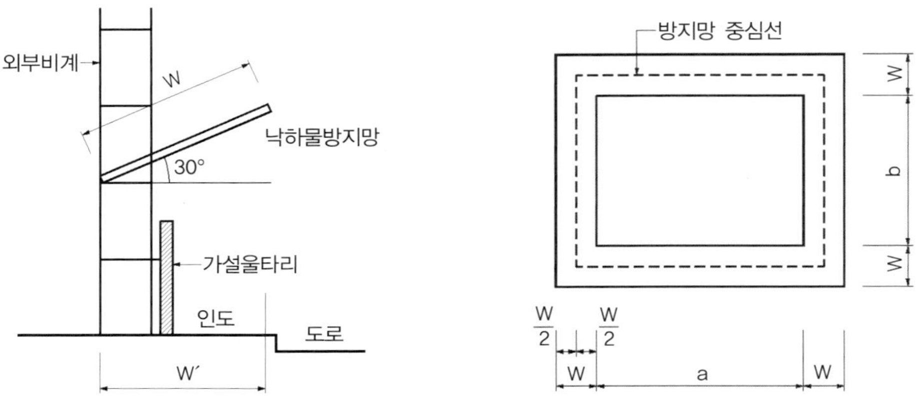

그림 2-12 낙하물방지망 입면도 및 평면도

수량산출식 : W (4M) × 비계 외주둘레길이 × 설치 층수

$$W = \frac{1}{\cos 30°} \times W' = \frac{2}{\sqrt{3}} W'$$

$$l = 2(a+b) + 8^{EA} \times \frac{W}{2} = 2(a+b) + 4W$$

$$\therefore\ A = W \times l = \frac{2}{\sqrt{3}} W' \times \{2(a+b) + 4W\}$$

또는 $A = (a+2W) \times (b+2W) - a \times b$

W = 낙하물방지망의 너비

W' = 필요한 수평폭 (통상 3M 정도)

$W = \frac{2}{\sqrt{3}} \times W'$ (통상 3.5M 정도)

l = 낙하물방지망의 길이

$2(a+b)$ = 건물의 외주길이

(8) 동바리

동바리란 일명 서포트(Support)라고도 하는데, 콘크리트 슬래브 거푸집의 하부에서 멍에를 지지하는 가설재이다. 동바리의 종류는 목재동바리, 강관(철재) 동바리 등이 있다.

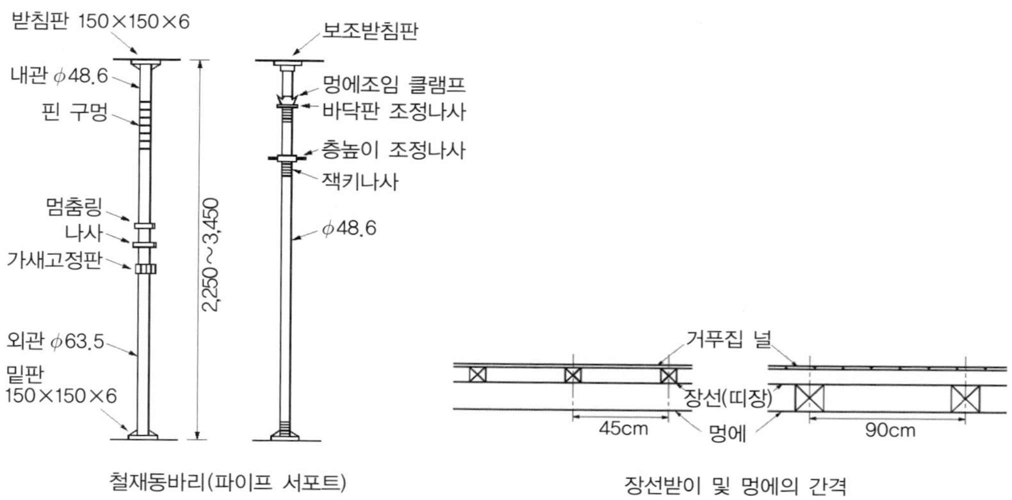

그림 2–13 철재동바리 및 멍에

① 수량산출

목재동바리는 상층 바닥면적에 층높이를 곱한 체적의 90%, 철재동바리는 각층 상층 바닥면적의 90%로 계산한 연면적으로 산출하되, $1m^2$ 이상의 개구부면적은 공제하고 피트(pit) 바닥이나 2중 슬래브 내의 동바리는 목재동바리로 산출한다.

표 2–7 동바리량 산출방식

구 분	산출 방식
동바리 체적(10공m^3)	(상층 바닥면적 − $1m^2$ 이상 개구부) × 동바리 높이 × 0.9 × 1/10
동바리 체적(공m^3)	(상층 바닥면적 − $1m^2$ 이상 개구부) × 동바리 높이 × 0.9
목재동바리	상층 바닥면적의 90%로 계산한 연면적(m^2), 단위는 (공m^2)이다.
철재동바리	각층 상층 바닥면적에 90%로 계산한 연면적(m^2)

예제 1 다음과 같은 건물의 동바리 체적(10공m^3)을 계산하시오.

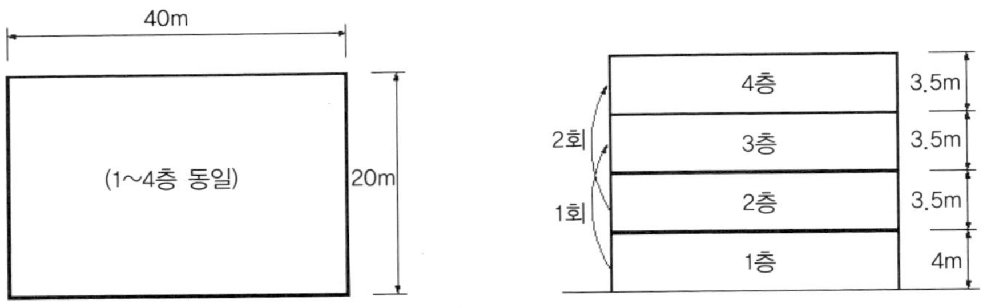

평면도　　　　　입면도

해설 목재동바리는 상층 바닥면적에 층높이를 곱한 체적의 90%, 철재동바리는 각층 상층 바닥면적의 90%로 계산한 연면적으로 산출한다. 따라서

$$\text{동바리의 체적(10공m}^3) = \text{상층 바닥면적} \times \text{동바리 높이} \times 0.9 \times \frac{1}{10}$$

$$= 40 \times 20 \times 14.5 \times 0.9 \times \frac{1}{10}$$

$$= 1044.00(\text{10공m}^3)$$

제 3 장

토공사 적산관리

3.1 토공사 적산관리

1. 개요

최근 건축공사의 고층화 · 다양화 및 근접시공과 시공기술의 발달로 토공사의 수행방식도 고도화 · 전문화되고 있다.

일반적으로 건축공사에서 토공사의 범위는 건물의 기초 또는 지하구조물을 만들기 위해 흙을 파내고 지반을 안정케 하는 토공사 이외에도 부지 내 흙의 정리, 절토, 성토, 위해방지시설 등 그 범위가 매우 넓다. 또한 소규모 공사에서는 토공사를 흙막이나 지정공사에 포함시키는 것이 보통이지만 중 · 대규모 공사에서는 이를 별도로 분리하여 공사비 항목을 두고 있다.

최근에는 건설공사가 더욱 복잡 다양화되면서 지하 토공사의 중요성이 강조되고 터파기 공사나 흙막이 공사가 인접구조물 및 지하구조체의 시공과 연계되어 전문업체에 의한 시공이 일반화되고 있다.

2. 토공사 관련 용어

(1) 절토(cutting) : 필요한 흙의 모양을 만들기 위해 불필요한 흙을 깎아내는 것
(2) 굴토(excavation) : 흙파기로 구조물의 기초를 고르게 만드는 것
(3) 성토(filling) : 부족한 흙을 돋우기 또는 흙을 쌓는 것
(4) 매토(backfilling) : 기초파기한 부분에 공사완료한 후 흙을 다시 메우는 것
(5) 다짐(compation) : 흙의 압축강도를 높이기 위해 잡석이나 콘크리트 또는 흙 자체를 밀실하게 다지는 것
(6) 정지(grading) : 흙을 평탄하게 고르는 작업
(7) 배토(ridging) : 불필요한 흙을 제거하는 작업

3. 흙의 종류

흙의 종류와 유형은 성질에 따라 보통토사에서부터 견질토사, 모래, 자갈, 풍화암, 연암, 경암 등이 있으며 이들의 유형별 특성은 다음과 같다.

표 3-1 흙의 종류와 특징

흙의 종류	흙의 성질
보통토사	보통상태의 점토나 실트, 모래질 흙과 이들의 혼합물로 된 토질
견질토사	견고한 모래흙 또는 점토로 곡괭이로 작업이 가능한 토질
잔모래	천연산으로 직경이 0.05~0.25mm 정도 크기의 돌
굵은 모래	천연산으로 직경이 0.25~2mm 정도의 돌
자갈	천연석으로 직경이 0.5~7.5cm 정도의 둥근 돌
굵은 자갈	천연석으로 직경이 7.5~20cm 정도의 돌
호박돌	호박형의 천연석으로서 가공하지 않은 상태에서의 직경이 18cm 이상 크기의 돌
잡석	직경이 10~30cm 정도이고 크고 작은 알이 골고루 섞여져 형상의 돌
풍화암	암질이 부식되어 있고 균열이 1~10cm 정도로 굴착 시 약간의 화약을 사용해야 하는 암질
연암	암이나 사암 등이 이에 속하며, 균열이 10~30cm 정도로 굴착 또는 절취에는 화약을 사용하지만 석축용으로는 부적합한 암질
경암	화강암, 안산암 등이 이에 속하며 굴착 또는 절취에 화약을 사용해야 하며 균열상태가 1m 이내로서 석축용으로 사용되는 돌

4. 터파기

흙의 굴착은 현장의 작업조건이나 터파기량에 따라 기계굴착과 인력굴착으로 구분한다. 굴착공법의 선정은 기계굴착과 인력굴착에 소요되는 공사비를 비교하여 선정하지만 굴착장소가 협소하거나 넓은 지역이라도 굴착장비의 사용이 어려운 경우에는 인력터파기 방법을 사용할 수밖에 없다. 협소한 장소란 터파기폭이 1m 이내이거나 길이가 2m 미만인 장소를 말하고, 넓은 지역이란 굴착장비의 작업이 가능한 최소면적이 100m 이상인 지역을 말한다. 터파기의 형식은 독립기초나 복합기초인 경우는 구덩이 파기를 하고 조적조 벽체 등에는 줄기초 파기, 지하층은 온통파기로 한다.

(1) 터파기량

흙의 체적은 자연상태의 체적(m^3)으로 계산하고 $1m^3$당 단가를 곱하여 공사비를 계산한다. 이때 터파기 흙의 양은 토사의 종류 및 터파기의 깊이에 따라 구분하거나 주위에 장애물이 있을 때와 협소한 곳의 독립 터파기 또는 용수가 있는 곳의 터파기로 구분할 수 있다.

(2) 흙의 경사각

흙파기 시 흙의 경사는 높이와 길이의 비로 나타내거나 각도로 표시하는데 흙의 경사각이란 터파기 시 작업면적과 주위 건축물의 영향을 고려한 흙의 수평길이에 대한 수직높이의 비를 말한다.

일반적으로 흙의 경사도는 흙의 밀실한 정도나 지하수위 등에 따라 다르나 일반적으로 흙의 휴식각의 약 2배 정도 또는 깊이의 1/3~2/5를 기초의 너비보다 더 넓게 판다. 터파기의 경사각은 터파기 경사면을 해결하는 파기의 경사를 말하며 경사각은 휴식각의 2배가 된다.

(3) 흙의 휴식각

일반적으로 흙의 휴식각은 토질시험 시 적용하는 것으로서 보통 흙이 자연상태에서 무너지지 않을 정도의 안정된 상태에서 수평면과 이루는 경사의 각도를 말한다.

즉 흙을 높이 쌓아두어 자연상태에서 미끄러져 내려와 안정되었을 경우 수평면과 이루는 경사면의 각도이다. 흙의 휴식각은 모래흙과 진흙, 자갈 등 토질에 따라 달라진다.

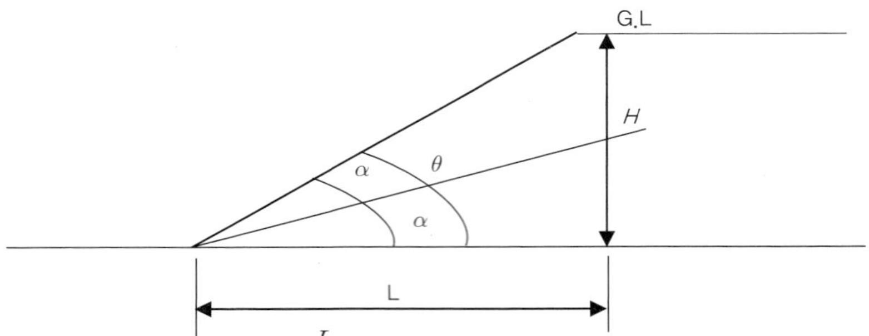

$$\cos\theta = \frac{L}{H}$$

그림 3-1 흙의 휴식각

표 3-2 흙의 종류별 휴식각

토 질		휴식각	토 질		휴식각
모래	건조	20～35	진흙	건조	40～50
	습기	30～45		습기	30～35
	포화	20～40		포화	20～25
보통 흙	건조	20～45	자갈	일반	30～35
	습기	25～45		모래와 진흙 섞임	20～35
	포화	25～30			

(4) 터파기의 여유

가설공사나 기초공사 시 거푸집의 설치, 흙막이공사, 방수공사, 지정공사의 작업공간 확보를 위하여 구조체의 부피와 면적보다 넓게 터파기를 할 필요가 있다. 이 경우 터파기의 여유폭은 설계표준에 의해 적절히 결정할 필요가 있다.

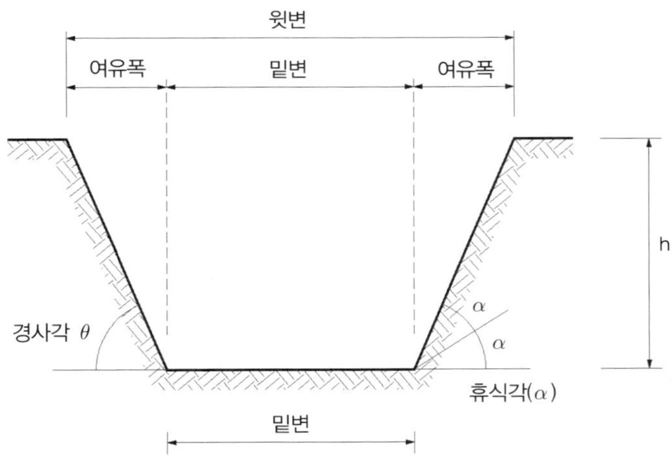

그림 3-2 타파기의 경사

일반적으로 터파기의 여유폭은 흙막이가 있는 경우와 없는 경우로 구분하고 터파기의 높이에 따라 그림 3-3과 같이 터파기의 여유공간을 두게 된다.

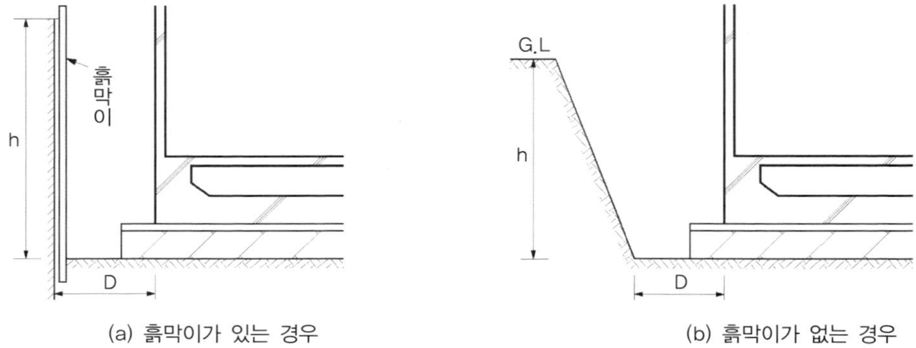

그림 3-3 터파기의 여유폭

표 3-3 터파기의 폭

흙막이가 있는 경우		흙막이가 없는 경우	
높이(H)	터파기폭(D)	높이(H)	터파기폭(D)
5.0m 이하	60~90cm	1.0m 이하	20cm
		2.0m 이하	30cm
5.0m 이상	90~120cm	4.0m 이하	50cm
		4.0m 이상	60cm

(5) 터파기의 너비 산정

터파기의 너비는 흙의 휴식각이 없는 일반적인 경우와 휴식각이 정해져 있는 경우로 구분하여 산정하되 다음과 같이 산정한다.

① 휴식각이 없는 경우의 터파기의 너비

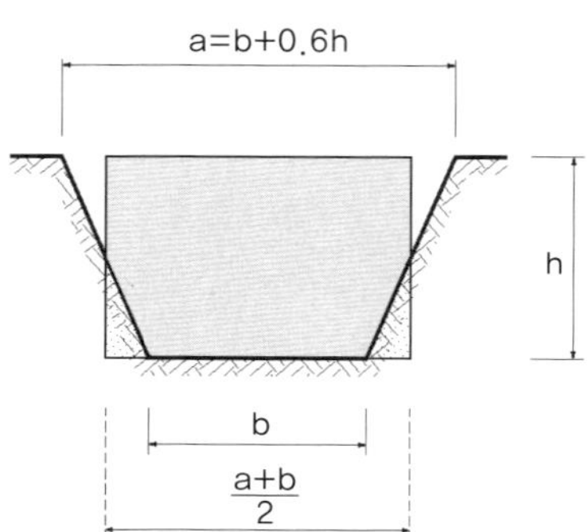

그림 3-4 터파기 단면도(휴식각이 없는 경우)

② 휴식각이 있는 경우의 터파기의 너비

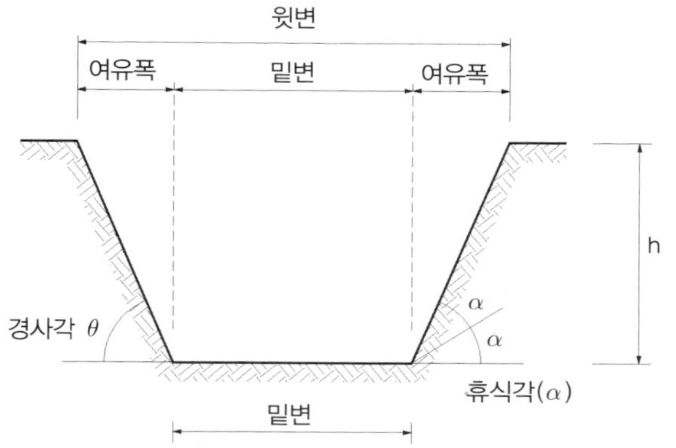

그림 3-5 터파기 단면도(휴식각이 있는 경우)

(6) 터파기량 산출

터파기의 수량은 터파기의 형태에 따라 줄기초파기와 독립기초파기, 온통기초파기로 나누어진다.

① **줄기초파기**

줄기초파기의 산정방식은 다음과 같다.

산출방식 : (윗변＋밑변) / 2 × 높이 × 길이 터파기량(V) $= [(\frac{a+b}{2})\times h\times$줄기초의 길이－중복되는 체적]

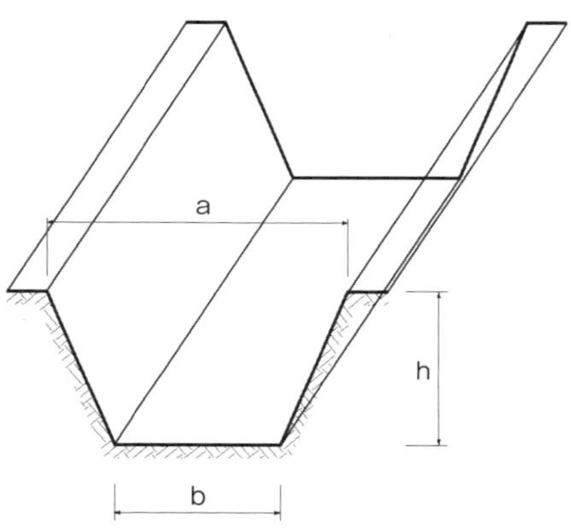

그림 3-6 줄기초파기

② **독립기초파기**

건축물이 사각형일 경우에 적용하며 다각형일 경우에는 각각 알맞게 적용한다. 모양이 이형일 경우에는 별도의 산출방식을 정하여 적용한다.

$$\text{터파기량}(V) = \frac{h}{6}\{(2a+a')b+(2a'+a)b'\}$$

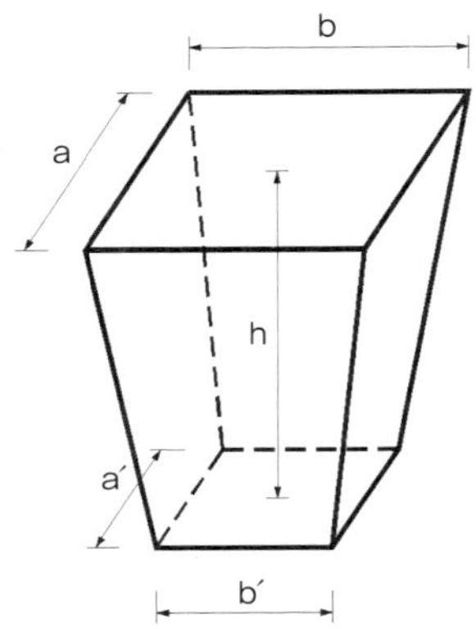

그림 3-7 독립기초

③ **온통파기**

온통파기는 터파기 면적에 터파기 깊이를 곱하여 산출한다.

$$\text{터파기량}(V) = L_x \times L_y \times \mathrm{H} \ (L_x : \text{가로길이},\ L_y : \text{세로길이},\ \mathrm{H} : \text{높이})$$

④ **지중보파기**

지중보란 독립기초 상호간에 연결된 보로, 지붕보의 터파기는 양끝부분에서는 독립파기와 중복되므로 지붕보 터파기만 계산한 후 터파기 단면적을 곱하여 터파기량을 산출한다.

$$\text{터파기량}(V) = A \times l_o \ (A\text{는 면적},\ l_o\text{는 순 길이})$$

5. 되메우기와 잔토처리

되메우기는 터파기 공사가 완료된 후 잔토처리방법의 하나로, 기초 또는 구조체가 완성된 후 터파기로 인한 여유공간을 메워주는 작업공정이며 자연상태의 토량으로 산출한다.

되메우기 토량의 계산은 흙파기의 체적에서 지중선 하부의 기초구조부 체적을 공제하는 것이다. 이때 기초구조부의 체적이란 지반선 이하의 잡석다짐, 기초콘크리트, 지하실 용적의 총합계를 말한다.

잔토처리란 터파기 후 흙을 되메우고 남은 흙의 일부 또는 전부를 다른 곳으로 이동시키는 작업으로 토량환산계수를 적용한 토량을 말한다.

토량은 흙의 종류별로 토량의 변화가 달라지는데 이에 대한 환산계수를 말한다. 잔토처리량 산정은 아래의 방식과 같다.

> 잔토처리량 = {흙파기 체적 − (되메우기 체적) × 토량환산계수}
> (단, 토량환산계수는 보통토사를 기준으로 1.15 곱하여 계산)

(1) 토량환산계수

흙의 토량은 터파기 후 부피의 변화가 일어나므로 토량의 변화량을 환산하여 계산하게 된다. 이때 토량환산계수는 토질에 따라 다르므로 다음과 같은 방식으로 계산한다.

> 흐트러진 상태의 토량환산계수(L) = 흐트러진 상태의 토량 / 자연상태의 토량
> 다져진 상태의 토량환산계수(C) = 다져진 상태의 토량 / 자연상태의 토량

표 3-4 토량의 변화율

구 분	L (흐트러진 상태)	C (다져진 상태)
경암반	1.70∼2.00	1.30∼1.50
연암반	1.30∼1.50	1.00∼1.30
자 갈	1.10∼1.20	1.10∼1.05
모 래	1.10∼1.20	1.10∼1.20
진 흙	1.20∼1.30	0.85∼0.95
점 토	1.20∼1.45	0.85∼0.95

표 3-5 토량환산계수를 이용한 토량 산정

구 분	자연상태의 토량	흐트러진 상태의 토양	다져진 상태의 토양
자연상태의 토량	1	L	C
흐트러진 상태의 토양	$1/L$	1	C/L
다져진 상태의 토량	$1/L$	L/C	1

※ 흙의 흐트러진 상태의 토량환산계수(L), 다져진 상태의 토량환산계수(C)

예제 1 아래와 같은 기초파기에서 터파기량을 산출하시오.(단위 : mm)

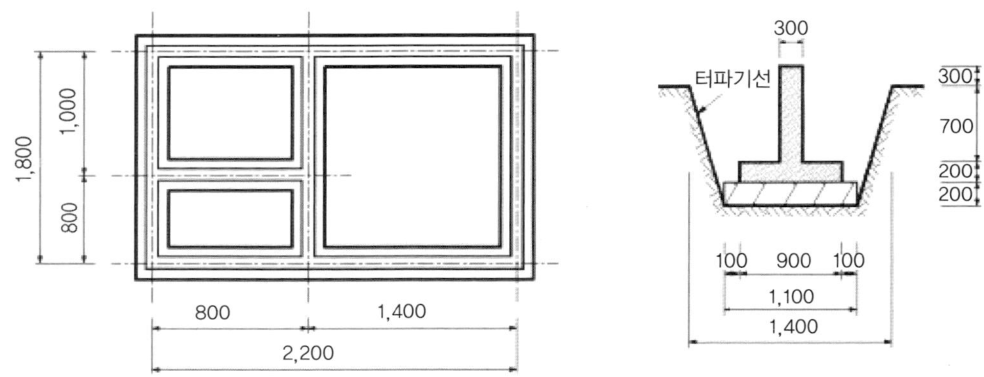

(해설) 줄기초의 터파기량 산출은 먼저 줄기초 단면의 높이와 상하 너비를 구하여 사다리꼴 면적을 구한다. 다음으로 총 줄기초의 순수길이를 구하여 면적으로 곱한다.

1. h=1.1m, a=1.4m, b=1.1m

2. 평균폭 $= \dfrac{a+b}{2} = \dfrac{1.4+1.1}{2} = 1.25\text{m}$

3. 줄기초의 전체길이$(\Sigma L) = (22+18)\times 2+8+18 = 106\text{m}$

4. 터파기량(V) $= \dfrac{a+b}{2}\times h\times\{\Sigma L-(\dfrac{a+b}{2})/2\times$중복개수$\}$

$= 1.25\times 1.1\times\{106-(1.25)/2\times 4\}$

$= 142.313 \rightarrow 142.31\text{m}^3$

예제 2 그림과 같은 터파기(기초파기)에서 흙의 부피증가를 10%로 가정한 경우 흙의 체적을 구하시오.

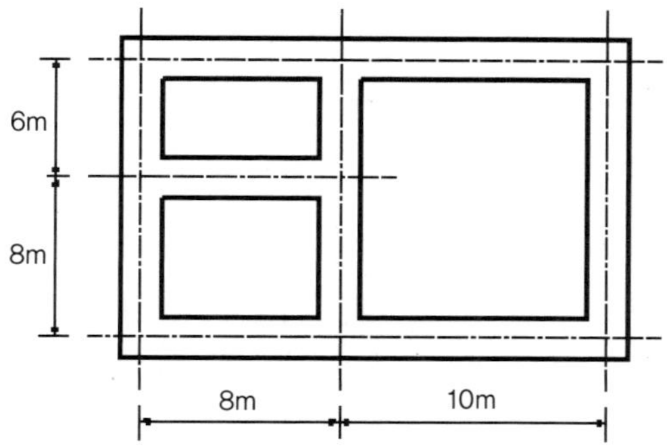

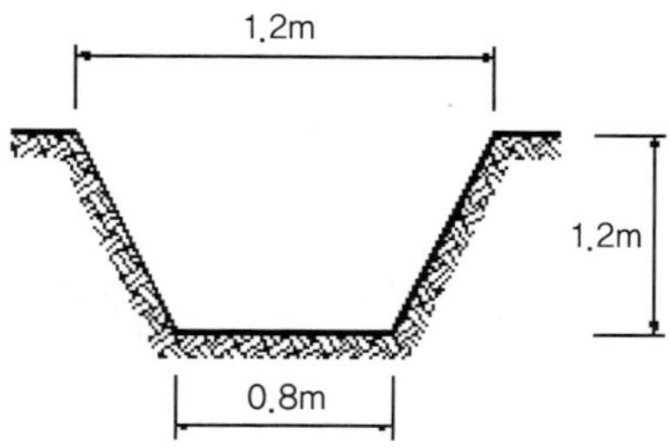

해설

1. h=1.2m, a=1.2m, b=0.8m
2. 평균폭 $= \dfrac{a+b}{2} = \dfrac{1.2+0.8}{2} = 1.0\text{m}$
3. 줄기초의 전체길이(ΣL)$=(18+14)\times2+(14+8)=86\text{m}$
4. 터파기량(V) $= \dfrac{a+b}{2} \times h \times \{\Sigma L - (\dfrac{a+b}{2})/2 \times \text{중복개수}\}$

   $= 1.0 \times 1.2 \times \{86-(1.0)/2\times4\}$

   $= 100.80$
5. 부피증가율 10%를 고려한 터파기량(V)은

   $100.80 \times 1.1 = 110.88\text{m}^3 \rightarrow 111\text{m}^3$

예제 3 다음과 같은 연속기초의 기초 터파기량과 되메우기량 및 잔토처리량을 산출하시오.(단, 토량환산계수 L=1.2, C=0.9로 한다.)

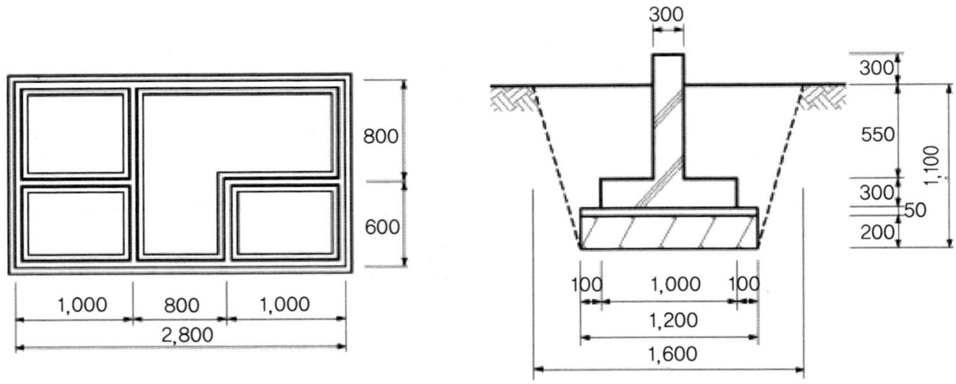

해설

줄기초 총길이 $= (28\times2+14\times3+10\times2+6) - \dfrac{1.6+1.2}{2}\times\dfrac{1}{2}\times 6$개소

$= 124\text{m} - 4.2\text{m} = 119.8\text{m}$

1. 터파기량 : $V_1 = \dfrac{1.6+1.2}{2}\times 1.1\times119.8 = 184.492\text{m}^3$

2. GL하부 기초구조부 체적 : V_2

   (1) 잡석량 $v_1 = 0.2\times1.2\times(124-\dfrac{1.1}{2}\times6) = 28.896\text{m}^3$

   (2) 밑창콘크리트양 $v_2 = 0.05\times1.2\times(124-\dfrac{1.1}{2}\times6) = 7.224\text{m}^3$

   (3) 기초판 콘크리트양 $v_3 = 0.3\times1.0\times(124-\dfrac{0.9}{2}\times6) = 36.3\text{m}^3$

   (4) 기초벽 콘크리트양 $v_4 = 0.3\times0.55\times(124-\dfrac{0.3}{2}\times6) = 20.3115\text{m}^3$

   ∴ 전체적 : $V_2 = v_1+v_2+v_3+v_4 = 92.732\text{m}^3$

3. 되메우고 다지기 : $V_3 = (V_1 - V_2)\times\dfrac{1}{C}$

   $= (184.492-92.732)\times\dfrac{1}{0.9} = 91.76\times\dfrac{1}{0.9} = 101.956\text{m}^3$

4. 잔토처리량 : $V_4 = \{V_2 - V_3\times(\dfrac{1}{C}-1)\}\times\text{L}$

   $= \{92.732-91.76\times(\dfrac{1}{0.9}-1)\}\times1.2 = 99.04\text{m}^3$

예제 4 다음 그림의 터파기량, 되메우기량, 잔토처리량을 산출하시오.
(단, 토량환산계수 : $C=0.9$, $L=1.2$)

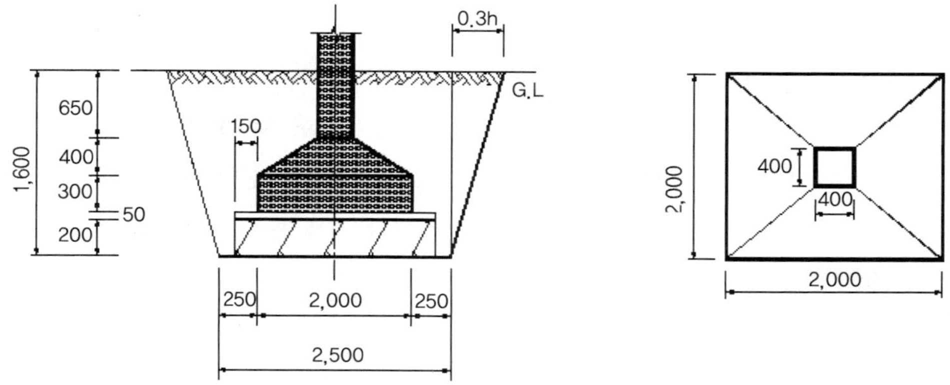

해설

1. 터파기량(V) $= \frac{1.6}{6} \times \{(2\times3.46+2.5)\times3.46+(2\times2.5+3.46)\times2.5\}$

   $= 14.33\text{m}^3$

2. 되메우기량($V-S$)

   (1) 되메우기량 = 터파기량(V)− GL 이하 기초구조부 체적(S)

   (2) 터파기량(V) = 14.33m^3

   (3) GL 이하 기초구조부 체적(S) = $1.058+0.265+1.861+0.104=3.288\text{m}^3$

   = 잡석다짐량+버림콘크리트양+기초판량+GL 이하의 주각량

   ① 잡석다짐량 = $2.3\times2.3\times0.2=1.058\text{m}^3$

   ② 버림콘크리트양 = $2.3\times2.3\times0.05=0.265\text{m}^3$

   ③ 기초판량 = $2.0\times2.0\times0.3+\frac{0.4}{6}\times\{(2\times2.0+0.4)\times2.0$

   $+(2\times0.4+2.0)\times0.4\}=1.861\text{m}^3$

   ④ GL 이하의 주각량 = $0.4\times0.4\times0.65=0.104\text{m}^3$

   (4) 되메우기량 = $V-S = 14.33-3.288 = 11.042 \rightarrow 11.04\text{m}^3$

3. 잔토처리량(C) = 0.9, $L = \{V-(V-S)\times\frac{1}{C}\}\times L$

   $= \{14.33-11.04\times\frac{1}{0.9}\}\times1.2 = 2.476 \rightarrow 2.48\text{m}^3$

6. 토공사용 장비

토공사에 사용되는 장비는 건축물의 현장조건 작업의 특성에 따라 다양한 종류의 장비들이 선택된다. 흙의 굴착용 장비로는 굴삭기, 불도저, 셔블(shovel)계 굴삭기, 드래그라인(drag line), 클램쉘(clamshell) 등이 있으며, 적재용으로는 로드, 버킷식 에스크베이트, 백호우(back hoe) 등이 있다. 이러한 장비들은 대부분 토사를 굴착하여 다른 장소로 이동, 운반하는 용도로 사용된다. 또 건축물의 시공과정에서 장기적으로 작업용으로 사용되는 수직양중기와 크레인 등도 있다. 이러한 장비들은 사용용도에 따라 비용이 달라지므로 시공능력과 운영관리방법에 따라 소요경비 산정이 필요하다.

(1) 토공사 장비의 시공능력

① 불도저 작업능력

이 장비는 트랙트의 앞부분에 토공판을 장착하여 주행하면서 상하의 토사를 굴착하고 고르는 장비로 운반거리 50m 이하의 배토작업에 사용된다.

$$\text{시간당 작업량}(Q) = \frac{60 \cdot q \cdot f \cdot E}{C_m}, \quad q = q_0 \times e$$

Q : 시간당의 작업량(m^3/hr)
q : 삽날의 용량(m^3)
q_0 : 거리를 고려하지 않은 삽날의 용량(m^3)
e : 운반거리계수
f : 토량환산계수
E : 작업효율
C_m : 1회 사이클 시간(분)

② 굴착기계의 작업능력

흙 굴착용 장비는 파워셔블, 백호우, 클램쉘, 드래그라인 등이 있다. 파워셔블은 장비가 위치한 지면보다 높은 곳에 있는 토량의 굴착작업에 적합하고, 클램쉘, 백호우, 드래그라인 등은 장비가 위치한 높이보다 낮은 곳에 있는 토량 굴착용으로 사용된다.

$$시간당\ 작업량(Q) = \frac{3,600 \cdot q \cdot K \cdot f \cdot E}{C_m}$$

Q : 시간당 작업량(m^3/hr)

q : 디퍼 또는 버킷용량(m^3)

K : 디퍼 또는 버킷계수

f : 토량환산계수

E : 작업효율

C_m : 1회 사이클 시간(초)

(2) 장비사용 경비

① 기계경비

기계경비는 기계손료, 운전경비, 운송비의 합계액으로 필요시 기계조립 또는 분해조립 비용까지 포함할 수 있다.

② 기계손료

기계손료는 감가상각비, 정비비, 관리비의 합계액을 말한다.

③ 운전경비

기계 사용에 필요한 연료비, 전력비, 윤활유비와 운전기사 임금 기타 노무비 등이 포함된다.

3.2 흙막이공사 및 지정공사의 적산관리

1. 개요

흙막이공사는 기초파기 시 토사의 붕괴를 방지하고 기초공사의 안정을 위해 필요하며 지정공사는 건축물의 하중을 지반에 전달하는 기초구조의 일부분이다. 일반적으로 소규모 공사에서는 토공사에 포함하여 적산작업이 이루어지지만, 공사의 성격상 규모가 크고 공종별 특수한 공법이 있는 경우나 특수한 공법을 선택해야 하는 경우에는 별도로 계상해야 한다. 특히 흙막이공사는 공사내용에 따라 공사비의 차이가 있으므로 실제 공사를 시공할 전문업체에 의뢰하여 견적을 받아 견적서에 반영하는 것이 더 현실적일 수 있다. 그러나 공법 선택에 따라 공사수량의 차이가 있으므로 적산 시에는 세심한 주의가 필요하다.

2. 수량산출방법

흙막이의 수량산출방법은 다음과 같다.

① 흙막이는 종류별, 설치방법별 길이와 면적 및 중량으로 산출한다.
② H말뚝의 수량은 규격과 길이별 본수로 산출하되 전체의 천공길이는 각 토질별로 구분하여 연장길이를 산출한다.
③ 엄지말뚝은 길이별 산출하고, 길이가 규격길이보다 긴 경우는 이음개소를 산출한다.
④ 띠장의 해체, 매립은 해체가 가능한 띠장만 구분하여 길이로 산출하고 띠장 지지용 브래킷 수량은 개수로 산출한다.
⑤ 어스앵커 천공 및 강선 사용량은 소요되는 총길이로 산출한다.
⑥ 스트럿(Strut)공법에서 빔의 길이는 설치와 해체로 구분하여 산출한다.
⑦ 토류판은 설치 및 해체면적으로 산출하고 토류판 설치 시에는 흙막이 연면적으로 하고 해체 시에는 회수가 가능한 면적으로 산출한다.
⑧ 기타 재료의 손료 등은 중량으로 환산하여 산출한다.

3. 주요 공법별 특성

흙막이공법은 흙의 종류나 건축규모 및 부지의 현장여건에 따라 공법의 선택이 달라진다. 주요 공법별 특성을 열거하면 표 3-6과 같다.

표 3-6 주요 흙막이공법

구 분	공 법 개 요
H말뚝 및 토류판공법	H말뚝을 1~2m 간격으로 박고 굴착과 동시에 토류판을 그 사이에 끼워서 흙막이 벽을 설치하는 공법으로 시공이 간편하고 공사비가 저렴하다.
스틸 시트파일 (Steel Sheet Pile)공법	강재 널말뚝을 연결하여 주열식 흙막이벽을 형성하는 공법으로 연약지반의 지하수가 많은 곳에 사용한다.
주열식 흙막이공법	현장타설 제자리말뚝을 연속으로 박아 주열식으로 흙막이벽을 형성하는 공법
슬러리 월(Slurry Wall) 공법	벤토나이트 안정액을 사용하여 지반의 붕괴를 방지하면서 지반을 연속 굴착하여 그 속에 철근망을 삽입하고 콘크리트를 타설하여 흙막이벽체를 형성해가는 공법
탑다운(Top Down)공법	슬러리 월을 설치한 후 1층 바닥을 먼저 설치하고 지하공사와 지상공사를 병행하여 공기를 단축하기 위한 공법
어스앵커(Earth Anchor) 공법	엄지말뚝(H-pile)을 일정 간격으로 수직으로 박은 후 굴착과 함께 흙막이 토류벽을 설치하고 어스앵커를 시공하여 흙막이벽을 지지하는 공법
스트럿 공법	시트파일 어스앵커(Sheet Pile Earth Anchor)공법이나 탑다운 공법이 여의치 않은 현장에서 주로 사용하며, H말뚝이나 시트파일을 소정의 깊이까지 박고 수평버팀대에 의해 토압을 받게 하는 공법

제 4 장

철근콘크리트공사 적산관리

4.1 콘크리트공사의 적산관리

1. 개요

철근콘크리트공사는 구조체 공사로 전체 건축공사비에서 차지하고 있는 비중이 크며 수량산출도 각 부위별, 규격별로 연속하여 반복되는 작업이 이루어지므로 치밀하고 세심한 주의가 필요하다.

특히 작업 전 설계도서를 충분히 검토하고 현장여건을 고려하여 산출항목의 누락이 없도록 해야 한다. 철근콘크리트공사는 구조체를 완성하기 위해 실현되는 거푸집공사와 철근공사, 콘크리트공사를 총칭한 것으로서, 전체공사비의 약 30~40%를 차지하는 골조공사이다.

따라서 골조공사의 수량산출방법은 콘크리트공사의 경우는 체적으로, 형틀은 면적으로, 철근은 중량으로 산출한다.

2. 콘크리트 재료

콘크리트의 재료는 시멘트, 모래, 자갈과 물이 일정한 혼합비로 반죽한 것이며 필요시에는 콘크리트의 성질에 영향을 미치게 하는 혼화재료를 사용한다. 보통 시멘트의 경우 40kg 1포대 단위로 하고 시멘트 $1m^3$의 무게는 1,500kg으로 한다.

골재로는 보통골재, 경량골재, 중량골재가 있으며, 굵은 골재인 자갈과 잔골재인 모래로 구별한다. 물은 청정하고 기름이나 산 또는 알칼리, 유기불순물이 없는 것으로 하며 콘크리트 타설 시 성질을 개량하기 위해 넣는 혼화재료가 있다.

3. 콘크리트 수량산출

콘크리트의 비벼내기량은 체적에 의한 산출방식과 근사식에 의한 산출방식이 있다.

(1) 체적에 의한 산출방식

표준 양의 용적 배합비가 1 : m : n이고 물시멘트비가 x(w/c)일 경우, 전체의 체적은 각 단위비중에 대한 단위용적중량 비율을 합산한 것과 물과 시멘트의 단위용적중량으로 환산한 값의 부피량(V)의 합계이다.

$$V = \frac{W_c}{G_c} + \frac{m\,W_s}{G_s} + \frac{n\,W_g}{G_g} + W_c \cdot x \ (\mathrm{m}^3)$$

W_c : 시멘트의 단위용적중량(t/m³)

W_s : 모래의 단위용적중량(t/m³)

W_g : 자갈의 단위용적중량(t/m³)

G_c : 시멘트의 비중(3.15)

G_s : 모래의 비중

G_g : 시멘트의 비중

※ 콘크리트 1m³를 비벼내는 데 소요되는 각 재료의 수량은 다음과 같다.

시멘트 소요량 : $C = \frac{1}{V}(\mathrm{m}^3) = 1{,}500 \times \frac{1}{V}(\mathrm{kg})$

모래 소요량 : $S = \frac{m}{V}(\mathrm{m}^3)$

자갈 소요량 : $G = \frac{n}{V}(\mathrm{m}^3)$

(2) 근사식에 의한 산출식

근사식에 의한 산출방식은 현장배합비 1 : m : n이고 물시멘트비를 고려하지 않을 때의 산출방식으로 다음과 같다.

비벼내기량(V) = 1.1m + 0.57n

시멘트 소요량 : $C = 1{,}500 \times \frac{1}{V}(\mathrm{kg})$ 또는 $1.5 \times \frac{1}{V}(\mathrm{t})$

$C = 37.5 \times \frac{1}{V}$ (시멘트 포대수)

모래 소요량 : $S = \frac{m}{V}(\mathrm{m}^3)$

자갈 소요량 : $G = \frac{n}{V}(\mathrm{m}^3)$

(3) 수량산출 시 유의사항

콘크리트공사의 수량산출은 설계도서에 따라 콘크리트의 종류별, 부위별 또는 사용장비 등에 따라 다르므로 산출 시에는 다음과 같은 사항을 주의해야 한다.

① 콘크리트 수량은 설계도서에 따라 콘크리트 종류별 체적으로 산출한다.

② 콘크리트의 체적 중 매설된 철근과 철골재의 체적은 제외하지 않는다. 다만, 직경이 큰 구조용 파이프는 공간체적을 제외한다.

③ 수량산출 순서는 설계된 건축물의 하부에서 상부순으로 하며, 기초, 기둥, 벽체, 보, 슬래브, 계단, 패러핏순으로 산출하고 각 부재가 연결되는 부분은 중복되거나 누락되지 않도록 산출한다.

④ 레미콘의 할증은 무근콘크리트 2%, 철근콘크리트는 1%를 적용하며, 설계기준강도는 설계도면과 특기시방서에 따라 적용하고 기준이 없을 때는 일반적인 기준을 설정한다.

⑤ 레미콘은 구체, 무근, 버림으로 구분하여 산출하고 기초, 기둥, 보, 벽, 슬래브, 기타 잡배근 등을 구분하여 산출한다.

⑥ 레미콘은 콘크리트 치기와 펌프카 타설 모두 동일한 아이템으로써 정미량으로 산정하고 버림은 특별한 표기가 없는 한 6cm로 정하여 산정한다.

⑦ 진동기 다짐, 바이브레이터는 구체 레미콘의 양을 적용하고 정미량 규격은 특기시방서 기준대로 설정한다.

(4) 부위별 콘크리트 수량산출

① 기초

- **독립기초**

  독립기초의 기초판은 규격과 치수가 동일한 계수를 계산하고 1개의 체적을 산출하여 전체개수를 곱한다.

- **줄기초(연속기초)**

$$\text{콘크리트양}(V) = \text{기초단면적}(\mathrm{m}^2) \times \text{중심연장길이}(l)$$

• **온통기초**

콘크리트양(V) = 전체바닥면적(m^2) × 기초바닥판두께(t)

② **기둥(Column)**

기둥은 규격이 동일한 개수를 먼저 계산하고 단면적에 층높이에서 바닥판 두께를 뺀 높이를 곱하여 체적으로 산출한다.

콘크리트양$(V) = A \times (\mathrm{H}-t) \times n\ (\mathrm{m}^3)$

단, A : 기둥 단면적(m^2), H : 층높이(m), t : 바닥판두께(m)

n : 동일 규격의 기둥개수

③ **벽체(Wall)**

• **기둥이 있는 벽체**

기둥의 안목길이에 벽높이(층높이에서 보의 높이를 뺀 높이) 및 두께를 곱하여 산출한다. 단, 개구부의 체적은 공제하며 1개소당 $0.05\mathrm{m}^3$ 이하의 개구부는 공제하지 않는다.

콘크리트양$(V) = L' \times (\mathrm{H}-d) \times t_w\ (\mathrm{m}^3)$

단, L' : 벽 안목길이, d : 보의 춤, t_w : 벽두께

• **기둥이 없는 벽체**

벽면 중심길이에 벽높이(층높이에서 바닥판 또는 보의 높이를 뺀 높이)를 곱하고 두께 또는 평균두께(상하두께가 다를 때)를 곱하여 산출

콘크리트양$(V) = L' \times (\mathrm{H}-t_s) \times t_w\ (\mathrm{m}^3)$

단, L : 벽 중심길이, t_s : 바닥판두께, t_w : 벽두께

④ **보(Beam)**

보의 콘크리트양 계산은 보의 너비에 춤에서 바닥판두께를 뺀 높이를 곱하고 기둥 안목거리를 곱하여 산출한다.

$$\text{콘크리트양}(V) = b(d-t_s)\times l_o\ (\text{m}^3)$$

단, b : 보의 너비, d : 보의 춤, t_s : 바닥판 두께, l_o: 안목거리

⑤ **슬래브(Slab)**

콘크리트 슬래브는 각 두께별로 구분하여 바닥면적에 바닥판두께를 곱하여 산출하고 차양은 따로 계산하여 가산한다. 단, 0.5m^2 이상의 개구부 면적은 공제한다.

⑥ **계단**

계단은 경사면적에 단의 평균두께를 곱하여 산출하고 계단참은 바닥판 산출방법과 동일하게 산출한다.

예제 1 다음 그림과 같은 철근콘크리트조 건물 2층 평면도에서 기둥, 보, 바닥판의 콘크리트양(1층분)을 산출하시오.
(단, 기둥규격은 모두 50cm × 50cm이며, 보의 규격은 G_1 = 40cm × 40cm, G_2 = 40cm × 70cm, B_1 = 40cm × 60cm, 슬래브 두께는 12cm, 층고는 3.6m로 한다.)

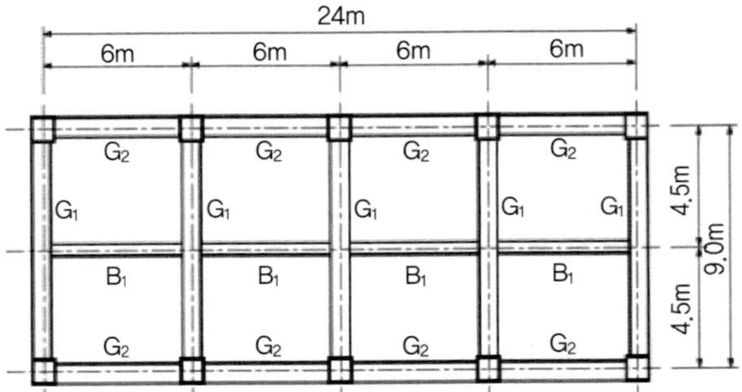

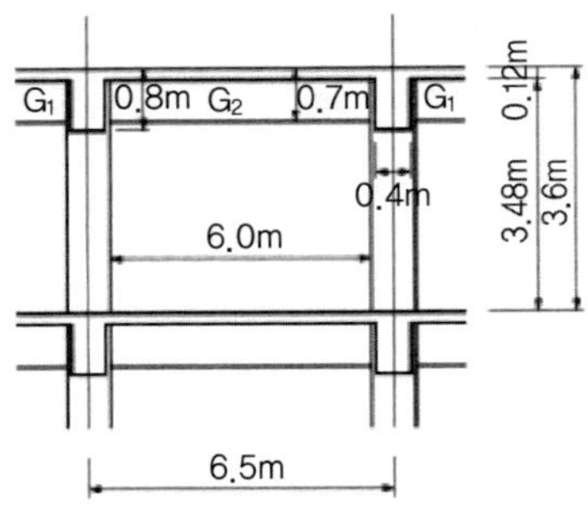

(해설)

1. 기둥의 콘크리트양(V_1) 산출 :

   C_1 기둥규격 = 0.5m×0.5m, 기둥높이 = 3.6−0.12 = 3.48m,

   기둥개수 = 10개

   $\therefore\ V_1 = 0.5\times0.5\times3.48\times10 = 8.7(\text{m}^3)$

2. 보의 콘크리트양(V_2) 산출 :

   G_1보 : 규격 = 0.4×(0.8−0.12), 길이 = 9−0.5=8.5m, 개수 = 5개

   G_2보 : 규격 = 0.4×(0.7−0.12), 길이 = 6−0.5=5.5m, 개수 = 8개

   B_1보 : 규격 = 0.4×(0.6−0.12), 길이 = 6−0.4=5.6m, 개수 = 4개

   $\therefore\ V_2 = 0.4\times(0.8-0.12)\times8.5\times5+0.4\times(0.7-0.12)\times5.5\times8+$
   $0.4\times(0.6-0.12)\times5.6\times4=11.5+10.208+4.301=26.01(\text{m}^3)$

3. 바닥판의 콘크리트양(V_3) 산출 :

   바닥판두께 = 0.12m

   바닥판면적 = (9+0.5)×(24+0.5) = 9.5×24.5

   $\therefore\ V_3 = 0.12\times9.5\times24.5 = 27.93\ (\text{m}^3)$

   따라서 한층분의 전체 콘크리트양(V)은

   $V = V_1 + V_2 + V_3 = 8.7+26.01+27.93 = 62.64\ (\text{m}^3)$

4.2 거푸집공사의 적산관리

1. 개요

거푸집공사는 사용재료나 시공장소, 시공방법에 따라 시공성에도 차이가 있으므로 콘크리트의 품질과 내구성에도 큰 영향을 미치게 한다. 또한 거푸집은 시공위치에 따라 일반면과 제치장면으로 구분되며, 재료별로는 합판거푸집, 목재거푸집, 유로폼, 대형거푸집, 철재거푸집, 알루미늄거푸집 등이 있다. 따라서 거푸집의 수량산출은 재료별, 시공부위별로 구분하여 설계도서에 따라 정미면적(m^2)으로 수량을 산출한다.

2. 거푸집의 수량산출 기준

거푸집의 수량은 다음과 같은 기준에 따라 산출한다.

(1) 거푸집의 수량산출은 재료별, 시공부위별로 구분하여 설계도서에 따라 정미면적(m^2)으로 산출한다.
(2) 수량의 산출방법과 순서는 콘크리트의 수량산출법과 같다.
(3) 지하옹벽의 거푸집공사 수량산출 시에는 옹벽이 수직면과 합벽으로 처리되는 경우에는 한쪽면만 거푸집의 양으로 산출한다.
(4) 다음의 부문(면적)은 거푸집면적에서 공제하지 아니한다.

① 개구부의 크기가 $1m^2$ 이하인 경우
② 기초와 지중보가 접하는 부분
③ 지중보와 기초가 접하는 부분
④ 큰보와 작은보가 접하는 부분
⑤ 기둥과 보가 접하는 부분
⑥ 벽체와 기둥이 접하는 부분
⑦ 보와 벽이 접하는 부분
⑧ 기둥과 바닥판이 접하는 부분

3. 각 부위별 수량산출

(1) 기초거푸집(독립기초, 줄기초)

독립기초는 기초 주변 둘레길이에 기초높이를 곱하고 규격이 동일한 기초개수를 곱하여 전체면적을 계산한다. 줄기초(연속기초)는 기초높이×기초중심선 총길이×2배로 계산한다. 또 기초바닥면과 이루는 비탈면의 각도가 30° 미만의 경우는 기초 주위의 수직면거푸집(D)의 면적만 계상하고, 30° 이상인 경우에는 비탈면의 거푸집면적도 계산한다.

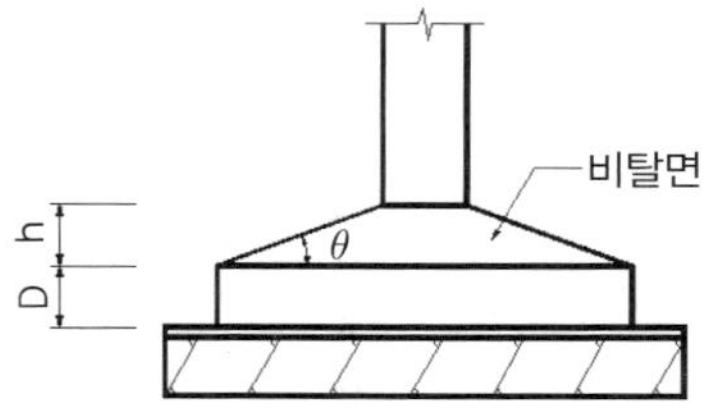

그림 4-1 독립기초

(2) 기둥거푸집

기둥거푸집은 둘레길이에 기둥높이를 곱한 단위거푸집의 면적에 동일 규격의 기둥개수를 곱하여 전체면적을 계산한다. 이 경우 기둥의 높이는 그림 4-2와 같이 층높이에서 바닥판높이를 뺀 순수한 높이로 계산한다.

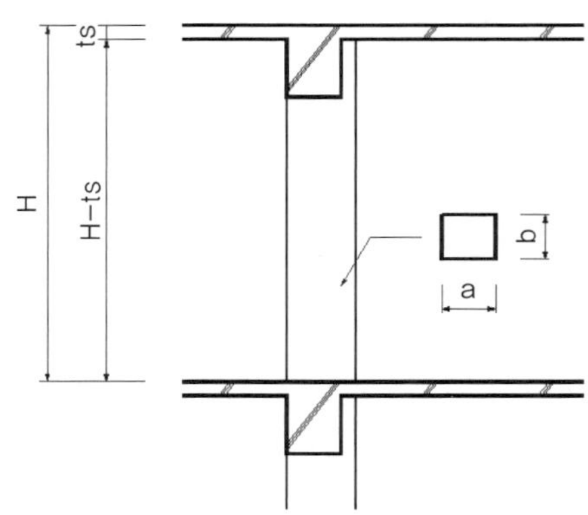

그림 4-2 기둥

(3) 보거푸집

보의 거푸집은 바닥판 두께를 뺀 보 옆면높이에 기둥 간의 안목길이를 곱하고, 여기에서 양면이므로 2배로 하여 동일 규격 보의 개수를 곱하여 전체면적을 산출한다. 이때 보의 밑부분은 바닥판 거푸집의 면적에 포함시키되, 각 바닥판면적을 개별적으로 산정할 때에는 보의 밑부분도 포함하여 계산한다.

거푸집면적$(A) = (d - t_s)$×순 길이×2배

그림 4-3 보

(4) 바닥판거푸집

바닥판의 거푸집량은 바닥판 전체의 외곽면적으로 산출하고 마구리의 면적은 따로 계산한다. 또한 벽체가 있을 경우 벽두께를 뺀 내벽 간 바닥면적으로 산출하고 $1m^2$ 이하의 개구부가 있는 경우에는 거푸집면적에서 공제하지 않는다.

(5) 벽체거푸집

순수 벽높이, 즉 보의 춤을 공제한 벽높이에 기둥 간 안목길이를 곱하고 양면이므로 여기에 2배를 곱하여 산출한다.

이 경우에도 슬래브와 같이 개구부면적이 $1m^2$ 미만인 경우는 공제하지 않는다.

(6) 계단거푸집

계단참 부위는 바닥판면적 산출법에 따라 계산하고 경사부분의 밑부분은 경사면적으로 하되 계단챌면(Riser)은 계단너비×높이로 산출한다.

(7) 기타 거푸집

건축물의 난간대, 방수턱, 창대, 인방 등 각 부위의 거푸집면적은 별도로 구분하여

단위면적으로 계산한다.

4. 거푸집 재료별 수량

(1) 합판거푸집(2회)

합판거푸집은 견출면의 노출콘크리트에 적용한다. 따라서 견출거푸집이나 제치장폼(메탈폼)과 용도는 유사하나 폼 자체의 재질이 서로 다르다.

(2) 합판거푸집(3회)

일반적인 오피스건물의 구체면(흙이 접하지 않은 곳)에 적용한다. 또한 지면이 일정하지가 않아 사각으로 되어 있는 곳은 3회와 4회가 겹치는 곳은 전부를 3회로 산출한다.

(3) 합판거푸집(4회)

일반적인 오피스건물의 외부 흙이 접하는 면에 적용한다.

(4) 유로폼

주로 아파트공사에서 사용되는 거푸집은 원래 벽부에 많이 설치하였으나 주에서는 거의 요철부분과 견출부분을 제외한 부분을 유로폼으로 설치한다.

(5) 원형폼

원형폼은 주로 정화조 상부 출입구의 원형으로 되어 있는 부분에서 발견되지만 원형창에서도 사용된다. 원형폼은 곡면거푸집이라고도 하며 벽부분에서 사용한다. 그리고 수량산출 시 도면에 나오는 치수는 도형공식을 이용하여 정교하게 산출한다.

(6) 경사거푸집

경사거푸집의 품셈기준은 3회를 기준으로 재료량은 합판 각재를 5%를 가산하고 품은 20% 가산하며 슬래브의 경우 20℃ 이상을 기준으로 산출한다. 특히 건물에서는 박공지붕, 계단부분을 산출한다.

(7) 합벽

합벽은 작업공간이 협소하여 부지가 좁을 때 적용한다. 흙막이벽에 100~200mm 정도 콘크리트를 치고 원래의 옹벽을 타설하여 일체시켜 옹벽을 거푸집을 한 면만 설치한다.

(8) 문양거푸집

외부에 미관상 문양이 필요한 곳에 쓰이며 거푸집 자체에 문양이 들어가는 경우와 스티로폼을 부착하는 경우가 있다. 고가도로 옆의 옹벽이나 지하철의 내부에 돌 모양의 질감을 내기 위해 사용하기도 한다.

(9) 기타

기타 거푸집에 사용되는 부속자재들의 수량은 다음과 같이 산출한다.

- Spacer(EA)는 총거푸집량×0.7
- Separator(EA)는 총거푸집량×0.18
- Form Tie(EA)는 벽체 거푸집량(유로폼 제외)×2.45/2
- Flat Tie(EA)는 유로폼면적×2로 산정한다.

예제 2 다음의 도면을 보고 줄기초의 중심연장길이 및 거푸집면적을 산정하시오.

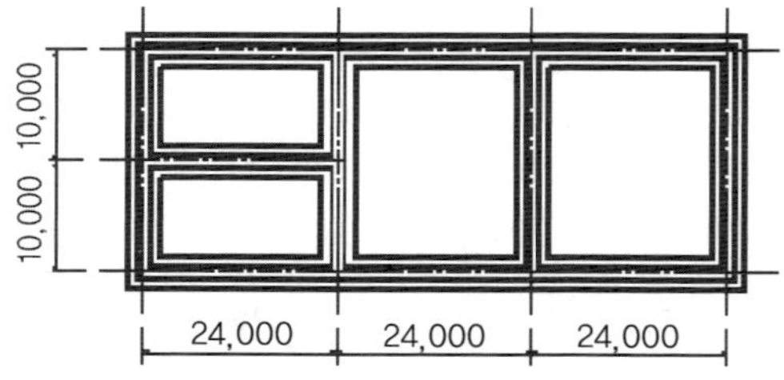

평면도

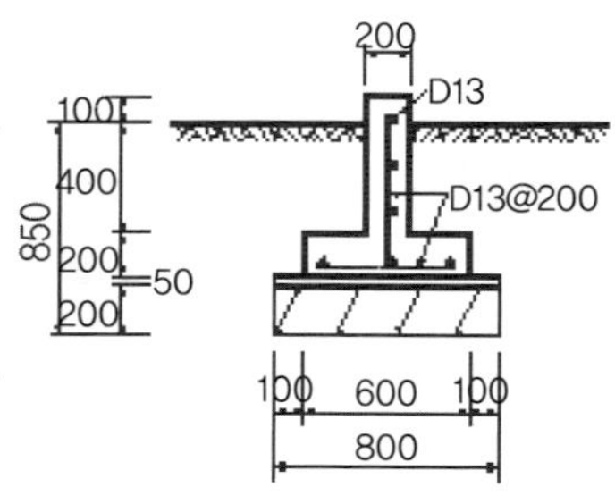

단면도

(해설)

1. 줄기초의 중심연장길이

$\Sigma L=(72+20)\times 2+64=248m$

2. 거푸집면적

(1) 기초판 : $0.2(248-\frac{0.6}{2}\times 6)\times 2sides = 98.48m^2$

(2) 기초벽 : $(0.1+0.4)\times(248-\frac{0.6}{2}\times 6)\times 2sides = 246.20m^2$

∴ 합계 : $98.48+246.20 = 344.68m^2$

예제 3 다음과 같은 건축물을 완성하기 위한 거푸집 구입량을 구하시오.
(단, 전용률 : 75%, 구입률 : 105%)

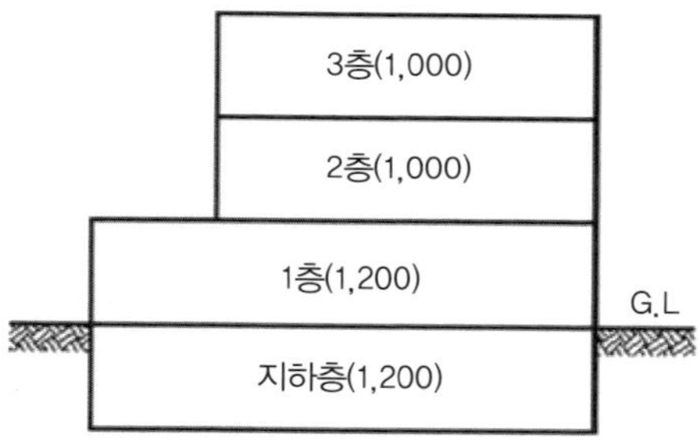

(해설)

구 분		소요량	전용량(전용률 75%)	주문량(주문률 105%)
4	3층	1,000m²	1,000×0.75=750m²	(1,000−750)×1.05=262.5m²
3	2층	1,000m²	1,000×0.75=750m²	(1,000−750)×1.05=262.5m²
2	1층	1,200m²	−	1,200×1.05=1,260m²
1	지하층	1,200m²	−	1,200×1.05=1,260m²
합 계		4,400m²	−	3,045m²

4.3 철근공사의 적산관리

1. 개요

철근공사는 거푸집공사, 콘크리트공사와 결합하여 진행되는 공사의 공종이다. 따라서 철근콘크리트공사의 시공계획에 따라 철근공사 시공도를 작성하게 되며 재료를 발주한 후 공장이나 현장에서 가공, 조립하게 된다. 따라서 철근공사의 수량산출은 철근배근에 대한 기본적인 지식과 경험을 필요로 한다. 이는 철근조립도에 따라 재료의 배근, 가공, 조립이 이루어지기 때문이다. 일반적으로 철근의 수량산출은 각 부분의 설계도면이 복잡하여 많은 시간과 노력이 투입되는데 철근의 종류나 부위별 가공방법 및 이음과 정착에 대한 내용을 충분히 파악한 후 산출하는 것이 바람직하다. 특히 철근의 수량은 규격별로 분류하고 이음부분의 길이와 축부분의 길이, 정착길이를 규정된 기준에 따라 산출하고 스페이스의 위치도 등도 확인해야 한다.

2. 철근의 종류

철근의 종류는 원형철근과 이형철근, 각형철근과 특수철근, 고강도철근 등으로 구분하는데 건축공사에 사용되는 철근은 KSD3504 일반구조용 압연강재 또는 KSD3527의 재생강재의 규격에 적합한 것으로서, 하위항복점 240N/mm^2 이상의 원형철근과 이형철근 및 고강도철근이 주로 사용된다.

표 4-1 철근의 종류

구 분	보 증	내　　용
철 근	원형철근	ⓐ 종류 : SR240, SR300 ⓑ 마디와 리브가 없는 보통의 철근 ⓒ 직경을 ϕ로 표시
	이형철근	ⓐ 종류 : SD300, SD350, SD400, SD500 ⓑ 마디와 리브가 있는 철근 ⓒ 직경을 D로 표시

3. 철근의 용도별 분류

철근은 사용되는 용도에 따라 다음 표 4-2와 같이 분류할 수 있다.

표 4-2 철근의 용도별 분류

구 분	내 용
주철근	주근이라고도 하며 설계하중에 의해 단면이 정해진다.
부철근	슬래브 또는 보에서 휨모멘트에 의해 발생되는 인장응력을 받도록 배치한 철근
온도근(배력근)	수축과 온도변화에 따라 콘크리트 균열 방지와 응력분포를 목적으로 주 철근과 직각방향으로 배치한 보조철근
늑근	주철근에 직각으로 둘러 감은 전단철근, 전단보강 및 주근위치 고정 목적
대근(띠근)	주근에 소정의 간격마다 둘러싼 수평방향의 보조철근
벤트철근(bent bar)	정철근 또는 부철근을 구부려 올리거나 구부려 내린 복부철근
갈고리철근(hook)	철근의 정착 또는 겹이음을 위하여 철근의 끝을 구부린 철근(180°, 135°, 90°)

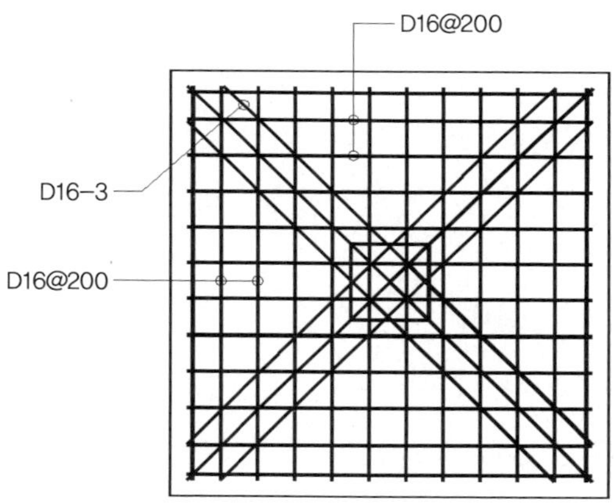

그림 4-4 기초철근의 배근평면도

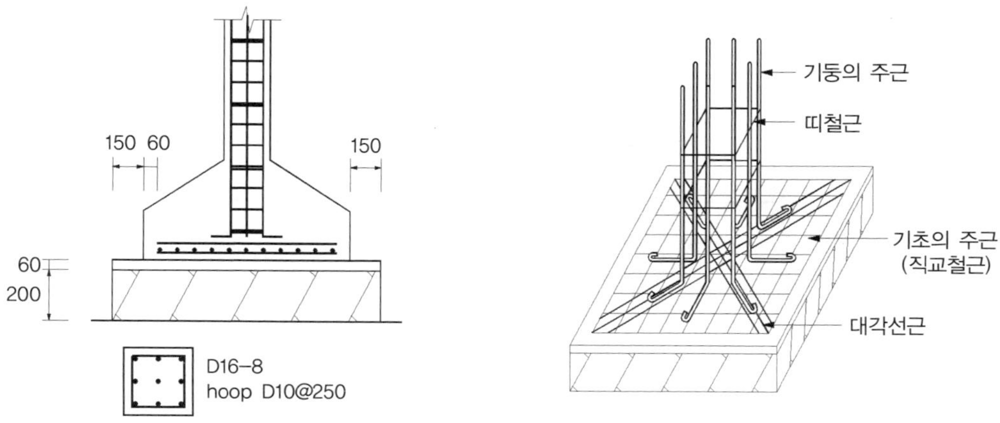

그림 4-5 기초철근의 배근도

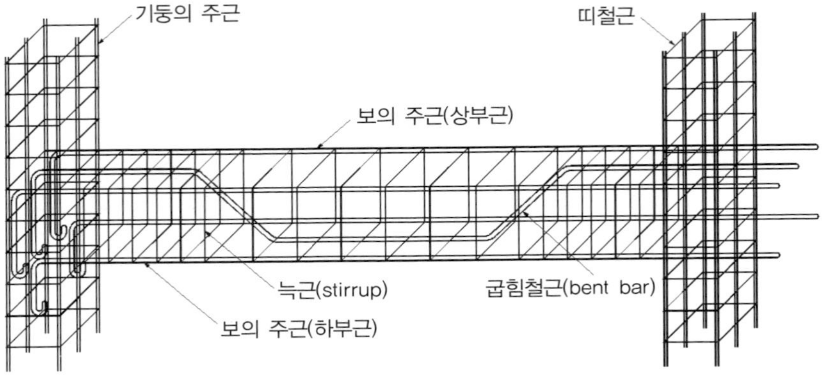

그림 4-6 보 및 기둥철근의 배근도

4. 철근의 가공

일반적으로 철근의 직경이 25mm 이하인 경우에는 상온에서 가공되지만 28mm 이상인 경우는 가열하여 구부린다. 또 철근의 말단부는 갈고리를 내는 것이 원칙이며 철근의 구부림 각도와 직경 및 연장부는 별도로 정하고 있다.

5. 철근의 이음위치와 길이

철근이음의 위치는 인장력이 큰 곳과 응력이 한자리에 모이는 것을 피한다. 또한 인접한 주근의 이음새 간격은 1.5d 또는 2.5cm 이상으로 하고 기둥 주근의 이음은 기둥 높이의 2/3 이내로써 보통 1/3 지점에 이음을 둔다. 또한 보의 주근위치는 상부근은 중앙부에, 하부근은 단부에, 벤트근은 벤트에 두는 것을 원칙으로 한다.

철근이음 시 인장철근은 40d 이상, 압축철근은 25d 이상, 철근지름이 다를 때에는 그 평균지름으로 한다.

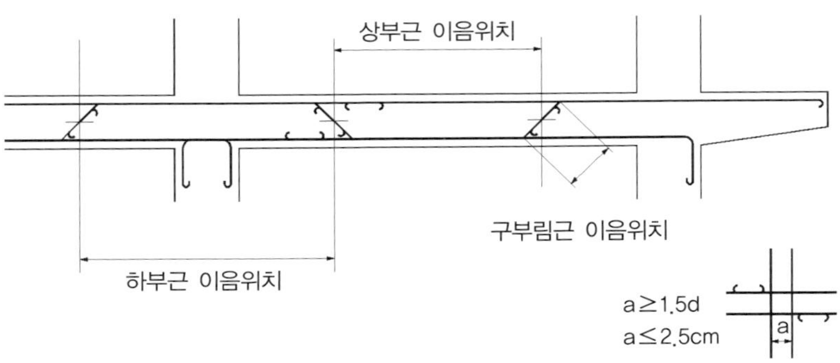

그림 4-7 철근의 이음위치

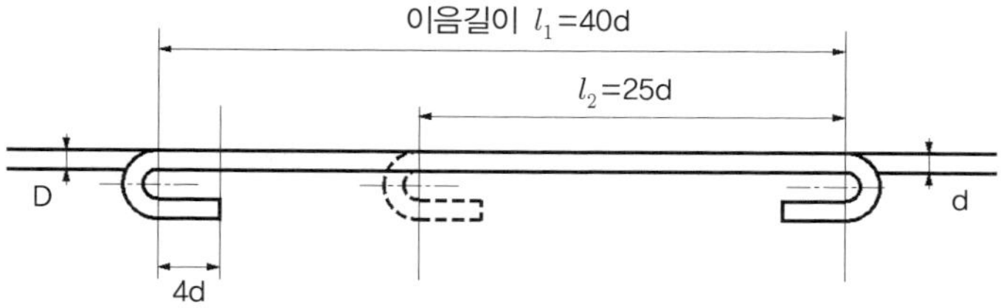

그림 4-8 철근의 이음길이

6. 철근의 정착위치와 길이

(1) 철근의 정착위치

기둥의 주근은 기초판에 정착하고, 연속되는 보의 상부근은 기둥을 통과하고 하부근은 기둥에 정착하며, 작은보의 주근은 큰보의 주근에 정착하고 바닥철근의 상부근은 보의 주근 위를 통과하거나 감아 내리고 하부근은 보를 통과하거나 깊이 정착한다. 또한 벽철근은 기둥 및 보를 통과하거나 깊이 정착하고 계단철근은 바닥철근을 연장하거나 보 또는 바닥판에 깊이 정착한다.

(2) 철근의 정착길이

일반적으로 철근의 정착길이는 인장철근은 40d 이상, 압축근은 25d 이상으로 한다. 철근규격별 정착길이와 갈고리 길이는 인장철근과 압축철근별로 별도로 정한다.

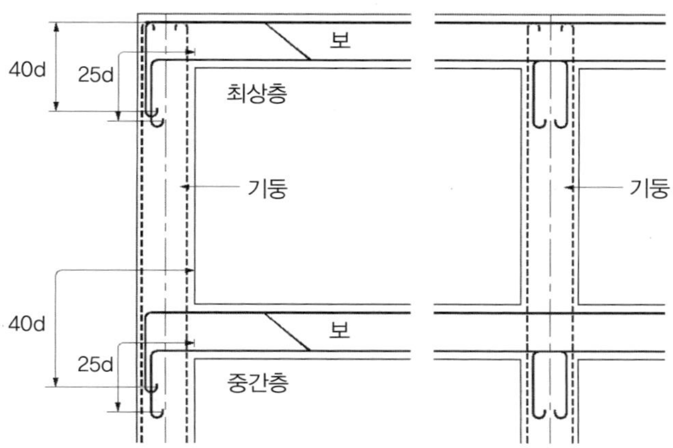

그림 4-9 철근의 정착길이

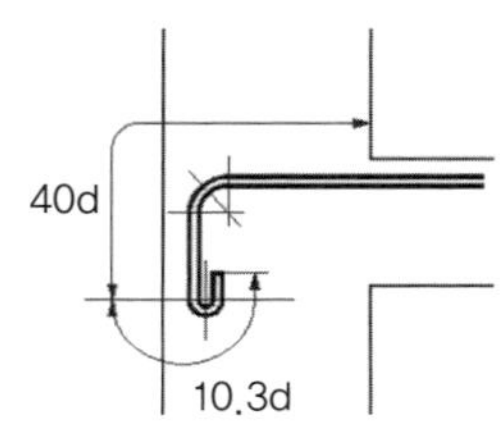

그림 4-10 철근의 정착길이 상세도

7. 철근수량의 산출

철근공사의 견적은 다른 공사보다 물량의 차이가 심하게 나타나는 부분이므로 정교하게 산출한다. 특히 수작업으로 물량을 산출할 때는 이음과 정착이 누락됨이 없이 산출하고 도면에 철근규격이 SD30A, SD30B로 되어 있을 때는 보통 이형철근으로 하고, SD35, SD40 이상일 경우는 고장력 철근을 사용한다. 일반적인 철근의 수량산출방법은 다음과 같다.

(1) 철근은 종류별, 직경별로 총연장길이를 산출하고 여기에 단위중량을 곱하여 총중량을 계산하게 된다. 철근의 수량산출 순서는 각 층별로 산출하고 기초, 지중보, 기둥, 벽체, 보, 슬래브, 계단, 기타 순으로 구분하여 산출하되 중복되거나 누락되지 않도록 계산한다.

(2) 철근의 정미량은 이음이나 정착길이를 정확히 계산하여 산출하고 철근가공에 따른 손실량을 할증하여 가산한다. 일반적으로 원형철근은 5% 이내, 이형철근은 3% 이내의 할증률을 가산하게 되며, 관공사의 경우 철근은 정미량(이음, 정착포함)에 3% 할증을 적용한다. 민간공사의 경우는 적용기준이 다르므로 각각 시공사의 기준에 따라 확인하여 산출한다.

(3) 내진설계로 인한 이음과 정착길이는 달라지므로 설계도서에 준하여 산출하고, 철근의 중량은 직경에 따라 다르고 공칭지름과 공칭단면적은 각각 달라지므로 이형철근 중량 산출기준(KSD3504)에 따른다.

(4) 또한 철근의 할증률 적용은 철근의 길이를 각 부재의 중심간 거리로 산출하여 철근이음 정착 등에 따른 손실량은 철근의 직경별로 가산하여 총소요량을 산정한다.

(5) 철근의 끝부분 구부림 각도에 따른 갈고리의 길이는 표 4-3과 같이 적산하며 갈고리의 길이는 180°를 기준으로 하여 10.3d로 산정한다.(d : 철근직경)

표 4-3 철근의 구부림 각도별 길이 산정

180°	135°	90°
철근지름 ϕ16 이상	철근지름 ϕ13 이하	철근지름 ϕ13 이하
주근	늑근, 띠철근(대근)	경미한 바닥근, 띠철근
구부림 안치수 D=4d 이상	구부림 안치수 D=3d 이상	구부림 안치수 D=4d 이상
구부림 반지름 r=2d 이상	구부림 반지름 r=1.5d 이상	구부림 반지름 r=2d 이상
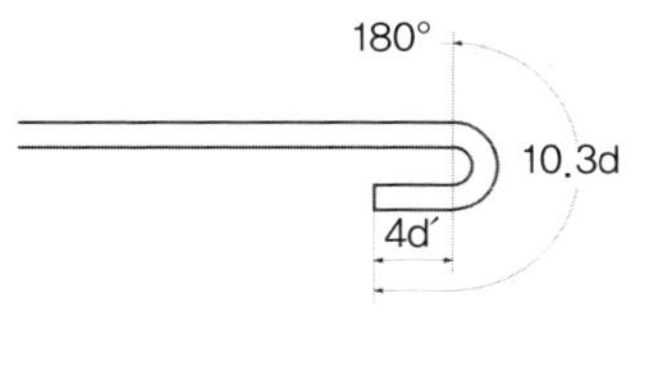	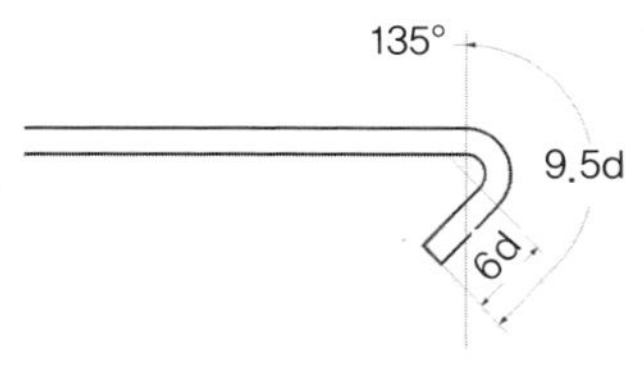	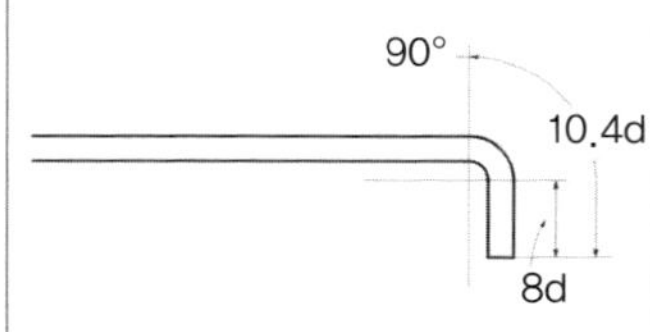
2π ×2d×(180/360)+4d =10.3d	2π ×1.5d×(135/360)+6d=9.5d	2π ×1.5d×(90/360)+8d=10.4d

8. 각 부위별 철근량 산출

(1) 기초판 철근

기초판 철근이 양방향 동일 간격의 배근일 경우, 한 방향의 것만 산출하여 배수로 하여 계산한다. 철근의 개수는 기초판 한 변의 길이를 배근간격으로 나누어 산출하고 다른 변의 길이를 곱하여 총길이를 산출한다. 또 대각선으로 기초판의 보조근이 있을 때는 이를 계산하여 가산하고, 줄기초의 경우 기초 길이방향 수평철근은 적정 요소마다 이음길이를 계산하여 가산한다. 이 경우 보통의 이음길이는 연속적인 기초일 경우 약 6~7m마다 이음을 하는 것을 원칙으로 한다.

구분	계산식
주근 (가로근)	$l_x \times (\frac{l_y}{\text{철근간격}}+1)$
배력근 (세로근)	$l_y \times (\frac{l_x}{\text{철근간격}}+1)$
대각선근 (경사근)	$\sqrt{l_x^2+l_y^2} \times$ 개수

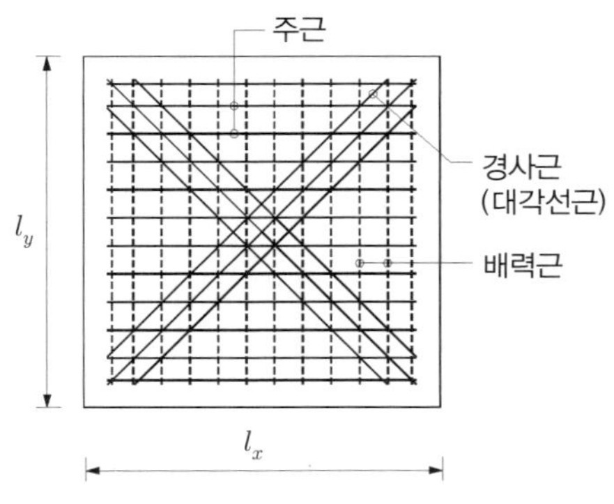

그림 4-11 독립기초 배근상세도 및 계산식

(2) 기둥철근 수량

기둥철근은 동일 규격의 기둥별로 구분하고 주근의 산출은 기둥높이에 철근개수와 기둥수를 곱하여 총연장길이를 산출한다. 또 주근은 매 층마다 이어지게 되므로 이음길이를 층높이에 가산하여 계산하되 이음길이는 25~40d로 한다. 한편 기초판에 정착되는 기둥철근은 기둥높이에 가산하여 계산하되, 이때의 정착길이는 기초판 너비의 1/3~1/2 정도로 한다.(40~100cm) 또한 띠철근 1개의 길이는 기둥 전단면의 둘레길이로 하고 기둥높이를 배근간격으로 나누어 산출한 개수를 곱하여 총연장길이를 산출한다.

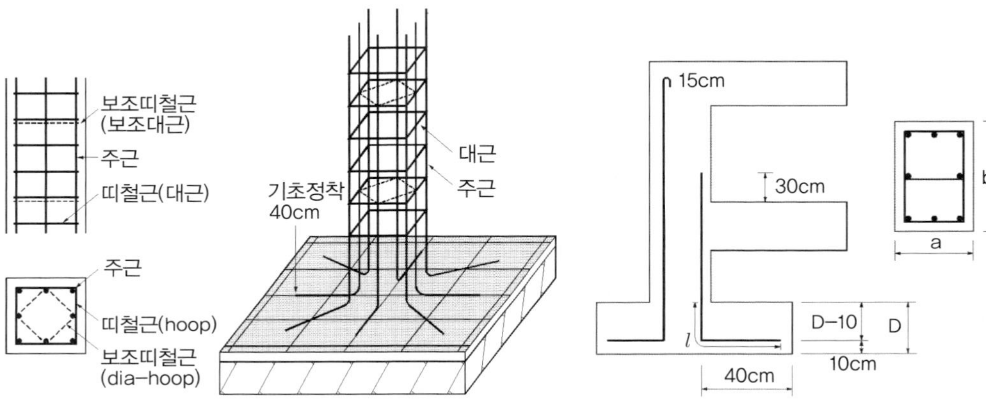

그림 4-12 기둥배근 상세도

(3) 보 철근 수량

보(Beam) 철근은 보의 규격과 길이별로 구분하여 동일한 규격의 개수를 계산하고 상 · 하부 주근길이는 보의 순 스팬에 이음 및 정착길이를 가산하여 산출한다.

또 벤트근의 길이는 45° 각도로 가정하여 계산한 후 가산한다. 또한 늑근의 길이는 보의 전 단면적의 주변길이를 1개의 길이로 하고 늑근의 간격별 개수를 곱하여 산출한다. 이때 늑근의 개수는 보의 길이를 배근간격으로 나누어 계산한다. 일반적으로 늑근의 길이(l)는 전 단면적의 주변길이의 2배로 한다.

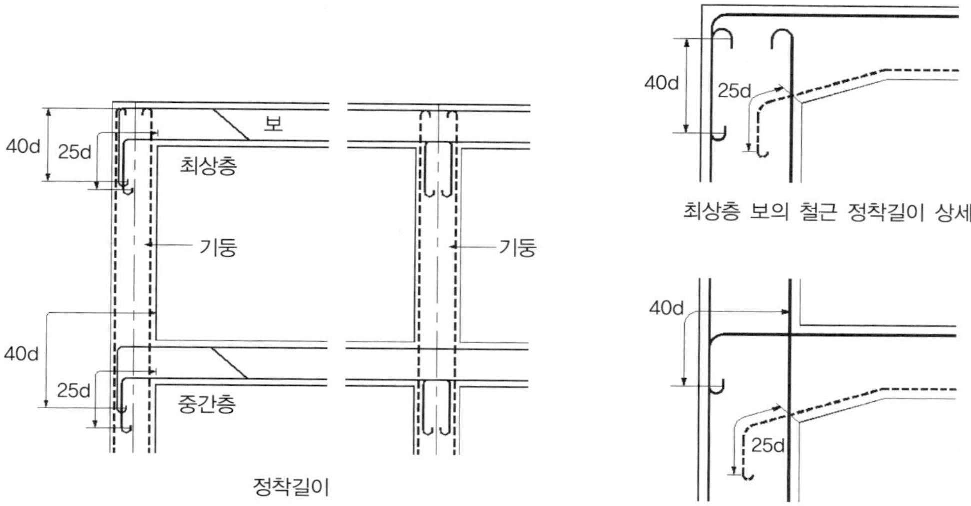

정착길이

최상층 보의 철근 정착길이 상세

중간층 보의 철근 정착길이 상세

그림 4-13 보 철근의 정착길이 상세도

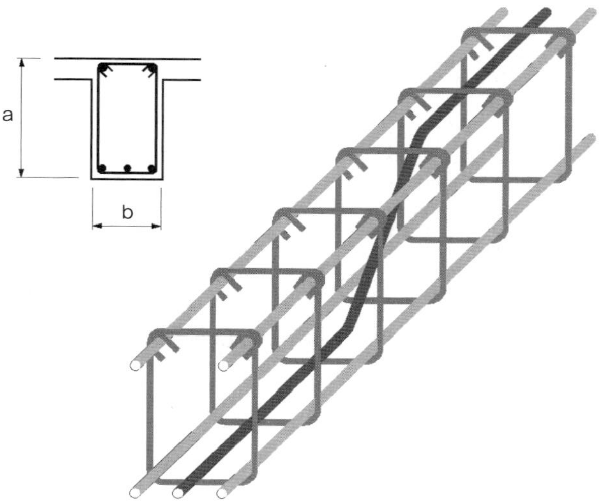

그림 4-14 보 철근의 상세도

보의 철근량 산출방식을 정리하면 다음과 같다.

- 보의 이음 및 정착길이는 보통콘크리트의 압축철근은 25d, 인장철근은 30d로 하고 경량콘크리트의 경우 압축철근은 3d, 인장철근은 50d로 한다.

- 이음 및 정착길이는 갈고리 중심간 거리로 한다.
- 지름이 서로 다른 철근을 이을 경우 작은 지름을 기준으로 한다.
- 늑근은 보의 둘레길이로 하고 갈고리는 없는 것으로 한다.
- 연속되지 않은 상부근은 단부길이에 여장 15d를 더한 길이로 한다.
- 연속보는 모든 기둥에 정착하는 것으로 한다.
- 조적조의 테두리보 정착은 40d로 한다.

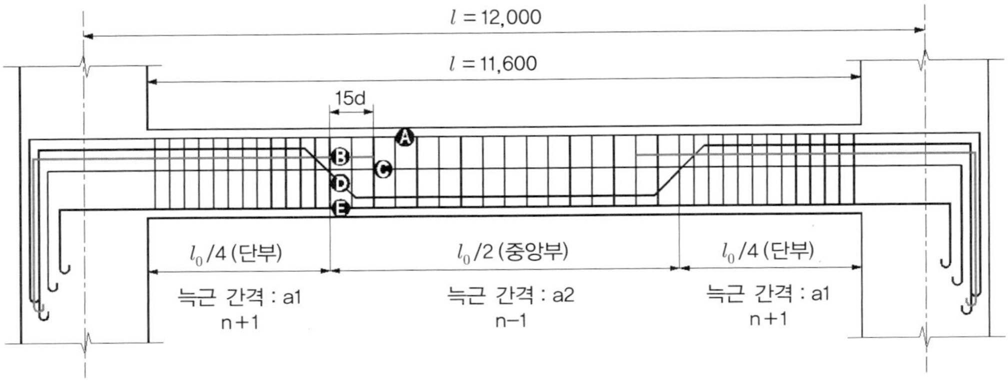

그림 4-15 보의 철근배근 상세도

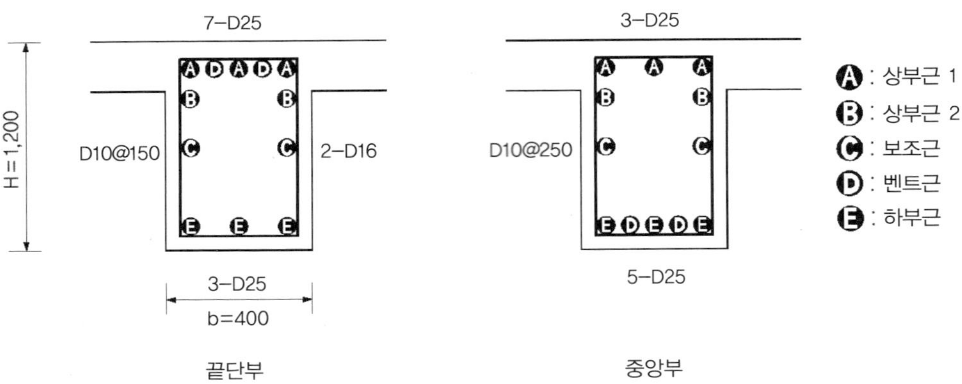

그림 4-16 보의 철근배근 단면상세도

(4) 슬래브 철근

바닥판 철근은 철근의 구조 및 형상별, 규격별로 구분된다. 즉 4변고정단과 3변고정단, 2변고정단, 일단고정 슬래브가 있다. 이러한 구조와 형상은 각각 X방향과 Y방향, 중앙부와 단부, 상부근과 하부근으로 구분되므로 먼저 철근의 배치형상을 확인한다. 바닥판 철근 산출방법은 먼저 주근과 배력근으로 구분하고 상부근과 하부근, 벤트근, 상부근(top-bar)의 순서로 산출하지만, 안목거리 안에 배근된 철근수량에 중심거리의 길이로 곱하여 총길이를 산출한다. 그리고 X방향과 Y방향의 배치간격이 서로 같을 때에는 1방향의 길이를 계산하여 2배로 산출하면 된다. 슬래브 철근의 수량산출 순서는 크게 주근의 길이와 배력근의 길이로 구분하고, 주근과 배력근의 길이는 각각 단부 상부와 단부 하부, 중앙부 하부, 벤트부, 하부근(bottom-bar)을 구분하여 산출한 후 총길이를 각각 합산한다.

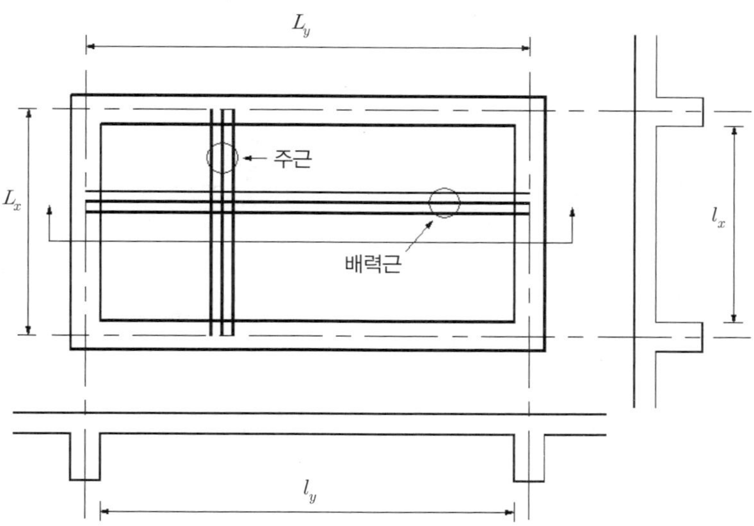

그림 4-17 슬래브의 철근배근도

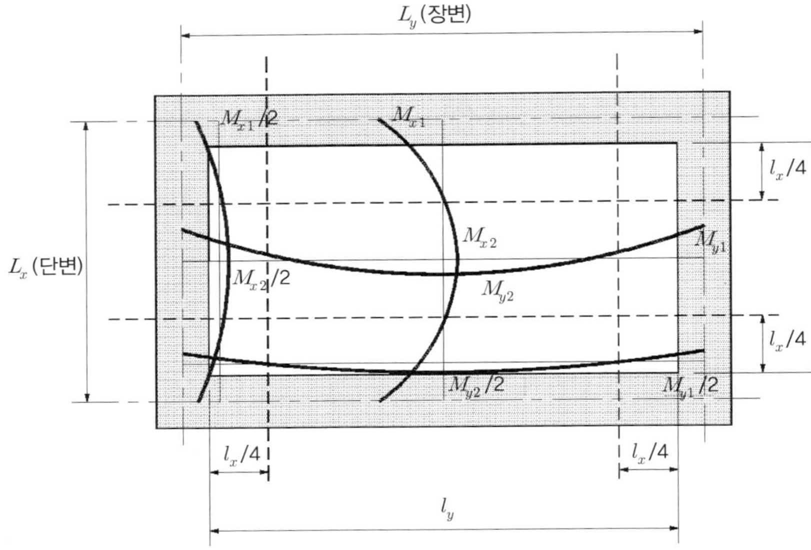

그림 4-18 슬래브의 장단방향 응력분포도

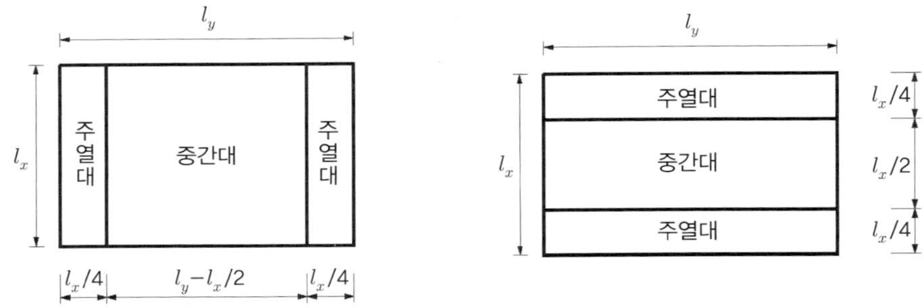

그림 4-19 슬래브의 주열대와 중간대

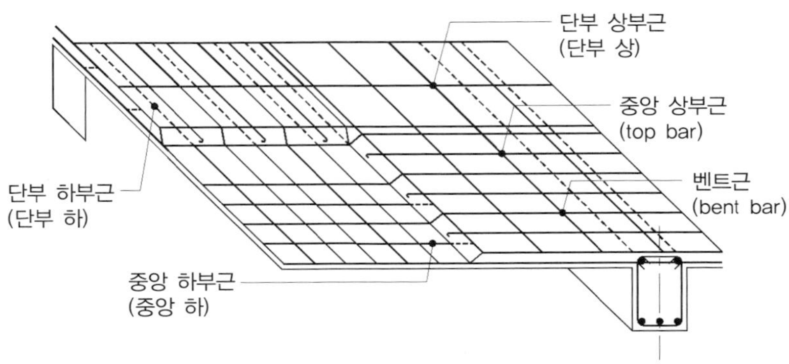

그림 4-20 슬래브 철근의 명칭

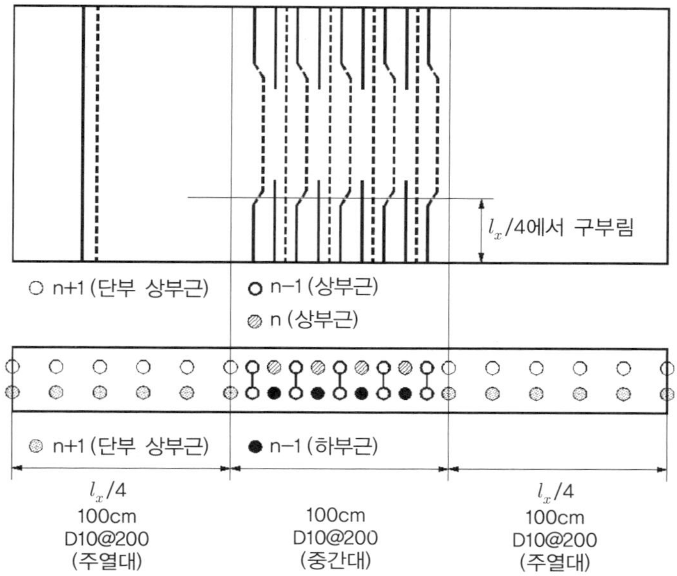

그림 4-21 슬래브 철근의 간격 산정

(5) 벽체 철근

철근콘크리트 벽체의 철근배근은 단근과 복근으로 구분하여 산출하고 개구부 등 단절된 것은 따로 계산한다. 또 세로근과 가로근의 간격이 같을 때에는 한 방향의 철근량만 계산하여 2배로 합산하고 기둥과 보 등으로 연결된 라멘구조체의 철근량 산출은 기둥과 기둥, 보와 보 사이의 안목길이로 산출한다.

또한 벽식구조의 세로근은 각 층마다 이음으로 하고 이음과 정착길이는 설계도면에 제시된 내용에 따라 산출하고 개구부 주변의 보강근은 설계도면에 제시된 길이로 산출한다. 이 경우 철근의 정착길이는 40d 이상으로 하며 개구부의 면적이 $1m^2$ 이하인 경우는 공제하지 않는다.

(6) 계단철근

계단철근은 상부층 슬래브와 하부층 슬래브를 연결하는 경사진 슬래브에 철근이 배근되는 것이다. 따라서 계단철근의 산출은 배근도를 정확히 이해한 후 상 · 하부근 및 보강근과 상부근을 구분하여 산출한다. 일반적으로 계단의 배근은 1단고정식과 3변고정식으로 구분할 수 있으며, 어느 경우이든 슬래브의 배근방식과 유사하므로 설계도면에 제시된 배근도에 따라 산출해야 한다.

예제 4 다음 도면을 보고 철근량을 산출하시오.
(단, 정미량으로 하고 D16＝1.56kg/m, D10＝0.56kg/m이며, 소수 셋째 자리에서 반올림한다.)

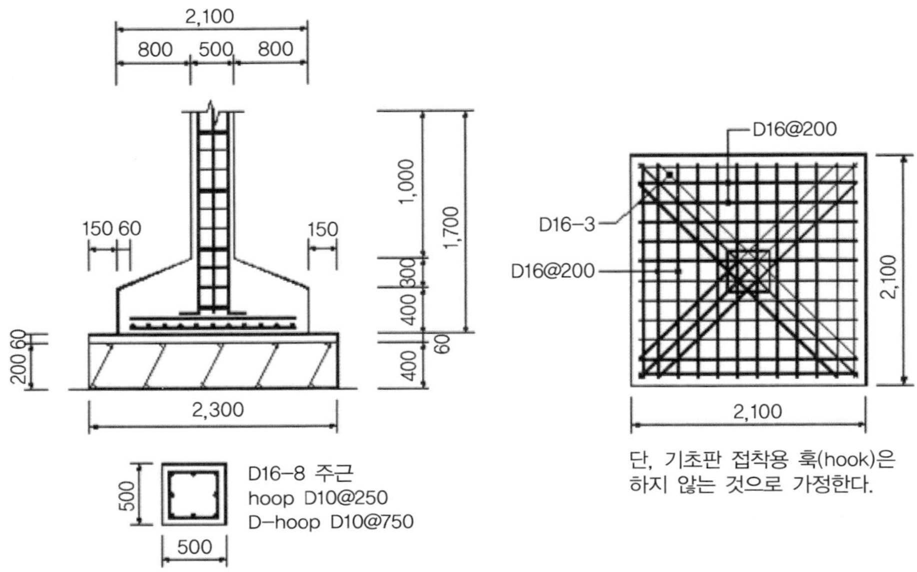

해설

구 분	수량산출 근거
1. 기초판	1) 가로근(D16) : 10EA×2＝20.0m 2) 세로근(D16) : 10EA×2＝20.0m 3) 대각선근(D16) : 6EA× $\sqrt{2.1^2+2.1^2}$ ＝17.819m
2. 기둥	1) 주근(D16) : 8EA×(1.7＋0.4)＝16.80m 2) 띠철근(D10) : 7EA×0.5×4＝14.00m 3) 보조띠철근(D10) : 3EA×0.4×4＝4.80m
3. 합계	1) D10 : (14.00＋4.80)×0.56＝10.528 → 10.53kg 2) D16 : (20＋20＋17.82＋16.8)×1.56＝116.406 → 116.41kg ∴ **합계 : 10.53＋116.41＝126.94kg**

예제 5 다음 도면을 보고 철근량을 산출하시오.
(단, 정미량으로 하고 D13 = 0.995kg/m이고, 이음정착길이는 고려하지 않음.)

해설

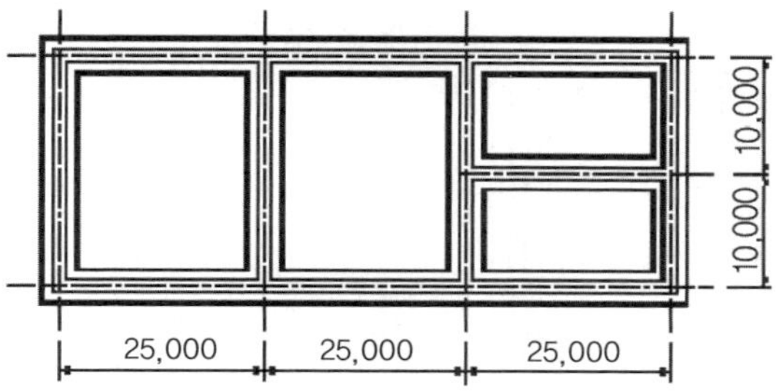

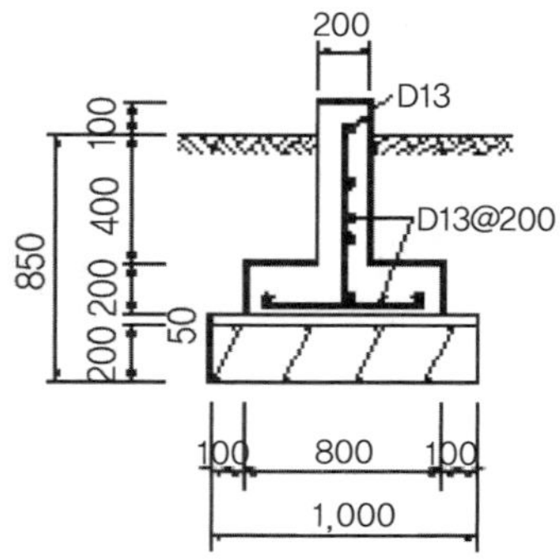

해설

1. 줄기초길이 = (75 + 20) × 2 + 65 = 255m
2. 바닥판 장변근 길이 = 255m, 개수 = 3EA
3. 바닥판 단변근 길이 = 0.8m, 개수 = 255/0.2 = 1,275EA
4. 기초벽 수평근 길이 = 255m, 개수 = 3EA
5. 기초벽 수직근 길이 = h + 정착길이 = (0.1 + 0.4 + 0.2) + (0.8/2) = 1.1m,
   개수 = 255/0.2 = 1,275EA
6. 바닥판 철근길이 = $\{3EA \times 255 + (\frac{255}{0.2} \rightarrow 1,2750EA) \times 0.6\}$
   $= 1,530.0m$
7. 기둥 철근길이 = $[3EA \times 255 + (\frac{255}{0.2} \rightarrow 1,275EA) \times \{(0.1 + 0.4 + 0.2) + \frac{0.8}{2}\}]$
   $= 2,167.5m$

∴ **철근량 합계 = (1,530.0 + 2,167.5) × 0.995 = 3679.01kg**

예제 6 다음 그림의 기둥 철근량을 산출하시오.
(다만, 기둥은 전부 동일하며 층고는 3.6m로 하고 주근의 이음길이는 40d로 하며 중간 띠철근은 띠철근 4단마다 넣는다.)

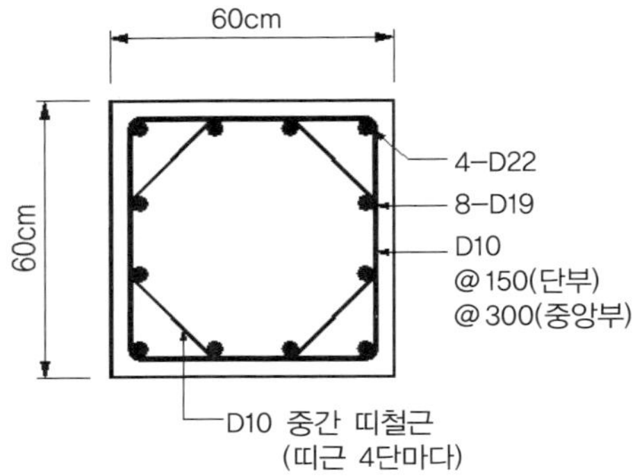

해설

1. 철근길이(m) : 기둥개수 10개
   1) 주근 D22철근 : l_1 = 4개 × {3.6 + 40 × 0.022} × 10 = 179.2m
   2) 주근 D19철근 : l_2 = 8개 × {3.6 + 40 × 0.019} × 10 = 348.8m
   3) 띠철근(hoop) D10 산출

      hoop 1개의 길이 : $l = 2(a+b) = 2(60+60) = 240cm = 2.4m$

      hoop의 개수 : $n = (\frac{1.8}{0.15}) + (\frac{1.8}{0.3}) + 1 = 12 + 6 + 1 = 19$개

      중간 hoop의 개수 : $n = 19/4 = 4.75$개 = 50개

      hoop의 전체개수 : $n = 19 + 5 = 24$개

      hoop D10 전 길이 : l_3 = 2.4m × 24개 × 10개 = 576m

2. 철근중량(kg)
   1) 주근 D22 : W_1 = 179.2m × 3.04kg/m = 544.77kg
   2) 주근 D19 : W_2 = 348.8m × 2.25kg/m = 784.8kg
   3) hoop D10 : W_3 = 576m × 0.56kg/m = 322.56kg

   ∴ 철근 전 중량 = 544.77 + 784.8 + 322.56 = 1,652.13kg

예제 7 아래와 같은 보에 대하여 철근량을 산출하시오.
(단, 철근의 정착과 갈고리 길이는 고려해야 하며 이음은 고려하지 않음.)

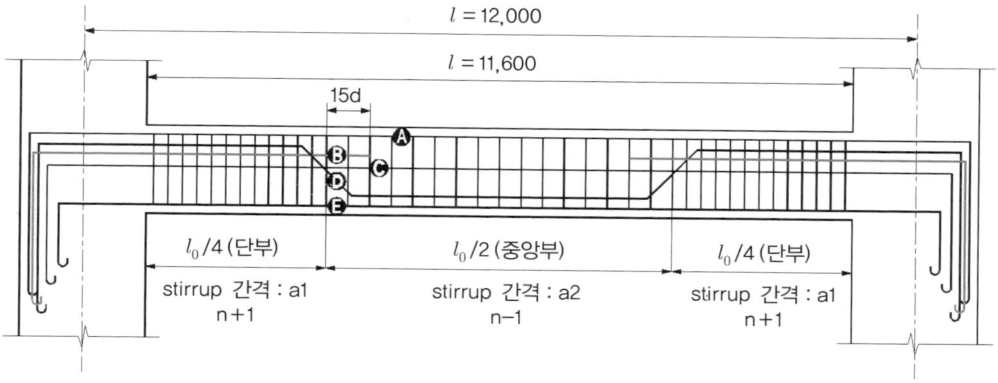

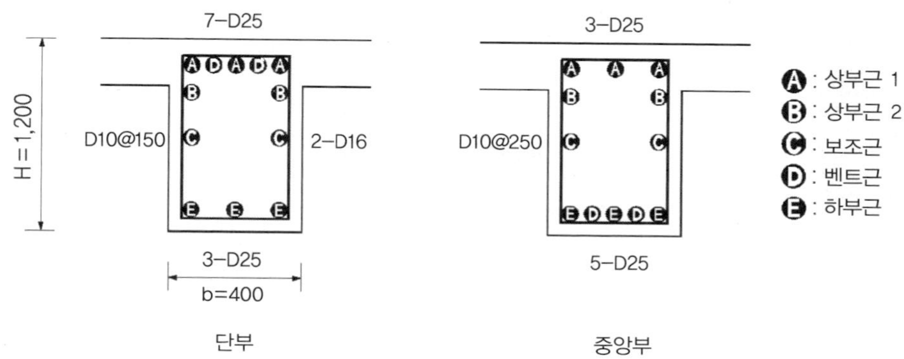

해설

1. 상부근(top bar) 1 (D25, 3EA)

   $(l_0+50.3d\times2)\times n\text{EA} = (11.6+50.3\times0.025\times2)\times3\text{EA} = 42.345\text{m}$

2. 상부근(top bar) 2 (D25, 2EA)

   $\left(\dfrac{l_0}{4}+65.3\text{d}\right)\times2\times n\text{EA} = \left(\dfrac{11.6}{4}+65.3\times0.025\right)\times2\times2\text{EA} = 18.130\text{m}$

3. 하부근(boottom bar) (D25, 3EA)

   $(l_0+35.3d\times2)\times n\text{EA} = (11.6+35.3\times0.025\times2)\times3\text{EA} = 40.095\text{m}$

4. 벤트근(bent bar) (D25, 3EA)

   $(l_0+50.3d\times2+0.828h)\times n\text{EA}$

   $= 11.6+50.3\times0.025\times2+0.828\times(1.2-0.1)\times2\text{EA} = 30.052\text{m}$

5. 보조근(D16, 2EA)

$(l_0+35.3d\times 2)\times n\text{EA} = (11.6+35.3\times 0.016\times 2)\times 2\text{EA} = 25.459\text{m}$

6. 늑근(stirrup) (D10)

$(\frac{l_0/2}{a1}+\frac{l_0/2}{a2}+1)\times(\text{b}+\text{H})\times 2 = (\frac{11.6/2}{0.15}+\frac{11.6/2}{0.25}+1)\times(0.4+1.2)\times 2$

$= (39+23+1)\times(0.4+1.2)\times 2 = 201.60\text{m}$

7. 철근길이

D10 : 201.60m

D16 : 25.459m

D25 : 42.345+18.130+40.095+30.052 = 130.622m

8. 철근량

D10 : 201.60m×0.56kg/m = 112.896 → 112.90kg

D16 : 25.459m×1.56kg/m = 39.716 → 39.72kg

D25 : 130.622m×3.98kg/m = 519.876 → 519.88kg

9. 총철근량(정미량)

∴ **합계 : 112.90+39.72+519.88 = 672.50kg**

예제 8 다음의 슬래브 배근도에 따라 철근의 길이(m)와 중량(ton)을 산출하시오. (단, 상부근의 내민길이는 15cm로 한다.)

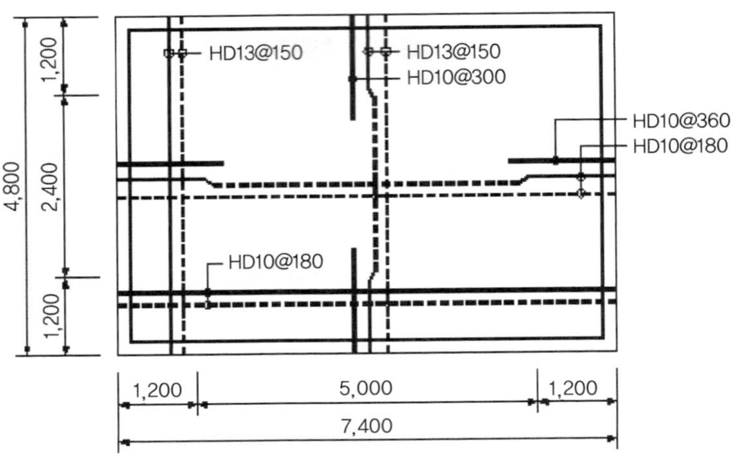

해설

1. 주근

단부 상부 : $l_1 = (\frac{1.2}{0.3} + 1) \times 4.8 \times 2$개소 $= 5 \times 9.6 = 48$m

단부 하부 : $l_2 = (\frac{1.2}{0.3} + 1) \times 4.8 \times 2$개소 $= 5 \times 9.6 = 48$m

중앙부 하부 : $l_3 = (\frac{5}{0.3} - 1) \times 4.8 = 16 \times 4.8 = 76.8$m

벤트부 : $l_4 = (\frac{5}{0.3} - 1) \times 4.8 = 16 \times 4.8 = 76.8$m

상단부 : $l_5 = \frac{5}{0.3} \times (1.2 + 0.15) \times 2$개소 $= 17 \times 2.7 = 45.9$m

∴ 주근(D13) 전 길이 $l = 48 + 48 + 76.8 + 76.8 + 45.9$

$= 295.50\text{m} \times 0.995\text{kg/m}$

$= 294.02\text{kg}$

2. 배력근

단부 상부 : $l_1 = (\frac{1.2}{0.36} + 1) \times 7.4 \times 2$개소 $= 4 \times 14.8 = 59.2$m

단부 하부 : $l_2 = (\frac{1.2}{0.36} + 1) \times 7.4 \times 2$개소 $= 4 \times 14.8 = 59.2$m

중앙부 하부 : $l_3 = (\frac{2.4}{0.36} - 1) \times 7.4 = 6 \times 7.4 = 44.4$m

벤트부 : $l_4 = (\frac{2.4}{0.36} - 1) \times 7.4 = 6 \times 7.4 = 44.4$m

상단부 : $l_5 = \frac{2.4}{0.36} \times (1.2 + 0.15) \times 2$개소 $= 7 \times 2.7 = 18.9$m

∴ 배력근(D10) 중량 $= 59.2 + 59.2 + 44.4 + 44.4 + 18.9$

$= 226.1\text{m} \times 0.56\text{kg/m}$

$= 126.6\text{kg}$

제 5 장

철골공사 적산관리

5.1 철골공사의 적산관리

5.1 철골공사의 적산관리

1. 개요

최근 건축물의 대규모화·초고층화 경향에 따라 철골공사의 수요가 증가하고 있으며, 철골공사는 공장제작공정과 현장에서의 설치공정으로 나눌 수 있다. 공장제작공정은 현장설치공정에 비해 제품의 표준화와 공기단축의 이점이 있다. 이를 위해 가능한 완제품에 가깝게 제작하고 현장에서는 세우기 작업만 하도록 계획하는 것이 바람직하다.

철골은 재료적인 특성이나 공정상의 이점 때문에 많은 건축물에서 이 구조를 선택하고 있으나 이에 대한 전문적인 지식이 부족하고 철골부재의 구성시스템도 복잡하다. 또한 부재의 종류도 다양하여 설계도면에 상세하게 표현되지 않은 부분이 많아 철골공사의 내용을 이해하고 견적하는 데 있어 많은 경험과 지식이 필요하다. 뿐만 아니라 철골공사는 전체공사 중 공사비가 차지하는 비중이 커서 대부분 철골공사 전문업체에 견적을 의뢰하여 적산작업을 수행하고 있다. 또한 최근에는 철골조 건축물의 수요가 더욱 증가하여 이 분야의 적산업무가 매우 중요시되고 있다. 대표적인 철골공사는 건축물의 골격을 형성하는 각종 형강과 강판을 리벳, 볼트, 고장력볼트, 용접 핀접합 등으로 조립하는 공사이다.

이에 따라 수량산출을 정확하게 하기 위해서는 적산의 전제조건인 공사내용에 대한 이해가 충분히 뒷받침되어야 한다.

2. 철골공사의 적산 분류

(1) 주자재

H형강, ㄱ형강, ㄷ형강, 강판, 앵커볼트, 고장력볼트

(2) 공장작업

원척도, 본뜨기, 변형 바로잡기, 금긋기, 절단, 구멍뚫기 가조립, 용접, 검수, 도장

(3) 현장작업

세우기, 철골조립, 고쳐 세우기, 가조임, 본조임, 용접, 현장에서 이음매, 용접검사, UT검사, 육안검사, 도장

(4) 운반

원자재, 부자재를 가공공장까지 운반

3. 주요 형강의 단면형상과 치수

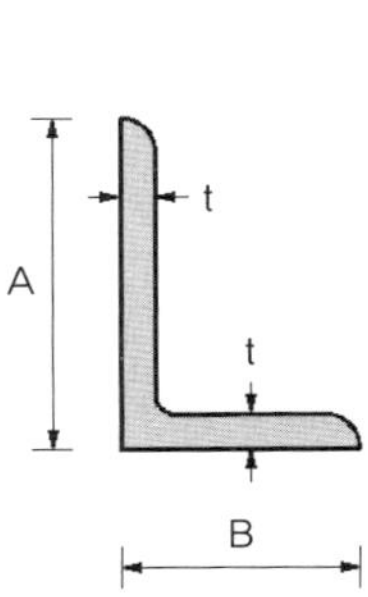

① 등변ㄱ형강

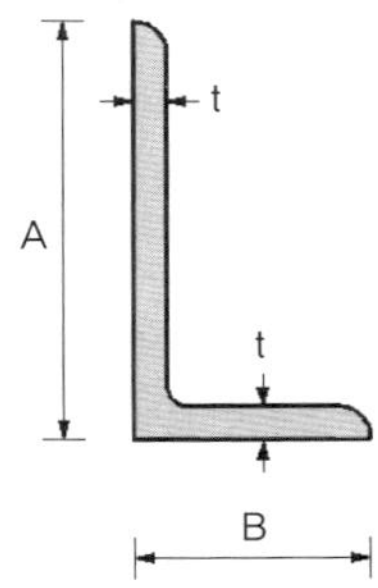

② 부등변ㄱ형강

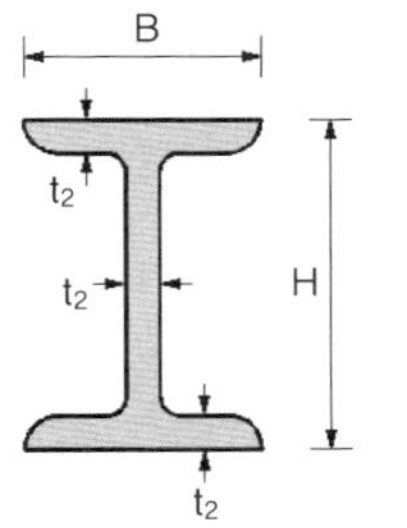

③ I형강

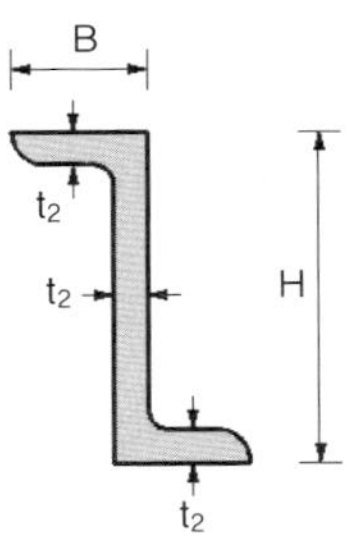

④ Z형강

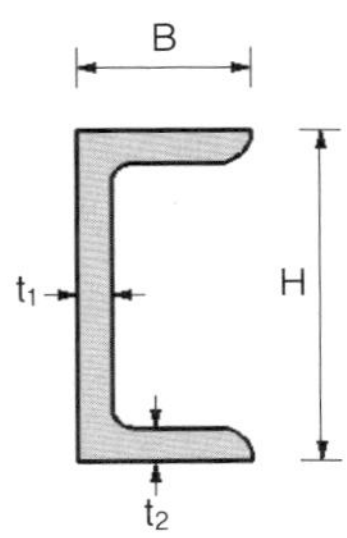

⑤ C형강

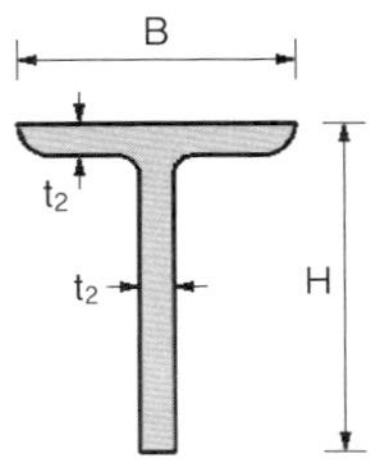

⑥ T형강

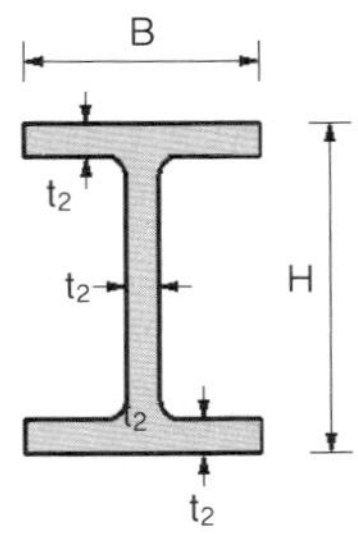

⑦ H형강

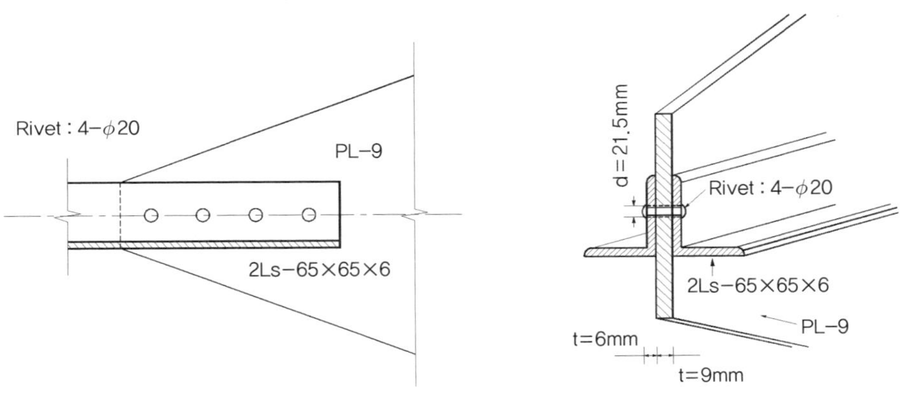

⑧ L형강 및 상세도

4. 철골접합부의 명칭

철골구조의 주요 접합부는 기초주각부의 형성과 큰보(girder) 및 작은보(beam)의 접합공정이다. 기초주각부를 구성하기 위하여 조립되는 부재는 그림 5-1과 같이 앵커볼트, 베이스 플레이트, 윙 플레이트(wing plate), 사이드 앵글(side angle), 클립 앵글(clip angle) 등이 있으며, 기둥부재는 웨브 플레이트(web plate)와 플랜지 및 래티스(lattice)로 결합된다.

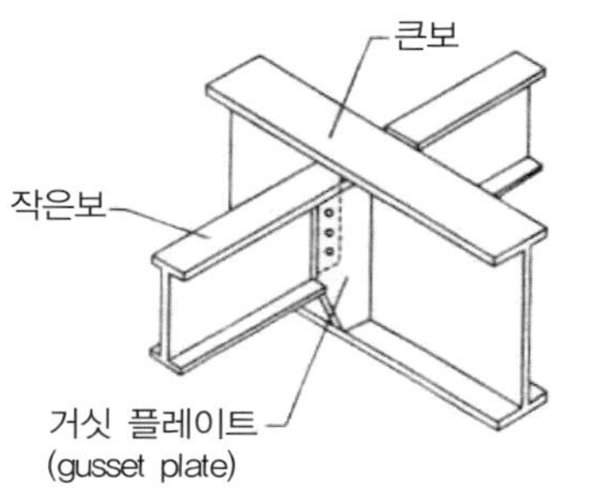

큰보와 작은보의 접합부

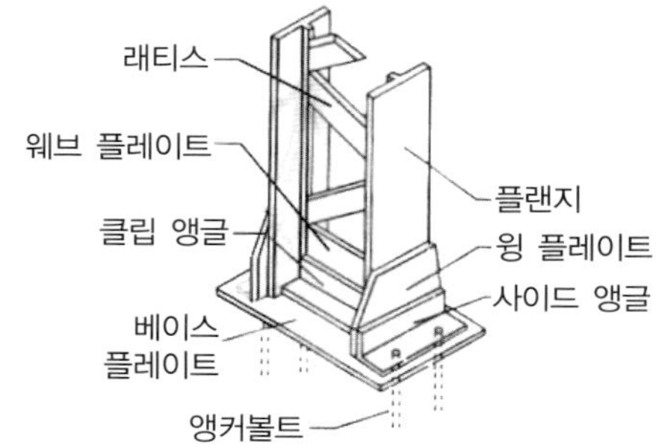

기초 철골주각부

그림 5-1 철골접합부 상세도 및 기초주각부

5. 철골의 수량산출

철골공사는 층별, 부재별 소요량을 산출하고 실제 소요량에서 단위중량을 곱하여 철골 총중량을 산출하게 된다. 수량산출방법은 다음과 같다.

① 철골은 층별로 산출하며 기둥, 벽, 보, 바닥, 지붕틀 순서로 산출한다.

② 철골의 수량은 도면에 의한 정미량에 할증률을 가산한 값을 소요량으로 한다.

③ 형강류는 종류별, 단면치수별로 구분하여 총연장길이를 계산하여 단위중량을 곱하여 총중량으로 산출한다.

④ 강판재는 사각형, 삼각형, 사다리꼴형 등으로서 실제 면적에 가까운 면적으로 계산하여 단위면적당 중량을 곱하여 총중량으로 산출한다.

⑤ 볼트, 리벳수량은 직경, 길이, 모양별 개수와 중량으로 산출한다.

⑥ 스터드볼트는 직경별로 구분하여 개수로 산출한다.

⑦ 내화피복은 건식, 반건식, 습식으로 구분하여 면적으로 산출한다.

⑧ 녹막이 도장은 정미면적으로 산출한다.

⑨ 앵커볼트는 규격별 지름 및 길이별 개수로 산출한다.

⑩ 강재의 중량은 카타록이나 강재 제원표에 의해 산정한다.

⑪ 용접은 공장용접과 현장용접으로 구분하여 산출하고 용접길이는 개선구멍의 형태에 따라 설계도서에 의한 정미량으로 계산한다.

6. 부재별 수량산출

(1) H형강

H형강은 대부분의 철골조 건물의 구조용 강재로 사용하고 있으며 기둥이나 보부분의 주자재로 사용한다. 형강의 수량은 규격별, 종류별 길이로 산출해서 단위중량을 곱하여 전체수량을 환산한다. 이때 도장면적도 함께 산출한다.

규격 : H = a+b+c+d

(H : 형강의 형상, a : 웨브의 폭, b : 플랜지 폭, c : 웨브두께, d : 플랜지 두께)

(2) ㄱ형강

ㄴ형강은 보조용 구조재로서 주로 가베 역할을 하는 것이고 소규모의 가건물 구조용재로 사용된다.

규격 : ㄴ- a×b×t

(ㄴ : 형강의 형상, a : 장변, b : 단변, t : 두께)

(3) C형강

C형강은 지붕살(중도리, purlin) 역할을 하는 데 많이 사용된다.

규격 : C - a×b×c×t

(C : 형강의 형상, a : 웨브폭, b : 플랜지폭, c : 리프폭, t : 두께)

H형강	ㄱ형강	C형강
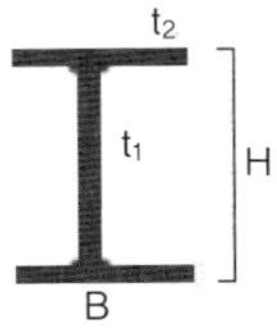	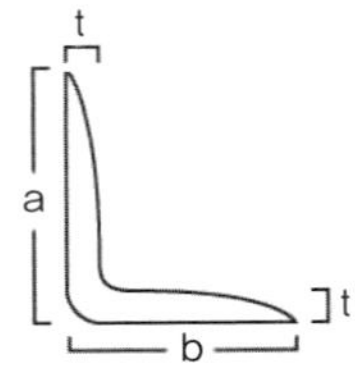	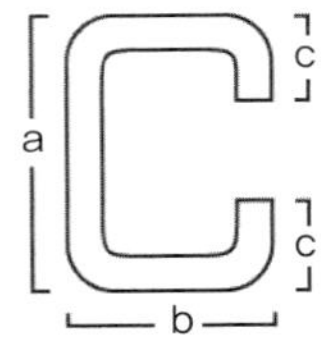
H –a×b×c×d	L – a×b×t	C – a ×b×c×t

그림 5-2 형강의 종류

(4) 강판(TON)

강판의 수량산출은 재질별(SWS 50, SS41) · 두께별로 구분하며 설계치수에 의한 근사치 면적으로 산출한다.

(5) 볼트류(EA)

볼트의 종류는 일반볼트, 앵커볼트, 스터드볼트, 전단볼트(shear bolt) 등으로 구분하여 산출한다. 일반볼트, 고장력볼트는 규격, 지름, 길이(접합시키고자 하는 실제 총판 총두께)로 개수를 산출한다.

7. 철골의 할증

구 분	할증(%)	구 분	할증(%)
대형형강	7	봉 강	5
소형형강	5	평 강	5
강 판	10	경량형강	5
강 판	5	고장력볼트	3
각파이프	5	일반볼트	5

예제 1 다음 보의 강재량을 산출하시오.

(단, 보의 길이는 10m로 하고 리벳은 제외한다. Ls-90×90×10의 단위중량은 13.3kg/m이며, PL-10의 단위중량은 78.5kg/m^2, PL-12의 단위중량은 94.2kg/m^2이다.)

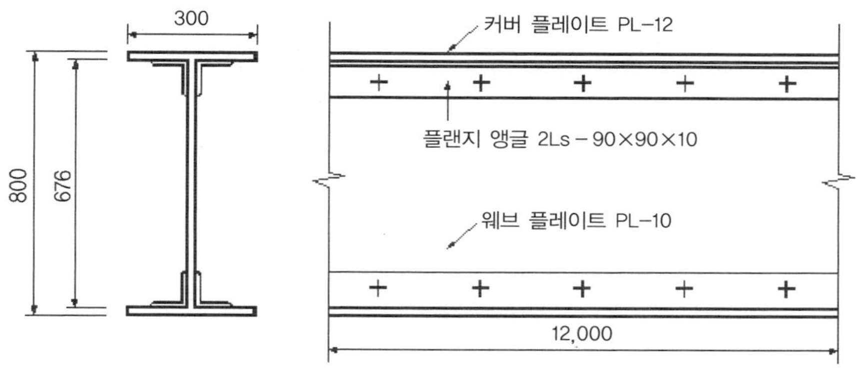

해설

1. 플랜지 앵글(Frange angle) = 4EA×12m×13.3kg/m = 638.40kg

2. 커버 플레이트(Cover plate) = 2EA×0.3m×12m×94.2kg/m^2

   = 678.24kg

3. 웨브 플레이트 = 1EA×(0.8−0.024)m×12m×78.5kg/m^2 = 730.99kg

∴ **합계 = 638.40 + 678.24 + 730.99 = 2047.63kg**

예제 2 다음 철골트러스의 철골수량을 산출하시오.
(단, L－65×65×6=5.90kg/m, L－50×50×6=4.40kg/m이며, PL－6=47.0kg/m²)

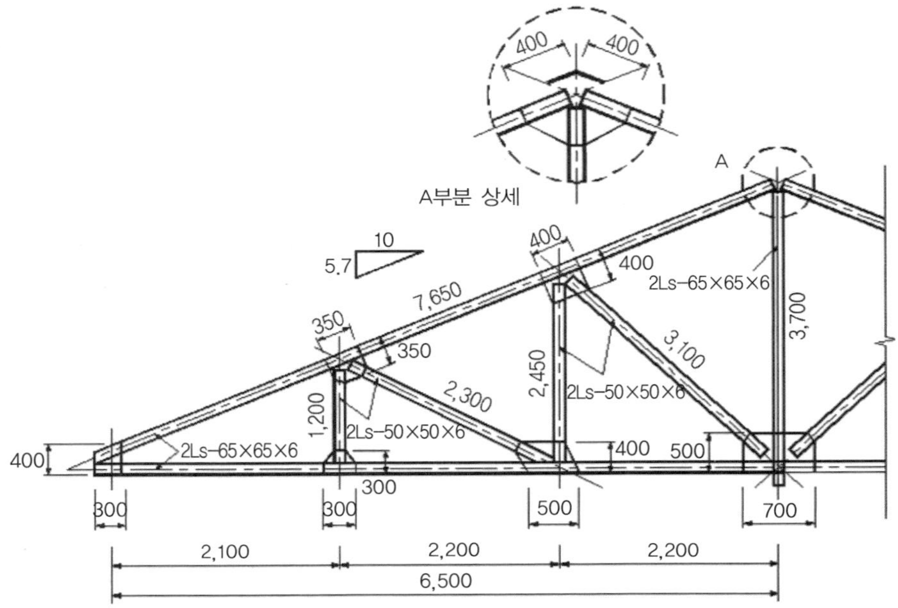

해설

1. L－65×65×6
   1) ㅅ자보 : 7.65×2×2＝30.6m
   2) 왕대공 : 3.7×2＝7.4m
   3) 평보 : (6.5＋0.15)×2×2＝26.6m
   ∴ 소계 : (30.6＋7.4＋26.6)×5.91＝381kg

2. L－50×50×6
   1) 달대공 : (1.2＋2.45)×2×2＝14.6m
   2) 빗대공 : (2.3＋3.1)×2×2＝21.6m
   ∴ 소계 : (14.6＋21.6)×4.40＝159kg

3. PL－6
   {(0.3×0.4＋0.3×0.3＋0.5×0.4＋0.35×0.35＋0.4×0.4)×2＋(0.7×0.5＋0.4×0.4)}×47.0 = 78.49kg

∴ **합계 = 381.0＋159.0＋78.49 = 618.49kg**

제 6 장

조적공사 적산관리

6.1 벽돌공사 적산

1. 개요

벽돌공사는 조적식 건물의 내력벽 공사(bearing wall)와 철근콘크리트조에 시공하는 장막벽(curtain wall)이 있다. 또한 벽돌쌓기는 공간쌓기, 아치쌓기, 이중벽쌓기 등이 있으며, 벽돌의 종류나 벽의 두께 및 쌓기 방법에 따라 산출되는 수량과 소요품이 달라진다. 따라서 벽돌의 수량산출은 도면에 의해 산출된 정미량에 할증률을 가산한 것을 소요량으로 한다.

2. 벽돌의 종류와 규격

벽돌의 종류는 보통 적벽돌과 시멘트벽돌로 나누어지며 그 이외에 다공질의 경량벽돌이 있다. 벽돌의 규격은 표준형(장려형)과 기존형(일반형)이 있으며 규격별로 벽돌의 크기가 다르다.

표 6-1 벽돌의 규격

(단위 : cm²)

구 분	길이	너비	두께
표준형(장려형)	190	90	57
기존형(일반형)	210	100	60

표 6-2 벽돌의 두께별 길이

(단위 : cm²)

구 분	0.5 B	1.0 B	1.5 B	2.0 B
표준형(장려형)	90	190	290	390
기존형(일반형)	100	210	320	430

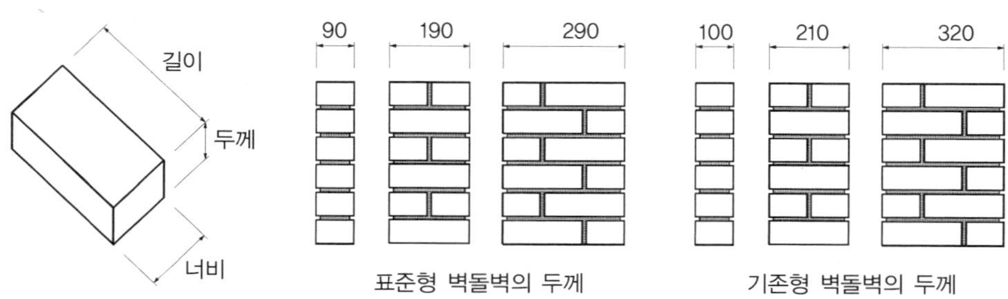

그림 6-1 규격별 벽돌벽의 두께

3. 벽돌의 수량산출

(1) 벽돌의 쌓기 수량은 규격별, 쌓기 벽체의 두께별로 구분하여 벽면적으로 산출한다. 이때 개구부, 인방 등 벽돌쌓기를 할 수 없는 부분의 면적은 공제하고 실제 소요면적으로 산출한다.

(2) 벽돌의 양은 벽돌의 종류 및 두께별로 구분하여 쌓기 벽면적에 단위면적당 수량을 곱하여 총매수를 산출한다.

(3) 벽돌쌓기의 할증률은 붉은 벽돌은 3%, 시멘트벽돌인 경우는 5%로 한다.

(4) 공간쌓기 시 개구부 주위의 공간막힘부분은 0.5B쌓기를 적용한다.

표 6-3 규격별 종류별 벽돌쌓기량

(단위 : m^2/ 매)

구 분	0.5 B	1.0 B	1.5 B	2.0 B	2.5 B	3.0 B
표준형(장려형)	75	149	224	298	373	447
기존형(일반형)	65	130	195	260	325	390

(5) $1m^2$당 벽돌수량 산출식

$$\text{정미수량(매}/m^2) = \frac{1}{(l+n)\times(d+m)}$$

$$\text{소요수량(매}/m^2) = \text{정미수량} \times \text{할증률}$$

단, l : 벽돌길이(cm) m : 가로 줄눈너비(cm)

d : 벽돌두께(cm) n : 세로 줄눈너비(cm)

(6) 벽돌쌓기의 재료인 시멘트모르타르와 여기에 소요되는 시멘트 및 모래 등은 벽돌 1,000매당 기준으로 계산된 품을 아래의 활용하여 산정한다.

표 6-4 벽돌쌓기 재료와 품

(단위 : 1,000매당)

구 분	규격	모르타르(m^3)	시멘트(kg)	모래(m^3)	조적공(인)	인부(인)
표준형(장려형)	0.5B	0.25	127.5	0.275	1.8	1.0
	1.0B	0.33	168.3	0.363	1.6	0.9
	1.5B	0.35	178.5	0.385	1.4	0.8
	2.0B	0.36	183.6	0.396	1.2	0.7
	2.5B	0.37	188.7	0.407	1.0	0.6
기존형(일반형)	0.5B	0.30	153.0	0.330	0.8	0.5
	1.0B	0.37	188.7	0.407	2.0	1.0
	1.5B	0.40	204.0	0.440	1.8	0.9
	2.0B	0.42	214.2	0.462	1.6	0.8
	2.5B	0.44	224.4	0.484	1.4	0.7

6.2 블록공사 적산

1. 개요

1997년 KS규격 개정 당시 시멘트블록은 콘크리트블록으로 명칭이 사용되었다.

블록은 일반적으로 속이 빈 콘크리트블록을 지칭한다. 블록을 단순한 조적조로 쌓을 때에는 막힌줄눈으로 하지만 보강근을 삽입하는 블록조일 경우는 통줄눈으로 치장쌓기를 하여 벽체로 외력을 부담한다. 콘크리트블록의 종류는 다양하게 제작되고 있으며, 그중 기본블록, 가로근용 블록, 마구리형 블록, 마구리형 반블록, 반블록, 코너블록, ALC블록(Autoclaved Lightweigt Concret) 등이 있다.

또한 블록구조에는 조적식블록조, 보강블록조, 블록장막벽, 거푸집블록조 등이 있으며 보통 블록쌓기는 막힌줄눈쌓기를 하고 보강블록조는 통줄눈으로 쌓는다. 줄눈의 크기는 가로세로 모두 10mm를 표준으로 한다.

2. 블록의 규격

표 6-5 블록의 규격

(단위 : mm)

구 분	길이	높이	허용오차
190 (8인치 블록)	390	190	±2
150 (6인치 블록)			
100 (4인치 블록)			

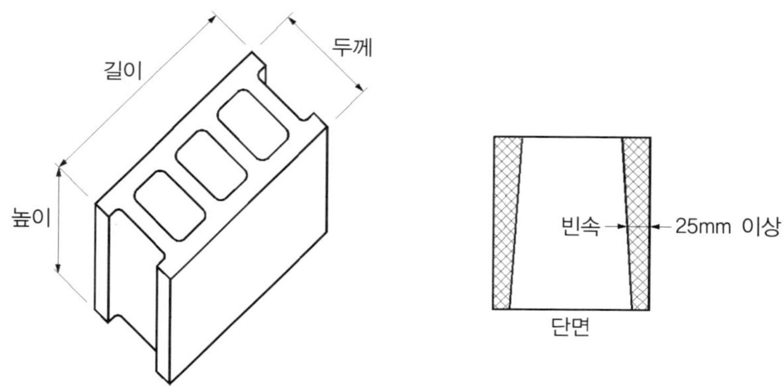

그림 6-2 블록의 형상과 단면

3. 블록 수량산출

(1) 블록은 종류별, 규격별 및 쌓기방법에 따라 구분하여 산출한다.

(2) 블록벽은 벽체의 두께별로 정미면적(m^2)으로 산출하되 개구부나 인방, 창대 등 쌓기를 하지 않는 부분의 면적은 공제하고 실제 소요되는 면적(m^2)으로 산출한다.

(3) 블록의 소요량은 기본형인 경우, 벽면적당 정미량(12.5매)에 4%의 할증을 가산한 13매를 소요량으로 하고 장려형인 경우에는 단위벽면적당 17매를 소요량으로 한다.

(4) 와이어 메시(wire mesh)는 설계도서에 따라 규격별 길이나 매수로 산출한다.

표 6-6 블록의 규격별 소요량(할증 포함)

(단위 : 매/m^2)

구분	규 격	수량	구분	규 격	수량
기본형	190×190×390 (8인치 블록)	13	장려형	190×190×290	17
	150×190×390 (6인치 블록			150×190×290	
	100×190×390 (4인치 블록)			100×190×290	

※ 위 블록 소요량은 도면상 정미량에 할증률 4%를 가산한 것이며 줄눈의 너비는 10mm이다.

4. 모르타르 수량산출

표 6-7 모르타르의 규격별 소요량(할증 포함)

(단위 : m^2당)

구분	규 격	수량 (매)	모르타르 (m^2)	시멘트 (kg)	모래 (m^3)	블록공 (인)	인부 (인)
기본형	190×190×390	13	0.010	5.10	0.011	0.20	0.10
	150×190×390	13	0.009	4.59	0.010	0.17	0.08
	100×190×390	13	0.006	3.06	0.007	0.15	0.07
장려형	190×190×290	17	0.012	6.12	0.013	0.23	0.12
	150×190×290	17	0.010	5.10	0.011	0.20	0.10
	100×190×290	17	0.007	3.57	0.008	0.17	0.08

* 본 품은 할증률(4%), 쌓기용 모르타르 할증률 및 소운반이 포함되어 있다.
* 모르타르의 배합비는 1 : 3이며 줄눈너비는 10mm이다.

예제 1 다음과 같은 건축물 공사에 필요한 시멘트벽돌량과 쌓기 모르타르양을 산출하시오.(단, 알루미늄 창호의 사춤은 20mm, 목재창호는 15mm로 한다.)

(1) 벽높이는 3.6m이다.

(2) 외벽은 1.5B, 내벽은 1.0B이다.

(3) 시멘트벽돌 할증은 5%이다.

(4) 벽돌은 190×90×57이다.

(5) 창호의 크기는

$\frac{1}{WW}$: 1.2×1.2m, $\frac{2}{WW}$: 2.4×1.2m, $\frac{1}{AD}$: 0.9×2.4m, $\frac{2}{AD}$: 2.2×2.4m

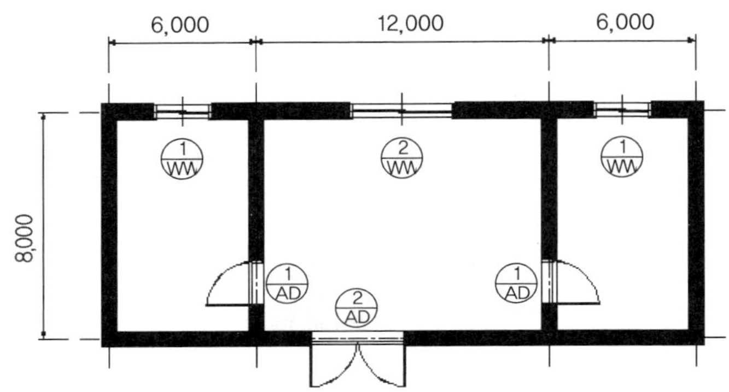

해설

1. 시멘트벽돌 소요량

1) 외벽(1.5B)

$(24+8)\times2\times3.6-11.04=219.36m^2$

$\therefore$ $219.36\times224=49,136.6$ → 49,137매

2) 내벽(1.0B)

$(8-\frac{0.29}{2}\times2)\times2\times3.6-4.32=51.192m^2$

$\therefore$ $51.192\times149 = 7,627.6$ → 7,628

$\therefore$ 소요량 : $(49,137+7,628)\times1.05 = 59,603.2$ → 59,603매

2. 쌓기용 모르타르양

1) 외벽(1.5B) : $49.137\times0.35=17.198m^3$

2) 내벽(1.0B) : $7.628\times0.33=2.517m^3$

$\therefore$ **합계 : $17.198+2.517=19.715$ → $19.72m^3$**

제 7 장

방수공사 적산관리

7.1 방수공사 적산

7.1 방수공사 적산

1. 개요

방수공사는 옥상, 욕실, 지하실, 외벽 등에서 건물 내부에 누수가 없도록 시공하는 공사를 말하며 산출방식은 설계도서에 명시된 내용에 따라 부위별로 산출하고 공법별로 분류한다.

2. 방수공사의 분류

방수공사는 사용재료나 공법 및 시공부위에 따라 다음과 같이 분류할 수 있다

(1) 재료적 분류

① 아스팔트방수
② 시멘트액체방수
③ 시트방수
④ 도막방수
⑤ 침투성방수
⑥ 수밀콘크리트방수
⑦ 코킹방수
⑧ 벤토나이트방수

(2) 공법적 분류

① 외방수
② 안방수

(3) 부위별 분류

① 옥상방수
② 지하실방수
③ 외벽방수
④ 실내방수

3. 방수공법별 수량산출

(1) 시멘트액체방수

이 공법은 액체방수라고도 하며 현재의 방수공법 중 가장 많이 사용되는 공법으로 모르타르나 시멘트를 혼합하여 방수층을 형성하는 공정이다. 이 공법은 구조체가 결함이 있을 경우 방수성능 확보에 어려움이 있으므로 방수공사 전에 바탕처리를 하는 등 철저한 사전준비가 필요하다. 방수층 형성은 먼저 방수액을 구조체에 침투시키는 공정과 다음으로 방수액을 반죽한 시멘트페이스트를 바르고 다시 방수액을 도포한 후 마지막으로 방수액과 혼합된 시멘트모르타르를 바르는 4가지 공정으로 구성된다. 액체방수의 종류에는 A종, B종, C종, D종이 있으며 위 4가지 공정의 시공횟수에 따라 1종, 2종이 있으며 수량산출은 다음과 같다.

① 구조체의 면적산출은 안목치수로 정미면적을 산출한다.
② 설계도면 또는 시방서 내용을 기준하여 산출한다.
③ 보호층을 확인하고 두께별 위치를 구분하여 면적을 산출한다.
④ 타일 바탕모르타르와 방수모르타르가 중복되지 않도록 구분한다.
⑤ 구조체 보강용 그라우팅 체적은 현장을 면밀히 조사하여 산출한다.
⑥ 지하층 천장 및 바닥면의 방수 한계선을 도면에서 확인하여 누락되지 않도록 주의한다.
⑦ 보호층이 필요한 때에는 별도로 계산한다.

표 7-1 시멘트액체방수 재료와 품

(단위 : 방수면적 m^2당)

구 분	단위	1종	2종	비 고
시멘트	kg	13.050	7.200	배합비 (방수액 : 물) 1 : 50기준
모 래	m^3	0.017	0.010	
방수액	l	0.655	0.460	
방수공	인	0.100	0.080	
보통인부	인	0.080	0.060	

* 보호층 필요시 별도 계상

(2) 아스팔트(Asphalt)방수

아스팔트방수는 바탕면에 고름모르타르를 바른 후 아스팔트를 녹인 방수지를 부착하는 공법이다. 이 공법은 통상 6층, 8층으로 마감하며 다른 공법에 비해 방수성능의 확보가 확실하나 최근 공해문제와 기능공 부족으로 현장에는 거의 적용하지 않고 있다.

아스팔트방수의 시공면적 산출은 시공되는 안목치수를 기준으로 정미면적을 산출한다. 시공위치는 지붕, 방수, 외부, 바닥면, 벽면으로 구분하고 방수면적의 산출은 다음과 같이 한다.

① 방수면적은 부위별, 공종별로 구분하여 방수층 시공면적으로 한다.
② 방수공정 및 층수에 관한 것은 설계도서를 기준으로 한다.
③ 바탕처리는 고름모르타르 확인 후 수량산출이 필요하다.
④ 방수층 보호누름은 규격별로 산출한다.
⑤ 보호, 고름, 바탕모르타르는 위치별, 두께별로 분리하여 산출한다.
⑥ 시멘트, 모래는 따로 구분하여 시멘트양과 모래량의 비율에 따라 각각 산출한다.

아스팔트방수의 방수재료는 아스팔트 프라이머(Asphalt Primer), 아스팔트, 방수지 등이 있다. 아스팔트 프라이머는 바탕 구조체에 잘 침투되어 방수층과 바탕체 간의 부착력을 높여주는 특성이 있다. 아스팔트에는 천연아스팔트도 있으나 대부분 석유계인 스트레이트 아스팔트와 브라운 아스팔트가 사용되며, 방수지의 재료로는 일명 아스팔트 루핑(Asphalt Roofing)과 아스팔트 펠트(Asphalt Palt)가 있으며 특별히 아스팔트 펠트 대신 시트류(Sheet)나 유리섬유(Glass Fiber) 등을 쓰는 경우도 있다. 일반적으로 아스팔트방수층의 종류는 다음과 같다.

표 7-2 아스팔트방수층의 종류

종류	1층	2층	3층	4층	5층	6층	7층	8층	9층	10층
A종	P	A	FR	A	F	A	FR	A	R	A
B종	P	A	FR	A	FR	A	R	A		
C종	P	A	FR	A	F	A				

※ P : Primer, A : Asphalt, F : Asphalt felt, R : Asphalt Roofing

아스팔트 바름의 품에는 표 7-3과 같이 바닥용과 벽용으로 구분되며, 재료의 할증률, 기구손료 및 운반 품이 포함되어 있다.

표 7-3 아스팔트 재료와 품

(단위 : m^2당)

구 분	1회 바름(솔질)		2회 바름(두께 2cm)	
	바닥	벽	바닥	벽
아스팔트(kg)	1.500	2.000	9.50	10.5
방 수 공(인)	0.015	0.017	0.12	0.25
보통인부(인)	0.020	0.020	0.060	0.120

(3) 시트(Sheet) 방수

시트방수는 바탕면에 내후성과 신장성이 우수한 합성고무제나 합성수지계, 고무아스팔트계의 시트를 접착제로 부착하여 방수층을 시공하는 공법이며, 시공방법에는 노출공법, 보호누름공법, 단열공법 등이 있다. 시트방수의 면적산출은 옥상지붕바닥과 옥상벽(패러핏) 부위로 구분하여 산출하고 설계도면상 벽 부위에 별다른 표기가 없으면 30cm 정도 치켜올림 면적으로 산출한다.

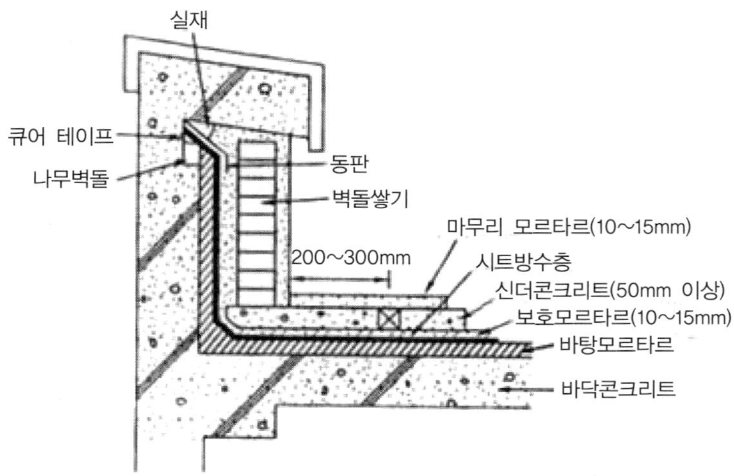

그림 7-1 시트방수공법

시트방수공법의 소요 품은 바닥을 기준으로 표 7-4와 같으며, 보통 재료의 할증률 및 소운반의 품이 포함되어 있다.

표 7-4 시트의 재료와 품

(단위 : m^2당)

구 분	단위	수량	비 고
시 트	m^2	1.20	보통 시트의 두께는 2.5mm 폭 1m 겹침 시공을 원칙으로 산정함
프라이머	l	0.30	
연 료	kg	0.08	
방수공	인	0.09	
인 부	인	0.04	

(4) 도막방수

도막방수는 고분자에 의한 방수공법의 일종으로 합성고무계와 합성수지의 용제 및 유제를 도포하여 일정한 소요두께의 방수피막을 형성하는 방수공법이다.

도막재료로는 용제형, 유제형, 실리콘수지계, 에폭시계 등이 있는데, 용제형에는 합성고무계와 우레탄수지계가 있고 유제형에는 에멀션계와 아크릴수지계, 실리콘수지로는 방수층계, 에폭시계로는 에폭시수지 등이 있다. 이 공법은 바탕면에 대한 피막의 연속성과 방수피막두께의 균질성 유지 및 모재의 균열에 따른 추종성의 극복이 문제이나 현재는 시공실적이 많아 널리 적용되고 있다. 도막방수의 품셈은 도포되는 전체면적으로 산출하는데 재료의 할증이나 소운반품을 포함하고 있으며, 공구손료는 인건비의 약 3%까지 가산된다.

(5) 실링(Sealing)방수

실링방수는 일명 코킹(Caulking)방수라고도 하며 동일 재료나 이질 재료의 접합부를 수밀하게 마감하는 것으로, 각 부분의 접합부, 새시 주위, 균열보수용 방수로써 최근의 프리패브공법(Prefabricated Method) 건축과 C/W의 조인트 부위 등에 사용하게 되면서 매우 중요시되고 있다. 이 공법에 사용되는 실링재료는 부정형 탄성형인 치오콜계, 우레탄계, 실리콘계, 폴리에틸렌계, 부틸고무계, 아크릴고무계 등이 있으며, 이들은 대부분 부착성과 방수성능이 우수하나 시공이 번잡하여 가격이 고가이다.

이 공법은 시공의 정밀도가 요구성능을 좌우하게 되는데, 주로 건(Gun)이나 주걱칼로 시공하게 된다. 실링재의 재료 선택을 위해서는 먼저 실(Seal)재의 모멘트를 검토한 후 실재를 탄성 또는 비탄성형으로 선정하게 되며, 이에 따라 줄눈의 폭과 길이를 산정하게 된다. 전체적인 수량의 산출은 설계도서에 의해 시공장소별, 재료별 및 규격별로 구분하여 전체길이를 산출한다. 실링방수의 시공방법은 먼저 바탕면의 먼지와 기름을 청소하고 프라이머를 바르고 건조시킨다. 다음으로 2액형 재료를 사용할 경우 건으로 시공하고 마스킹테이프를 부착하여 오염방지를 위한 보양작업을 하게 된다. 이때 줄눈의 폭과 깊이의 허용 신축률을 산정하게 되며 도장 시 도료와 실재의 성분이 화학반응이 없도록 주의해야 한다.

4. 각 부위별 산출기준

(1) 화장실

바닥은 액체방수2차, 바닥타일별로 산출하고 벽은 액체방수선까지이며 마감방법은 시멘트모르타르, 액체방수 위 내벽, 세라믹타일로 산출하고, 방수모르타르를 할 경우에는 방수모르타르 위 바닥모르타르, 방수모르타르 위 내 · 외벽 모르타르로 구분하여 산출한다.

(2) 트렌치

바닥방수는 액체방수일 경우 액체방수와 보호모르타르, 방수모르타르일 경우에는 방수모르타르와 보호모르타르(10+24mm) 규격을 적용한다. 벽의 방수는 액체방수일 경우 액체방수와 보호모르타르, 방수모르타르일 경우에는 방수모르타르와 보호모르타르(6+8mm) 규격을 적용한다.

(3) 차양방수

차양모르타르 방수는 아래와 같이 벽체 치켜올림 100mm를 포함하여 산출한다.

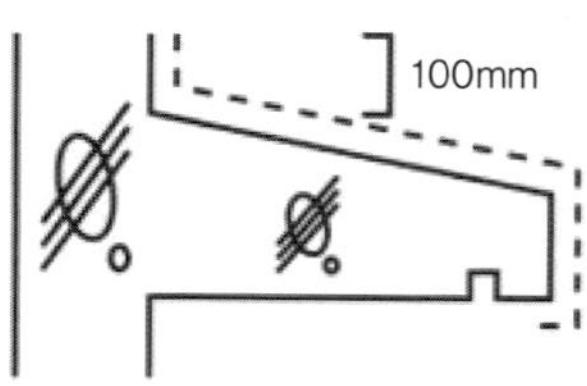

그림 7-2 차양방수

제 8 장

타일, 미장공사 적산

8.1 타일공사 적산

8.2 미장공사 적산

8.1 타일공사 적산

1. 개요

타일공사는 건축물의 내 · 외장 마감재로써 구조체의 보호와 의장효과 및 방수목적 등으로 사용된다. 타일의 재료에는 보통 도기질과 자기질, 토기질, 석기질이 있다. 보통의 타일은 도기질 타일을 말하며 시공방법으로는 습식과 건식공법으로 분류되며 타일붙임 공법은 크게 떠붙이기공법과 타일압착공법으로 나누어진다.

타일공사의 주요 검토사항으로는 재료적인 측면에서 타일 뒷발의 형상과 흡수성, 모르타르 재료의 배합비 등이 있다. 시공상으로 모르타르의 두께 및 바탕처리와 오픈타임의 관리가 필요하며, 타일시공 결함 사항으로는 들뜸, 백화, 동해, 탈락 등이 있으므로 재료의 선정에서부터 바탕처리 및 시공관리에 이르기까지 전 과정에 대한 품질관리가 필요하다.

2. 타일의 재료 및 붙임공법

타일은 소성온도에 따라 토기질, 도기질, 석기질, 자기질로 구분된다. 타일의 흡수성은 부착강도에 영향을 주게 되므로 사용부위나 용도에 따라 선택을 달리해야 한다. 타일의 형상은 뒷발의 모양에 따라 사출형, 압출형, 플랫(plat)형으로 구분되는데 사출형은 접착력이 수수하나 압출형 또는 플랫형은 접착력이 좋지 않으므로 선택상 주의가 필요하다. 모르타르는 구조체 바탕에 바르는 바름용과 타일붙임용 및 치장줄눈용이 있다. 바름용 모르타르는 배합비가 1:1 정도이면 가능하나 타일붙임용 배합비는 1:2, 줄눈용은 1:3 정도가 일반적이다.

타일붙임에는 떠붙이기 공법, 압착공법, 밀착공법 등이 있다. 여기에서 떠붙이기 공법은 사용되는 바탕면에 모르타르를 바르지 않고 타일에 직접 모르타르를 발라서 두드려서 붙이는 공법이며, 압착공법은 바탕면에 모르타르를 미리 바른 후 타일을 붙이는 공법을 말하고 밀착공법은 바름모르타르면에 타일을 진동기로 밀착하여 부착하는 공법이다.

3. 타일의 수량산출

타일의 수량은 사용되는 재질과 장소를 구분하여 시공되는 안목치수의 정미면적으로 산출하고 할증률은 3%로 한다. 다만, 창호 등 개구부는 설계도면에 따라 산출하고 각각의 코너부분 등은 타일의 종류와 규격별로 구분하여 산출한다. 그 밖에 각 부위별 타일면적 산출방법은 다음과 같다.

(1) 외부타일

① 바닥타일 : 바닥타일은 재질 및 규격별로 실면적을 산출한다.

② 벽타일 : 바닥타일은 재질 및 규격별로 실면적을 산출한다.

(2) 내부타일

① 바닥타일면적은 구체의 안목치수를 기준으로 산출하며 변기 등 위생기구면적은 감하지 않는다.

② 벽타일면적은 모서리 기둥의 경우 일반 벽과 동일하게 산출하며, 독립기둥은 마감치수를 산출하고 거울 후면은 공제하며 공제된 면적은 T18 시멘트모르타르로 산출하나 욕실장 등의 면적은 공제하지 않는다.

③ 액체방수 위 바닥타일 시공은 액체방수(2차), 타일붙이기 등을 구분하여 면적(m^2)으로 산출한다.

④ 액체방수 위 벽타일의 모르타르 두께는 콘크리트면이나 조적면이 동일하게(12+5mm) 면적(m^2)으로 산출하고, 조적면일 경우에 타일 바탕 모르타르 바르기(6mm)를 추가 계상한다.

⑤ 발코니 및 내부 바닥타일 줄눈은 백시멘트 줄눈, 외부바닥은 보통시멘트 줄눈을 적용한다.

⑥ 측벽 또는 코어 벽에서 보온을 위에 붙는 타일은 본드부착 타일로 구분하여 산출한다.

⑦ 기타 사항은 시방서, 설계도면, 품셈 등을 적용하다.

(3) 바탕 고르기

바탕 고르기에 소요되는 재료의 양은 표 8-1과 같다.

표 8-1 바름 두께별 재료의 양

(단위 : m^2당)

구 분	12mm		15mm		18mm		24mm	
	바닥	벽	바닥	벽	바닥	벽	바닥	벽
모르타르(m^3)	0.013	0.014	0.016	0.018	0.019	0.021	0.025	0.027
시멘트(kg)	6.63	7.14	8.16	9.18	9.69	10.71	12.75	13.77
모 래(m^3)	0.014	0.015	0.017	0.019	0.020	0.023	0.027	0.029

※ 재료의 할증률은 포함되어 있으며 모르타르 배합비는 1 : 3이다.

8.2 미장공사 적산

1. 개요

미장공사는 건축공사의 마감공정이면서 내 · 외장 재료의 바탕이 되므로 적산 시에는 시공부위별, 모르타르 두께별, 바탕별로 세분화한다. 따라서 설계도서를 정확히 파악하지 않으면 수량이 누락되거나 집계의 착오 등을 일으키기 쉬우며, 공사비도 미장공의 기술 여하에 따라 건축물의 품질수준이 달라질 수 있는 주요한 공정이다. 또 미장공사에서는 수경성, 기경성 재료를 사용하게 되며 건축물 내 · 외부면의 소요두께로 바르거나 뿜칠하는 공종이다. 따라서 미장공사는 재료의 배합과 미장면의 바탕처리가 중요하며 바탕구조체에 초벌, 재벌, 정벌마감을 하는 것으로 최종적으로 마무리된다. 미장작업은 마무리면의 평탄성 확보와 소요두께의 확보, 소요강도 및 표면경도 유지, 설계의 요구성능 구비, 균열 및 박리현상과 백화의 결함을 예방할 수 있는 요구성능이 구비되어야 한다.

미장바름공법에는 시멘트모르타르 바름과 회반죽, 석고 및 석회플라스트 바름, 인조석 및 테라초 바름 등이 있다.

2. 미장면적의 산출

미장면적은 내부와 외부, 바닥과 벽 등으로 구분하며 시공재료별, 마무리 종류별로 안목치수를 적용하여 정미량으로 산출한다. 미장면적의 일반적인 산출기준은 다음과 같다.

① 바름 바탕은 콘크리트 및 벽돌바탕, 쫄대바탕으로 구분한다.
② 바름 위치는 바닥, 걸레받이, 벽, 천장으로 구분한다.
③ 바름층은 초벌, 재벌, 정벌, 바닥 고르기로 구분한다.
④ 재료의 배합은 1:2, 1:3으로 구분한다.
⑤ 바름공법은 시방서 및 설계도에 표시된 바름 두께로 구분한다.
⑥ 외벽면적은 3개 층 단위로 구분하여 산출한다.
⑦ 개구부와 기둥돌출부 면적은 공제하고 바름폭이 30cm 이하일 때는 구분하여 산출한다.

3. 부위별 수량산출

(1) 바닥

바닥면적은 정미면적으로 하고 위생, 전기기구의 부착면적은 감하지 않는다. 그리고 마감이 2종일 때에는 각각의 물량을 산출한다. 콘크리트 바닥에 아스타일 깔기, 비닐카펫 깔기, MDF 걸레받이 붙이기는 마감 모르타르를 산출한다.

(2) 내벽

벽의 높이는 돌림띠는 무시하고 천장고에서 바닥마감재 높이를 뺀 것으로 한다. 벽의 길이는 구체 안목치수로 하고 창호 개구부는 창호면적으로 한다.

(3) 보

보의 높이는 반자돌림을 무시한 천장까지의 높이로 하고 보의 길이는 콘크리트면 사이의 유효치수로 한다.

(4) 기둥

기둥높이는 벽높이 산출과 동일하다. 기둥에 접한 보의 면적은 원칙적으로 감한다. 기둥면적은 기둥 수평치수 2×(A+B)×H로 산출한다.

4. 바름공법별 수량산출

(1) 시멘트모르타르 바름

시멘트모르타르 바름은 시멘트와 모래를 배합하여 각 바탕면에 바르는 미장재료이다. 재료의 바름은 초벌, 재벌, 정벌순서에 따라 바르며 이때 시멘트와 모래의 양은 다음의 배합표에 따른다.

표 8-2 모르타르의 배합 재료 및 품

(단위 : m^2당)

용적 배합비	시멘트(kg)	모래(m^3)	인부(인)	용 도
1 : 1	1,093	0.78	1.0	치장줄눈, 방수
1 : 2	680	0.98	1.0	미장마감
1 : 3	510	1.10	1.0	미장마감 쌓기 줄눈
1 : 4	385	1.10	0.9	초벌 바르기
1 : 5	320	1.15	0.9	기타 개소

(2) 회반죽 바름

회반죽공사는 소석회와 여물 및 해초풀로 반죽한 미장재료이다. 이 재료는 공기 중 탄산가스에 의해 경화되는 기경성 재료로써 완전 건조 시까지는 시간이 필요하여 공기 등에 영향이 적은 한식 건축물 등에 사용된다. 회반죽공사의 수량산출은 적용되는 장소별, 초벌, 재벌, 정벌 등 마무리되는 면적별 소용량으로 산출한다.

(3) 석고플라스터 바름

석고플라스터 바름 공법은 소석고와 모래를 혼합하여 물반죽한 수경성 재료를 각 바름 바탕면에 적정 두께로 바르는 공법이다. 주로 콘크리트 바탕면이나 블록 또는 벽돌 벽면에 초벌, 재벌, 정벌바름 순이며 재료배합 및 품은 다음과 같다.

표 8-3 석고플라스터의 재료 및 품

(단위 : m^2당)

구 분		배합비	석고플라스터(kg)	모래(m^3)	비 고
벽	초벌(8mm)	1:2	2.73	1.0	미장공 : 0.13 인 부 : 0.13
	재벌(8mm)	1:2	2.73	1.0	
	정벌(2mm)	1:0.5	1.56	1.0	
천장	초벌(6mm)	1:1.5	2.52	0.9	미장공 : 0.13 인 부 : 0.13
	재벌(6mm)	1:1.5	2.52	0.9	
	정벌(3mm)	1:1.5	1.26		

※ 재료의 할증률은 벽 · 천장은 15%, 졸대바탕은 20%로 한다.

(4) 인조석, 테라초 바름

인조석과 테라초 바름 공법은 바름면 위에 인조석이나 테라초를 발라 경화한 후 분무기로 물을 뿜으면서 종석 표면이 나타나도록 갈아내는 마감공법으로 최근까지 널리 사용되어 왔다. 그러나 최근에는 수질 및 토양오염 문제로 현장갈기보다는 공장에서 제작한 테라초 판이 현장에 널리 적용되고 있다. 수량산출을 위해 적용되는 재료는 백시멘트, 석회, 시멘트, 종석, 줄눈대 등이 있으며, 설계서에 따라 바름 두께별로 손갈기와 기계갈기로 구분하여 현장갈기를 하게 되므로 각 공종별, 바름 부위별, 바름 두께별 갈기의 종류별로 단위면적당 소요량을 산출해야 한다.

제 9 장

목공사 · 수장공사 · 석공사 적산

9.1 목공사 적산

1. 개요

목공사는 건물의 구조 및 수장에 사용되는 자재, 가공 조립을 요하는 공사이다. 따라서 목공사의 수량은 목재의 종류와 재질 및 용도에 따라 목재의 재적량을 산출하고, 설계도서에 특기사항이 없는 경우 수장재와 구조재는 도면에 기입된 치수를 제재치수로 하고 창호재나 가구재는 도면의 치수를 마무리 치수로 하여 재적을 산출한다. 목공사와 관련되는 세부적 항목들은 공공기관이나 민간기업이 서로 상이할 수 있으므로 각각 설계기준이나 상황에 따라 조정하는 것이 필요하다.

2. 목재의 치수와 취급단위

목재는 제재치수와 마무리 치수로 구분한다. 제재치수는 제재소에서 톱켜기를 한 치수로 톱날의 중심간 거리를 말하고 주로 구조재와 수장재로 사용된다. 마무리 치수는 제재목을 대패로 마무리한 치수로 창호재나 가구재로 사용되는 치수이다. 목재의 취급단위는 다음과 같다.

① 1분(分 : 푼) = 3.03mm ≒ 0.3cm
② 1치(寸 : 치) = 30.3mm ≒ 3cm
③ 1척(尺 : 자, 척) = 303mm ≒ 30cm
④ 1재(才) : 사이) : 1寸×1寸×12尺 = 3.03cm×3.0cm×(12×0.303)m =0.0334m^3
⑤ 1석(石 : 섬) = 1尺×1尺×10尺 = 83.3才(재)

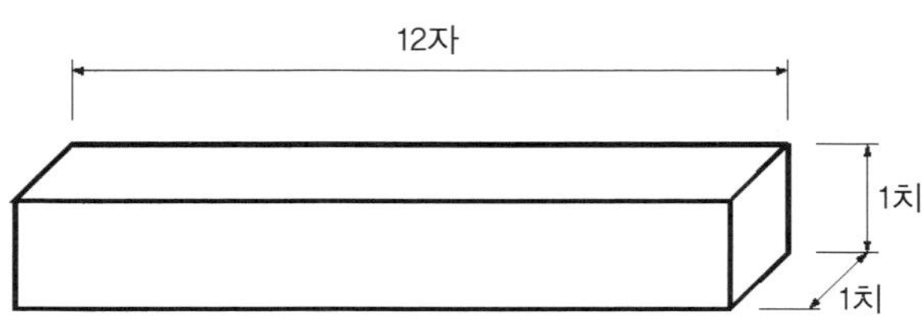

그림 9-1 목재의 각재

3. 목재의 재적 계산

목재는 규격에 따라 각재는 두께가 6cm 이상이고 폭이 두께의 3배 미만인 것, 판재는 두께가 6cm 미만이고 폭이 두께의 3배 이상인 것으로 구분하여 정미수량을 산출한다. 산출기준은 다음과 같다.

① 목재는 가공 및 접합순서에 따라 수량을 산출하고 구조재, 수장재는 도면치수로 산출하며 창호재와 가구재는 도면치수에 대패질 두께를 가산하여 마무리 치수로 환산하여 재적을 산출한다.

② 각재의 산출은 재종별 부재규격별 총연장길이(m)를 산출한 후 재적(m^3, 才)으로 산출한다.

③ 판재의 수량은 두께별로 면적(m^2, 坪)을 산출하고 각재에 가까운 판재들은 재적으로 산출한다.

④ 창틀수량은 창호의 종류별로 구분하여 면적(m^2)을 산출한다. 단, 창틀 하부 홈대는 길이(m)로 산출한다.

⑤ 마루틀 설치면적은 마룻바닥면적으로 한다. 단, 이중마룻널인 경우에는 마룻널과 마루 밑창의 면적은 따로 산출한다.

⑥ 지붕널은 지붕잇기 재료별 실 지붕면적으로 산출한다.

⑦ 합판면적은 종류별, 두께별로 구분하여 소요면적(m^2) 또는 규격별 소요매수를 산출한다.

⑧ 몰딩, 커튼박스, 걸레받이 등은 규격별 길이로 산출한다.

⑨ 통나무는 끝의 마구리 지름을 한 변으로 하여 각재의 재적(m^3)으로 계산하되, 필요한 경우 통나무의 중간 평균지름을 실체적 계산의 기준으로 한다.

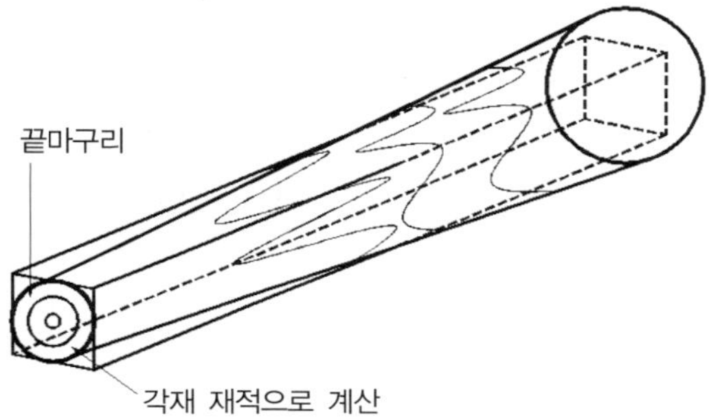

그림 9-2 통나무의 목재량

예제 1 다음 목재창틀의 목재량을 m^3로 산출하시오.

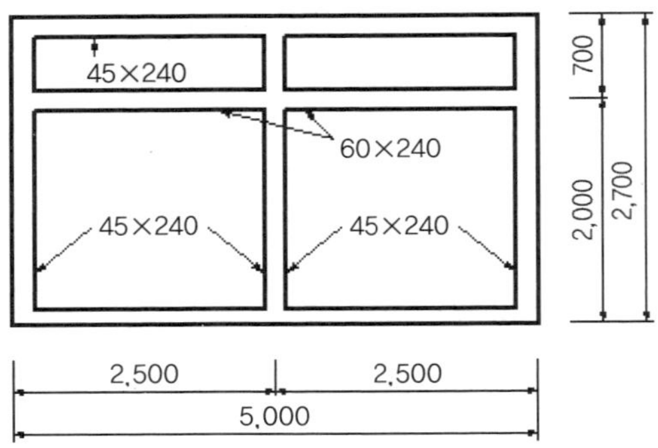

해설

구 분	산출근거
수평재(45×240)	$0.045 \times 0.24 \times 5.0 \times 2EA = 0.108m^2$
수평재(60×240)	$0.060 \times 0.24 \times 5.0 \times 1EA = 0.072m^2$
수직재(45×240)	$0.045 \times 0.24 \times 2.7 \times 3EA = 0.0875m^2$
합계	$0.108 + 0.072 + 0.0875 = 0.268m^2$

예제 2 다음 마루틀의 목재량(m^3)을 산출하시오.
(단, 동바리의 규격은 105×105로 하고 1개의 길이는 60cm로 한다.)

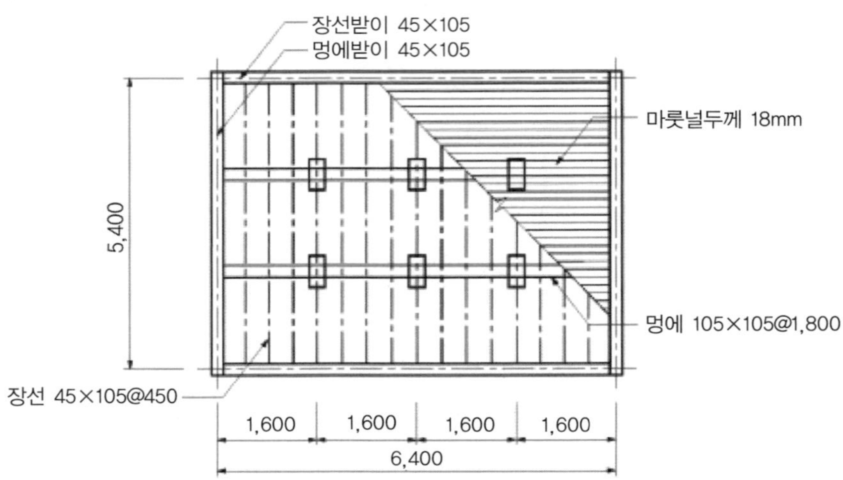

해설

1. 각재
   1) 동바리 = $0.105m \times 0.105m \times 0.6m \times 6개 = 0.039m^3$
   2) 멍에 = $0.105m \times 0.105m \times 6.4m \times 2개 = 0.141m^3$
   3) 멍에받이 = $0.045m \times 0.105m \times 5.4m \times 2개 = 0.051m^3$
   4) 장선 = $0.045m \times 0.105m \times 5.4m \times 17개 = 0.433m^3$
   5) 장선받이 = $0.045m \times 0.105m \times 6.4m \times 2개 = 0.060m^3$

   ∴ 합계 : $0.039+0.141+0.051+0.433+0.060 = 0.724m^3$

2. 판재
   1) 마룻널 = $0.018m \times 5.4m \times 6.4m = 0.622m^3$

   ∴ $0.724+0.622 = 1.346 \fallingdotseq 1.35m^3$

   ※ 마룻널을 면적(m^2)으로 계산하면 $A=5.4m \times 6.4m=34.56m^2$

9.2 수장공사 적산

1. 개요

수장공사는 건물 내 · 외부에 마감재료를 사용하여 바닥, 벽, 천장을 아름답게 꾸미는 공정으로서 종류도 다양하고 재질, 두께, 시공방법도 다양하므로 시방서를 숙지하고 공사의 한계와 소요재료 및 품을 파악한 후 수량을 산출한다.

(1) 바닥재의 수량

① 아스타일, 비닐타일, 내산타일, 전도성타일, 러버타일, 비닐타일시트, 기타 시트, 롤카펫, 카펫타일 등은 재질별, 두께별로 구분하여 실면적(m^2)을 산출한다. 단, 왁스칠 면적은 별도 산출한다.

② 계단용 러버타일 중 논슬립이 있는 것은 규격별 길이로 산출한다.

③ 걸레받이는 높이별로 구분하여 길이를 산출한다.

④ 이중마루판은 재질별(스틸패널, 알루미늄패널, 목재마루패널) 규격별로 구분하여 면적을 산출한다. 마감재는 별도(비닐 무석면타일, 전도성 비닐타일) 산정한다.

⑤ 폴리우레탄은 두께별, 사용용도에 따라 실면적을 산출한다.

⑥ 기타 바닥마감재 즉 특수 용도의 바닥재는 시방서를 기준한 실 면적을 산출한다.

(2) 벽재의 수량

① 벽 마감재료는 용도에 따라 다양하게 표면마감재 면적을 기준으로 바탕내용을 상세히 구분하여 산출한다.

② 바탕틀 속의 단열재 등은 재질별, 두께별로 구분하여 산출한다.

③ 나무벽돌(벽돌별), 앵커철물(콘크리트면)은 소요개소로 산출하거나 시공하는 품에 부자재의 면적에 비례하여 적용한다.

④ 설계도면에 바탕틀이 없는 마감판재 취부일 때는 경제적인 바탕틀 내용을 적용한다.

⑤ 기타 할증률은 재질 및 용도에 따라 다음과 같이 적용한다.

표 9–1 목재의 할증률

(단위 : %)

텍스	석고판 (붙임용)	석고판 (접착용)	단열재	합판 (일반)	합판 (수장)	목재 (각재)	목재 (판재)
5	5	8	10	3	5	5	10

(3) 천장재의 수량

① 표면마감 재료별, 두께별, 크기별로 구분하여 경량철골 천장틀(M–BAR, T–BAR, H–BAR)별로 구분한 실면적(m^2)을 산출한다.

② 석고보드 천장면 바탕에 암면텍스 등 2종 접착시공일 때에는 암면텍스의 재료와 품을 별도 구분하여 적용한다.

③ 연속되는 전등박스, 환기구의 면적 등은 표면 마감재료의 면적은 공제하나 천장틀 설치면적은 공제하지 않는다.

④ 커튼박스, 몰딩은 규격별 길이로 산출한다.

⑤ 건축에 표시된 조명박스 등은 규격별로 산출한다.

⑥ 루버는 재질별, 규격별, 형태별로 구분하여 실면적을 산출한다.

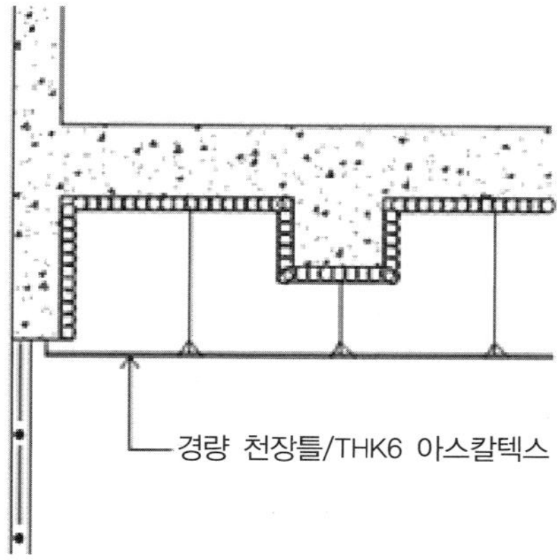

그림 9-3 경량 천장틀 단면도

(4) 종이(벽지) 바름 수량

① 종이재질별로 실 면적을 산출한다.

② 재배지 바름횟수를 더할 때에는(2회 이상) 별도로 구분한다.

(5) 단열재 수량

① 재료별 폴리스티렌(아이소핑크, 하이폴, 골드폼), 암면재, 유리섬유재(판재류)의 시공부위에 따라 실면적을 산출한다.

② 분사에 의해 팽창되는 단열재는 체적으로 산출한다.(뿜칠수량 산출은 충진하고자 하는 내부공간 폭에 소요면적을 곱하여 체적을 산출한다.)

③ 팬코일박스 뒷면, 내벽면 등의 단열재 취부는 바탕틀이 있는 면적, 시공을 위한 바탕틀이 있는 면적, 시공을 위한 바탕틀을 요구하는 면적으로 구분한다.

④ 방습필름은 부위별(바닥벽), 두께별로 구분한 면적을 산출한다.

(6) 경량 칸막이벽 수량

① 칸막이의 구분

표 9-2 칸막이의 종류별 용도

구 분	내 용	비 고
표면마감재	석고보드 나무라이트 밤라이트 철판(도장마감)	일반경량 및 복합용도
용도별	일반 칸막이 이동식 칸막이 방화구획 칸막이 외부면 건식벽 마감 방음 칸막이 클린룸 칸막이 화장실 칸막이	특수용도의 칸막이
형태별	전체마감 고창(유리창) 출입문	특수기능 및 형태

② 칸막이 면적 산출

경량 칸막이는 설계도면에 표시된 내용별로 구분한 실면적을 산출한다. 천장 속 방화구획 칸막이의 표면마감(도장)이 없는 면적은 별도 구분하여 산출한다. 천장 속 보강틀(지지틀)은 노출면적의 단가견적에 포함한다. 출입문은 규격별 개소로 산출하며(틀+문짝), 창호금물(손잡이, 도어체크)은 별도로 산출하고 경량칸막이 코킹, 고창유리(5mm)는 전문업체 견적내용에 포함시킨다. 전문업체에 의뢰하여 접수받은 견적내용 중에는 칸막이의 표면마감재의 포함 여부를 확인한다. 데크플레이트면과 경량 칸막이(방화용)가 면하는 골의 단열재 채우기는 설계도면을 기준으로 하고 유리 후면의 커버는 단열재를 포함한 면적을 산출한다.

(7) 뿜칠재량

흡음용, 단열재, 결로방지, 내화피복, 재료별, 두께별 부위로 구분한 정미면적을 산출한다.

(8) 커튼의 양

시방서 내용을 참조하여 재질별로 설치면적을 산출하는데, 일반적으로 별도로 설치하므로 설계도서 내용을 확인한다. 그리고 암막 설치 등 전문적인 내용을 필요로 하는 부분은 전문견적업체의 견적에 의뢰하여 확인한다.

9.3 석공사 적산

1. 개요

건물의 고층화와 고급화에 따라 여러 종류의 석재공법이 시공되고 있으나, 외장용 석재는 아름답고 풍화작용이 일어나지 않는 단단한 석재를 사용하고 내부바닥은 마모에 강하고 조화를 이룰 수 있어야 한다. 벽체의 시공은 아름다우면서 벽면 전체의 문양을 맞출 수 있는 석재가 많이 사용된다. 석재의 시공방법은 다양하여 시멘트모르타르에 의한 접착방법, 건식공법은 앵커철물에 의거하여 석재를 구체로 취부하거나 철물(알루미늄, 철, 스테인리스 등) 틀을 짜서 석재를 거취하는 방법, 콘크리트 판에 석재를 붙이는 공법이 사용되고 있다. 석재의 수량산출은 석재의 표면마감면적과 시공방법에 의해 부수되는 제반사항을 구분하여 산출하며, 특별한 내용은 전문업체의 견적에 따른다.

2. 면적산출

① 판재(두께 2~5cm 미만)로 넓은 면적을 붙일 때 석재의 종류, 판재두께, 표면마감, 붙이는 부위별(바닥, 벽, 천장, 외벽), 붙이는 방법(앵커, 습식, 철재 틀) 등을 구분하여 연면적으로 산출한다.

② 석재의 길이(m)로 산출하는 것은 카운터 석재, 갓돌, 계단석(통석), 창대석 등이 있다.

③ 석재를 개수(EA)로 산출(개)하는 것은 코너석, 특수가공석(원형기둥 하부 기단돌), 장식돌, 통석 기둥 등 날개로 표현되는 돌이 있다. 석재를 체적(m^3)으로 산출하는 것에는 옥외 장식돌, 통석벤치 등이 있으며, 석재 크기별로 쌓기 산출하는 것으로는 특별한 가공을 하지 않은 마름돌쌓기 방법이 있다.

제10장

도장공사

10.1 도장공사 적산

1. 개요

도장공사는 건설공사의 마감공정으로 색이나 광택 등 미관을 형성하고 건축물의 부식과 노후로부터 보호하며 물리화학적 또는 전기적 성능을 부여하는 작업이다. 따라서 도장작업은 사용목적과 바탕재의 성질에 대한 충분한 이해가 필요하다. 특히 도장작업은 사용 장소와 부위에 따라 이에 적합한 도료의 선택 및 사용환경에 맞는 시공방법 및 경제성 등이 사전적으로 검토되어야 한다.

2. 도장공사 수량산출

① 도장공사의 면적은 도료의 종류별, 바탕의 재료별로 구분하여 산출하며 설계도면에 명시된 정미면적을 소요면적으로 한다.

② 도장 바탕의 요철부, 곡면부 등은 전개된 길이와 면적으로 계상하고 도료는 할증률을 2% 가산한다.

③ $0.5m^2$ 이하의 개구부는 면적에서 공제하지 않으며, 창호 등 장소로 된 것은 각 부위별 면적을 산출하여 동종치수를 합산하여 산출한다.

3. 바탕재료별 도장면적

창호의 도장 소요면적은 창호면적에 창호의 종별에 따라 표 10-1과 같이 도장 배수표에 의해 소요면적을 산정한다.

표 10-1 도장면적 배수표

구 분		소요면적	비 고
목재면	양판문(양면칠)	(안목면적)×(3.0~4.0)	문틀, 문선 포함
	유리양판문(양면칠)	(안목면적)×(2.5~3.0)	문틀, 문선 포함
	플러시문(양면칠)	(안목면적)×(2.5~3.0)	문틀, 문선 포함
	오르내리창(양면칠)	(안목면적)×(2.5~3.0)	문틀, 창선반 포함
	미세기창(양면칠)	(안목면적)×(1.1~1.7)	문틀, 창선반 포함
철재면	철문(양면칠)	(안목면적)×(2.4~2.6)	문틀, 문선 포함
	새시(양면칠)	(안목면적)×2.0	셔터박스 포함
	셔터(양면칠)	(안목면적)×(3.0~4.0)	
징두리판벽, 두겁대, 걸레받이		(바탕면적)×(1.5~2.5)	
철재계단(양면칠)		(경사면적)×(3.0~5.0)	

4. 바탕체별 바탕 만들기

표 10-2는 본 도장공사 전 바탕재료별 바탕 만들기에 소요되는 재료와 품을 나타낸 것이다.

표 10-2 바탕 만들기 재료 및 품

(단위 : m^2당)

구 분		규 격	단위	수량
목재면	오일퍼티	#120~180	kg	0.03
	연마지 닦기		매	0.15
	도장공		인	0.01
콘크리트, 모르타르면	퍼티	#120~180	kg	0.05
	연마지		매	0.10
	도장공		인	0.01
철재면	연마지	#180	매	0.25
	도장공		인	0.01

※ 본 표에는 재료할증률과 소운반 품이 포함되어 있으며 기구의 손료는 2% 별도로 가산한다.

※ 본 표는 녹막이 페인트칠하기 전 소재의 바탕 만들기 소요 품이다.

5. 조합유성페인트 도장수량

바탕체별 조합페인트의 재료와 품은 다음 표와 같다.

표 10-3 조합페인트의 재료와 품

(단위 : m^2당)

구 분		칠 수량			도장공(인)		
		1회	2회	3회	1회	2회	3회
목재면	조합페인트 (l)	0.094	0.176	0.248	0.02	0.041	0.061
	시너 (l)	0.004	0.008	0.011			
	퍼티 (kg)	–	0.030	0.030			
	연마지 (매)	–	0.070	0.140			
철재면	조합페인트 (l)	0.081	0.166	0.246	0.023	0.046	0.065
	시너 (l)	0.004	0.008	0.012			
	퍼티 (kg)	0.080	0.080	0.080			
	연마지 (매)	0.050	0.100	0.150			
콘크리트, 모르타르면	조합페인트 (l)	0.099	0.199	0.282	0.027	0.055	0.079
	시너 (l)	0.004	0.008	0.012			
	퍼티 (kg)	0.060	0.060	0.060			
	연마지 (매)	0.250	0.500	0.500			

※ 본 표에는 재료할증률과 소운반품이 포함되어 있으며 기구의 손료는 2% 별도로 가산한다.

예제 1 다음 그림 평면도에서 내벽과 외벽의 수성페인트 도장면적(m^2)과 창호(목재 창호) 부분의 오일페인트 도장면적(m^2)을 산출하시오.

1. 화장실은 바닥, 벽 전부 타일마감으로 한다.
2. 천장높이는 2.7m, 외벽바름 높이는 4.0m로 한다.
3. 창문틀 규격은 다음과 같다.

1/D : 2.2×2.4m 2/D : 0.9×2.4m 1/W : 1.8×1.2m 2/W : 1.2×0.9m

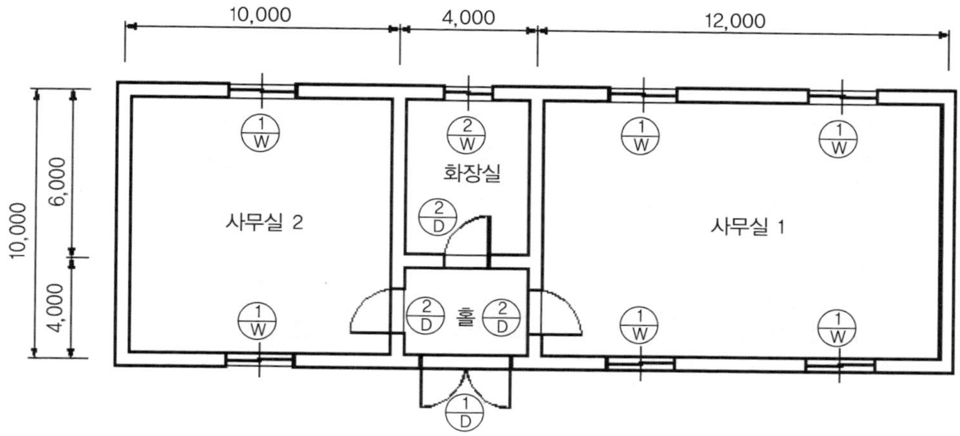

해설

1. 수성페인트 도장면적

1) 내벽 도장면적(m^2) : A = 벽면적 − 개구부면적

사무실1 : $A_1 = 2(11.75+9.7)\times2.55-(0.9\times2.25+1.8\times1.2\times4EA)$

$= 109.395m^2 - 10.65m^2 = 98.745m^2$

사무실2 : $A_2 = 2(9.75+9.7)\times2.55-(0.9\times2.25+1.8\times1.2\times2EA)$

$= 99.195m^2 - 6.345m^2 = 92.85m^2$

홀 : $A_3 = 2(3.8+3.75)\times2.55-(2.2\times2.25+0.9\times2.25\times3EA)$

$= 38.505m^2 - 11.025m^2 = 27.48m^2$

합계 : $A = A_1+A_2+A_3 = 219.075m^2$

2) 외벽 도장면적(m^2): A = 벽면적 − 개구부면적

$A = 2\{(26+0.3)+(10+0.3)\}\times4-(2.2\times2.4+1.8\times1.2\times6EA+1.2\times0.9)$

$= 292.8m^2 - 19.32m^2 = 273.48$

∴ 내벽 도장면적 + 외벽 도장면적 = 219.075 + 273.48 = 492.555m^2

제11장

지붕 · 홈통공사

11.1 지붕 · 홈통공사 적산

1. 개요

지붕공사는 방화적이고 내한 · 내열적이며 비, 바람으로부터 보호 및 내수적 기능이 구비되어야 한다. 최근에는 지붕재료의 발달과 모양의 다양성 때문에 전통적 한옥이 보존되는 건축물이나 문화재 보호를 위한 건축물 등 특수한 경우를 제외하고는 사용이 점차 줄어들고 있다. 일반적으로 지붕잇기 공사는 보통 재료에 따라 시멘트기와, 토기와, 슬레이트기와, 금속기와, 아스팔트기와 등이 있다. 또한 지붕의 물매는 지붕면의 규모와 길이에 따라 다르나 빗물이 잘 흘러내릴 수 있어야 하며 아름다운 모양과 색상으로 건축물에 잘 어울리도록 하고 있다.

2. 수량산출

지붕공사의 수량은 다음과 같이 산출한다.

① 지붕의 면적은 경사면적(m^2)으로 산출하되 지붕잇기 면적은 재료별, 규격별, 시공방법별로 구분하여 실제의 경사면적(m^2)으로 산출한다.

② 지붕의 도장면적은 실면적(m^2)×도장배수로 한다.

③ 홈통은 종류별, 규격별, 재질별로 구분하여 전체길이(m)로 산출한다.

제12장

건설공사 원가관리

12.1 원가관리란

1. 개요

건설사업의 원가관리는 프로젝트에 대한 발주자의 요구와 성능을 만족시키면서 최저의 비용으로 사업을 달성하는 관리기술이다. 효율적인 원가관리는 건설사업의 계획, 설계, 시공 및 유지관리 등 전 단계에서 정보와 기술을 활용하여 요구성능과 비용의 상관관계를 검토, 조정해가는 과정이다. 건설공사를 성공적으로 수행하기 위해서는 건설사업의 원가에 대한 체계적인 관리가 필요하다. 건설원가의 관리는 프로젝트를 수행하는 과정에서 발주자의 요구성능을 만족시키면서 최적의 비용으로 건설공사를 완성하도록 하여 사업목표를 실현하는 데 있다.

이러한 원가관리활동은 건설공사에 참여하는 모든 구성원들이 건설사업의 추진단계에서 원가의식을 가지고 적극적인 관리활동을 실현할 때 가능하다. 즉 원가관리는 건설사업의 기획단계에서 설계단계와 시공단계 및 완성단계에 이르기까지 건설사업비를 보다 효율적 · 경제적으로 관리 · 통제하고 감독하는 활동이다. 따라서 원가관리는 원가의식을 고려한 공정관리와 품질관리, 안전관리 등 여러 다른 관리요소들을 포함하고 있다.

이들 중 원가관리는 건설사업의 목표 달성에 직접적으로 관련되어 있을 뿐 아니라 건축물의 품질성능과도 불과분의 관계가 있다. 따라서 품질향상과 원가절감이라는 두 가지의 관리활동은 공정관리와 함께 이 분야의 주요한 관리요소라 할 수 있다.

2. 원가관리의 필요성

건설산업에서 건축물의 품질은 비용과 관련이 있다. 그러나 품질이 좋다고 하여 반드시 값비싼 비용이 투입되는 것만은 아니다. 품질은 여러 가지 기능과 수요자의 요구수준에 부합되도록 관리활동을 실현함으로써 그 진가를 발휘한다. 따라서 품질은 새로운 기술과 정보를 활용하여 최적의 건축물이 실현되도록 하기 위해 과학적이고 기술적인 관리활동을 추진하는 것이다. 또한 새로운 기술과 정보를 활용하거나 지속적인 연구개발에 의해 최신기술을 활용하고 건설사업의 추진단계별 조사, 계획, 설계, 시공, 평가, 사후관리활동의 검증을 통한 관리기술의 개선이 필요하다.

건설공사의 원가는 발주자나 사용자에게 양질의 품질을 제공할 수 있는 입장에서 검토되어야 하며, 공사비용의 절감이 상호간 이익 확보의 측면에서 접근될 때 고객만족을 실현할 수 있으므로 조직의 경쟁력으로 작용될 수 있다.

오늘날의 건설기술은 하이테크화 · 자동화 · 로봇화되고 복잡화 · 고도화 · 엄격화됨에 따라 공통의 경제성 제고 측면뿐만 아니라 보다 합리적이고 적극적인 원가절감방법이 요구되고 있다. 따라서 건설사업의 원가관리는 원가의 산정을 통하여 얻어진 원가자료들에 근거하여 원가관리계획을 수립하고, 건설공사 시 실제로 소요된 비용과 계획된 예산을 주기적으로 검토함으로써 원가의 합리적, 경제적인 적용이 가능하다.

원가관리의 또 다른 목적은 향후에 일어날 수 있는 유사한 건설공사의 원가 산정에 활용할 수 있도록 해당 건설공사에서 수행된 작업에 대한 생산성, 자원별 소요단가 등의 원가관련 자료를 축적하기 위한 것이다. 그러므로 궁극적으로는 건설공사의 최종 손익금액을 정확하게 예측하여 문제가 발생할 경우 적절한 조치를 강구함으로써 건설회사의 전체적인 수익을 증진시키는 데 그 목적이 있다고 할 수 있다.

건설공사의 원가관리절차는 공사에 소요비용을 예측하는 원가 산정, 건설공사의 원가절감을 위한 목표를 설정하고 실행계획을 수립하는 원가계획, 계획된 건설공사 일정에 따라 원가의 흐름을 통제하는 원가통제, 건설공사에서 발생하는 자금의 수입과 지출을 계정으로 정리하는 원가회계의 과정을 통하여 수행된다.

3. 원가의 구성요소

일반적으로 건설공사의 원가는 재료비, 노무비, 외주비, 경비의 4가지 요소로 구성된다. 이들 요소들은 건설공사의 수주단계에서의 견적원가와 시공단계의 실행예산원가용, 준공단계의 확정정산원가로 구분된다.

재료비는 직접재료비와 간접재료비로 구분할 수 있으며 노무비 또한 직접노무비와 간접노무비로 구분된다. 또한 외주비는 도급자가 특정한 공종의 부분 또는 전부를 외주업체에 하도급하는 비용을 말하며, 경비는 건설공사에 직접적으로 소요되는 제 비용 이외의 건설공사를 위해 사용되는 제 비용을 말한다.

일반적으로 수주단계의 견적원가는 발주자로부터 설계도서, 현장설명서 및 공사시공조건 등을 접수받아 현장여건을 고려하여 공사를 수주하기 위하여 작성한 견적서상의 원가를 말하고, 시공단계의 실행예산원가는 도급받은 공사금액의 범위 내에서 프로젝트 완성에 소요되는 시공계획서상에 투입될 수 있는 공사비의 투입계획원가인 실행예산서를 말한다. 또한 확정정산원가는 실행예산서에 따라 공사를 투입하였으나 계획대비 집행에 차이가 있는 부분을 실제 집행된 원가로 정산하는 원가를 말한다.

(1) 재료비

건설공사에 필요한 원료와 원료를 통해 가공된 제품을 구매하거나 사용하는 데 소요되는 비용을 의미하는데, 여기에는 건축물의 각 부위를 구성하는 것으로서 건축물에 직접적으로 소비되는 직접재료와 건축물의 공사에 보조적으로 혹은 여러 공종에 사용되는 재료나 소모성 물품을 의미하는 간접재료가 있다.

직접재료비는 철근, 목재, 시멘트, 모래, 벽돌, 타일, 유리 등과 같이 건축생산에 직접 시공된 자재나 건축물에 원형대로 부착되어 그 조성품이 되는 외주시공품을 의미한다. 그러나 직접재료비에는 못과 같은 사소한 항목은 포함되지 않는다. 그 이유는 이와 같은 항목의 원가를 일일이 추적하여 어떤 특정제품에 부담시킴으로써 정확한 제조원가를 얻는 이득보다도 실무적인 비용이 더 크기 때문이다. 따라서 그와 같은 항목은 소모품과 간접재료비로 분류된다. 직접재료비의 계산은 재료의 원단위에 단위당 가격을 곱하여 계산한다.

즉, "재료비 = 재료의 원단위 수량 × 단위당 가격 합계액"이 된다.

(2) 노무비

노무비는 예정된 공사에 직접, 간접적으로 종사하는 근로자의 노동력 소비에 의해 발생하는 원가요소로서 건축물의 생산활동에 소요되는 노동력의 가치라고 할 수 있다. 이러한 노무비는 직접노무비와 간접노무비로 구분할 수 있는데, 직접노무비는 특정 프로젝트의 건설공사의 생산활동에 직접 참여하는 인력에 대한 비용으로 일용직, 기능공, 기술자에게 지불되는 임금, 잡급, 제 수당, 상여금, 퇴직급여충당금 등이 포함된다.

간접노무비는 특정 시공품 혹은 특정 부문에 개별적으로 발생하지 않는 시공품 전체 혹은 주요 부문에 공통적으로 발생하는 노무비로 일정 기준에 의해 지급된다. 여기에는 건축물의 생산활동에 직접 종사하지는 않지만 공사현장에서 보조작업에 종사하는 현장감독자, 현장사무원, 경비원, 기타 보조원 등의 급료, 임금과 제 수당, 상여금, 퇴직급여충당금 등이 포함되며 직접노무비의 평균 15% 정도의 비율로 계산된다.

한편, 임금은 생산활동에 직접 종사하여 노동력을 제공하는 노동자에게 지급하는 보수를 의미하며 급료는 정신적인 노동력을 제공하여 생산활동에 종사하는 종업원, 즉 직원에게 지급하는 보수를 의미한다. 또한 잡급이란 임시로 고용된 일용노무자 또는 임시직에 지급하는 보수로, 상시고용 인부의 경우에는 일급제에 의하며 청부고용인의 경우에는 청부임금에 준한다. 그 이외에 상여수당은 공사현장에 근무하는 종사원에게 정상적으로 지급하는 상여 및 제 수당으로 근로기준법이 정하는 바에 따라 항목이 구분된다.

(3) 외주비

공정 또는 공종별 공사에 소요되는 자재, 반제품, 제품 등을 공사의 착공과 함께 공급하기로 한 공사도급계약에 의해 하도급자에게 지불되는 일체의 비용을 말한다. 건설공사의 완성을 위해 하도급방식에 의해 운영되는 일반제조업과는 달리 건설업의 특징적 회계항목인 외주비는 다음과 같다.

① 일괄외주비

발주자로부터 수급받은 건설공사의 시공물량 전부를 하수급자가 수행하도록 하였을 때 지불되는 일체의 비용을 말한다.

② 부분외주비

발주자로부터 수급받은 건설공사의 시공물량 일부를 하수급자가 수행하도록 하였을 때 지불되는 일체의 비용을 말한다.

③ 외주제작비

발주자로부터 수급받은 건설공사의 내용 중 특수제작을 요하는 부분에 대해 제작 의뢰를 할 경우 지불되는 일체의 비용을 말하며, 이것은 장치부분의 제작에 해당하는 제작외주비와 설치까지 포함하는 제작외주비로 구분된다.

(4) 경비

건설공사의 경비는 건축물의 완성에 소요되는 공사비목 중 자재비, 노무비, 외주비 이외의 원가요소를 말하는데, 이러한 경비는 노무비 또는 외주비의 범위에 따라 경비금액의 규모가 달라진다. 경비의 내용에는 여러 가지가 포함되는데 현행 건설관련 기준에서는 21개의 세부항목으로 분류하고 있다. 실행예산을 편성할 때에는 편의상 경비를 공사경비와 현장관리비로 세분하기도 한다.

공사경비는 직접비용에 해당하는 것으로 인적노동의 소비에 의해 발생하는 경비와 외부로부터 급부에 의해 발생하는 경비, 재료의 소비에 의한 경비 등으로 구분된다.

① 화물차를 이용할 때 일괄 지급하는 운송비용
② 구조물을 만들기 위해 근로자가 사용하는 기구 손료비용
③ 전기, 소모품을 비롯한 각종 비품
④ 장비의 감가상각비
⑤ 임대자재의 비용

현장관리비는 현장운영상 소요되는 경비로 공사원가에서 차지하는 비율이 점차 높아지는 추세이다. 현장관리비의 절감은 공사의 수익성에 직결되므로 최소화할 수 있도록 공기를 준수해야 한다. 현장관리비의 구성항목은 전력비, 보험료, 운반비, 보관 및 지급임차료, 기계경비, 복리후생비, 기술비 및 특허사용료, 안전관리비, 품질관리 및 연구개발비, 소모품비, 가설 및 수도광열비, 교통비 및 통신비, 세금 및 공과금, 폐기물처리비, 도서구입비 및 인쇄비, 보상 및 보수비, 환경보전비 등이 있다.

12.2 원가관리방법과 절차

1. 개요

건설공사의 사업참여자, 즉 설계자, 발주자, 시공자는 프로젝트에서 추구하는 목표와 담당하는 업무가 서로 상이하다. 따라서 원가관리 시 예산배정, 예산통제 및 집행, 예산집행실적관리, 매출목표관리, 손익분석 등도 다를 수밖에 없다. 특히 원가관리를 통하여 얻을 수 있는 정보는 회사의 원가의식과 관리수준에 따라 달라진다. 따라서 경영적인 차원에서는 예산배정서, 손익의 추정, 건설사업의 일람표, 건설사업의 현황에 관한 원가정보를 제공하고, 실무적인 차원에서는 예산집행실적표, 일반관리비내역, 매출액실적현황, 매출원가실적표, 일반관리비집행실적, 입출금결의서 등의 실행정보를 제공하게 된다.

2. 원가예산의 편성방법

(1) 대상 선정

건설공사에서 원가관리는 자재, 노무, 장비 등의 모든 경영자원을 대상으로 수행된다. 건설공사의 공사비내역서에 반영된 원가는 자재원가, 노무원가, 장비원가 및 외주처리되는 하도급원가로 구성된다.

(2) 원가계획 및 예산편성

건설공사의 원가는 사업기획단계부터 추진되어야 하지만, 일반적으로 시공자는 건설공사 시 입찰에 의해 낙찰자로 선정되어 계약이 체결되면 입찰 시 준비한 원가자료인 견적서와 계약 시 결정된 공사비내역서 등을 참고하여 비용계정 항목별로 실행예산을 편성한다. 실행예산의 편성은 회사별 실행예산의 수립절차, 작업내역의 분류, 표준원가요소 등을 활용하게 된다. 예산항목이 상세할수록 계획대비 집행원가의 측정에 유리하지만, 원가관리에 소요되는 시간과 비용이 커지므로 건설공사의 규모와 중요도에 따라 적절한 선에서 결정해야 한다. 원가구성 요소별 원가계획과 예산편성은 다음과 같이 추진할 수 있다.

① 자재비

자재비는 계약내역에 의해 공종별로 나누어 항목별로 편성하거나 계약금액과는 별도로 건설회사 내부의 예산 또는 건설공사 업무관리규정과 원가계산에 관한 규정 등에 의거하여 분류한다. 원가의 예산은 공종별로 나누어 항목별 또는 품목별로 편성한다. 또한 자재의 수량은 계약내역에 표시된 계약수량보다는 설계도면에 의거하여 정확하게 산정된 실제 수행할 작업물량을 기준으로 편성한다.

그리고 자재원가는 실제로 시중에서 구입할 수 있는 자재의 구입가격을 기준으로 산정한다. 만약 발주자가 제공하는 지급자재 이외의 자체적으로 구입하는 자재는 본사조달 자재와 현장구입 자재로 구분하여 자재비의 예산을 편성한다. 또한 현장에서 사용 후 남는 자재의 가치는 자재비의 예산에서 공제하고 자재비의 예산은 건설공사 현장의 구매되는 부대비용을 포함하여 편성한다. 또한 자재비의 예산은 소모되는 부대적인 자재비의 예상액을 충분히 견적하여 기타 자재비에 포함시킨다.

② **노무비**

노무비는 계약된 내용에 따라 설계도서와 견적과정에서의 누락 여부와 계획된 작업물량을 완성하는 데 필요한 노무비를 구체적으로 정확하게 측정하여 예산을 편성한다. 또한 각 작업의 요구 품질과 난이도를 충분히 분석하고 평가하여 노무비 예산편성에 반영하며, 작업을 수행하는 전문기능인력에 대한 노무임금 실태를 파악하여 노무비 산정에 적용한다. 그리고 공사현장의 마무리 또는 뒷정리 작업에 필요한 인원도 정확하게 산정하여 노무비 예산에 포함시켜야 하며 건설공사가 완료되면 준공검사를 위한 제반 청소비용 등도 노무비의 예산에 포함시킨다.

③ **외주비**

외주비 예산은 예산편성 시 외주할 작업의 범위와 내용에 대한 방침을 미리 결정한다. 그리고 외주범위를 예상하여 외주금액을 산정하고 노무부분 외주 또는 노무와 자재 일괄 외주 등 외주방법을 미리 결정하여 외주금액을 산정한다. 외주비의 작성은 일괄외주비, 부분외주비, 제작외주비 등에 대한 구분 없이 외주비 항목으로 일괄 기재한다.

④ **경비**

건설공사의 경비는 수행될 현장의 주변환경을 면밀히 조사하여 사전에 추가적인 비용의 발생여부를 충분히 파악한다. 또한 경비의 모든 항목의 비용이 합리적으로 책정되도록 정확하게 견적하고 경비관련 항목이 누락되는 일이 없도록 세심한 검토를 하여 추가비용 발생을 억제한다. 또한 회사의 실행예산 편성기준에 따라 공사규모별로 허용범위 내에서 현장관리비 예산을 책정한다. 한편, 직접경비 이외의 간접경비는 최소비용의 원칙으로 책정하며 현장발생 비용과 본사발생 비용을 사전에 파악하여 경비예산에 포함시킨다.

3. 원가관리 시 고려사항

건설공사의 원가관리에는 회사 내 원가전담 부서에서 원가에 대한 정보를 바탕으로 총괄적으로 관리하는 것이 원칙이다. 그러나 원가에 대한 정보는 프로젝트의 특성에 따른 공사현장의 여건과 회사 내에서 수행할 수 있는 능력을 근거로 작성되어야 하며, 보다 더 적극적인 자세로 소요예산 범위 내에서 건설사업의 요구 기능이나 품질 및 성능을 유지하면서 관리할 필요가 있다. 일반적으로 건설원가에 영향을 주는 장애요인들을 열거하면 다음과 같다.

(1) 정보의 결여

원가요소를 파악하기 위한 자료를 얻지 못하거나 건축재료나 공법 등에 대한 지식이 결여되거나 또는 원래의 프로젝트계획의 완벽한 요구조건에 대한 이해력이 부족할 경우에는 전체적인 건설공사의 원가관리가 어렵다.

(2) 잘못된 신념

추측에 의한 의사결정이나 사실에 대한 해석의 오류 또는 틀린 결론을 내리거나 또는 지나치게 과거에 적용한 사례, 경험에 집착하는 경우는 원가관리가 어렵다.

(3) 습관적 사고

어떠한 일이든지 항상 해오던 것과 동일한 방법으로 습관처럼 일을 하거나, 지난번에 사용하던 것에 대한 재사용 또는 타 사례를 모방하는 경우이거나 최신의 자재 및 공법 선택에 대한 검토와 주의사항이 결여되는 경우는 원가관리가 어려워진다.

(4) 개인손실의 위험

특정한 일에 시행착오를 통한 위험을 줄이기 위해 과잉해서 일을 하거나 이전에 한 번도 시도해보지 않은 것을 시도함에 따른 위험 또는 실제의 상황과 비슷한 자료에 의한 의사결정이 이루어진 경우에는 비용부담의 위험이 발생한다.

(5) 조언을 구하는 데 인색

설계자 또는 기술전문가가 자기의 개성 또는 고집으로 인하여 관련 분야의 다른 사람들로부터 조언을 듣는 것을 싫어할 경우이거나, 그들이 모든 해답을 알고 있지 못하다는 것을 인정하지 않는 경우에는 새로운 자재나 공법 및 경제적인 원가 적용이 어렵다.

(6) 시간압박

발주자로부터 가능하면 빨리 프로젝트의 설계를 제공하도록 요구하거나 시간적인 압박이 너무 커서 건설프로젝트의 새로운 기술이나 공법의 정보를 반영할 기회가 없을 경우에는 기존 설계의 틀에서 대안적인 접근방법을 생각할 여유가 없다.

(7) 부정적인 태도

어떤 사람은 그것의 장점이 있음에도 불구하고 어떤 유형의 변화를 고려하는 것을 꺼린다. 대부분의 설계자들은 그들의 설계를 발전시키는 데 얼마나 많은 시간을 사용하는지에 관계없이 그들 자신이 항상 최선의, 최고의 것을 제공한다고 생각한다.

(8) 급격히 변화하는 기술

급격한 기술변화를 포용할 수 없는 경우, 즉 프로세스, 생산품 그리고 자재의 개발 등이 급격히 진보적으로 변화하고 있음에도 어떤 특정한 사람이 이와 같은 변화되는 기술을 가질 수 없으므로 적용이나 실행이 곤란하다.

(9) 요구조건에 집착

요구되는 조건들이 종종 필요한 성능, 자재, 안전 또는 이미 알려진 그리고 상정된 모든 요구조건들을 능가하는 믿을 만한 시스템 개발에 지나치게 집중하는 경우, 그리고 설계비용은 만족하나 여러 가지 전체 프로세스가 실패할 기회를 증가시키는 각각의 불필요한 요구조건이다.

(10) 불합리한 인간관계

부실한 의사소통이나 오해 또는 질투나 일반사람들 사이에 갈등이 생기는 경우는 원가의식을 갖고 비용절감을 실행하기 어렵다.

4. 원가관리의 접근방법

일반적으로 건설공사의 원가관리방법에는 건축물에 적용하는 LCC기법과 VE기법을 활용하여 효과적인 관리목표를 달성할 수 있다. 건설업에서 VE(Value Engineering)는 건설프로젝트를 수행함에 있어서 최저의 비용으로 발주자의 요구기능 및 성능에 만족하는 건축물을 시공하기 위하여 건설사업의 전 과정에 대한 기능분석과 관리에 쏟는 조직적인 활동과 노력이다. 따라서 건설업에서의 VE는 가치를 향상하는 방법의 하나로서 다음과 같은 정량화된 공식에 따라 관리된다.

$$V = \frac{F}{C} \quad (V: \text{Value},\ C: \text{Cost},\ F: \text{Function})$$

다시 말해 V(Value)는 사용가치, 즉 가치의 척도를 말하며 F(Function)는 필요한 기능, C(Cost)는 비용을 말한다. 따라서 VE(Value Engineering)란 일종의 사고방식의 전환에 따르는 것으로서, 직관적이고 경직 위주의 사고의 틀에서 탈피하여 분석적, 체계적인 방법을 통하여 원가절감을 추구하는 것이다.

한편, LCC(Life Cycle Cost)는 최소비용과 총비용을 항상 염두에 두어야 한다. 즉 건축물은 신축을 하여 수명을 다할 때까지의 생애주기, 즉 Life Cycle 전체에 걸쳐서 발생하는 전체적인 비용을 고려하여 초기건설비뿐 아니라 유지관리비를 고려한 접근이 필요하다.

일반적으로 건축물은 초기투자비(건축비)가 많이 들면 유지관리비가 적게 들고 초기투자비가 적은 경우에는 유지관리비용이 증가한다. 그러나 비록 초기투자비가 무한히 증가한다고 하여 유지관리비가 무한히 적게 들어가는 것은 아니며, 최적 비용으로 건축의 설계, 시방 또는 시공이 이루어져야 할 것이다. 이와 같이 비용과 성능과의 관계를 도시하면 그림 12-1과 같다.

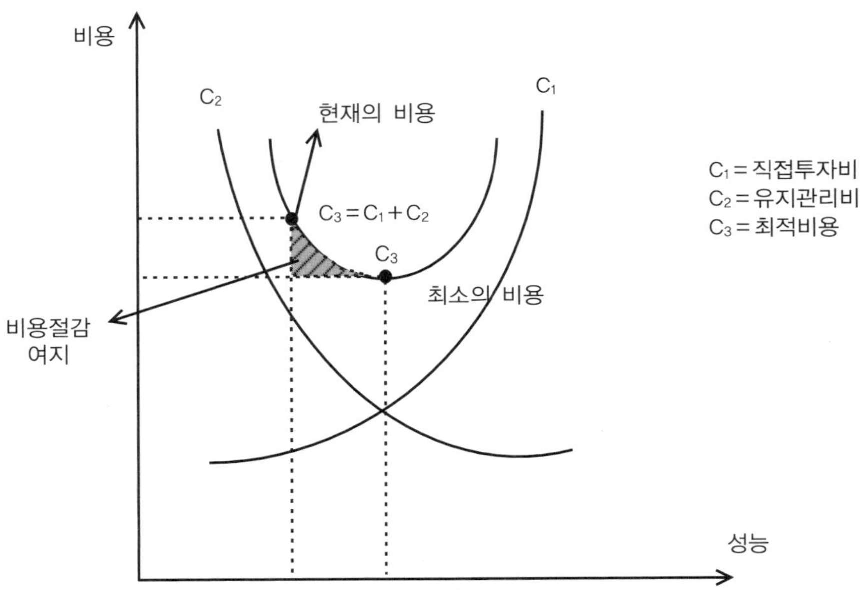

그림 12-1 성능과 비용관계

(1) 사용자 중심의 고찰

건축물의 가치란 건축생산과정에 참여하는 자에 의해 결정되는 것이 아니라 건축물의 사용자나 도급을 주는 건축주, 즉 발주자의 판단에 의해 그 크기가 결정된다. 그러므로 발주자는 건축물의 사용자 요구수준 또는 기대치에 따라 건축물의 성능, 품질수준 및 가치를 확인하고 구매하고자 하는 추세로 바뀌어 가고 있다. 그러므로 건설 원가관리는 사용자의 입장을 고려하여 필요한 서비스의 기능이 제공되어야 한다.

예를 들면, 우리는 발주자의 의지에 따라 일정한 부지 내 분양 또는 임대사업을 전개하기 위한 사업성을 검토할 경우, 우선 검토대상은 사용자를 누구로 할 것인가와 주요한 수요층을 어떻게 결정할 것인가가 중요하며, 이와 같은 결정의 결과는 건축물의 용도, 사업의 형태 등을 결정하는 중요한 요소가 될 수 있다. 또 수요자, 즉 사용자의 요구나 기대수준에 따라 건축물의 초기투자비용이 달라질 수 있을 것이다.

(2) 기능중심의 접근

건축물은 사용자의 요구성능을 만족하도록 하는 것이다. 따라서 예측되는 건축물의 요구기능을 명확히 설정하고 이에 적합한 재료와 공법의 분석 및 예견되는 과잉설계나 시방을 조사하고 평가하여 보다 경제적이고 과학적인 판단에 따른 최적의 비용으로 낮춰가는 것이다. 이러한 방법은 우선 우리가 제공하고자 하는 제품 또는 서비스의 원가를 기본기능, 2차 기능, 불필요한 기능, 과잉기능 등의 분석이 요구되며 시장의 정보나 자료의 부족, 기술력 부족 또는 설계자나 생산자의 주관적인 판단에 의해 잘못 결정되어진 가변적인 기능요소나 과잉기능이 존재할 수 있으므로, 철저히 기능중심의 사고를 통하여 불필요한 기능을 제거하고 최적의 기능을 유지할 수 있도록 하는 접근법이 필요하다.

(3) 조직적인 노력

프로젝트의 원가관리를 확실히 수행하기 위해서는 참여하는 건설관계자 및 이해관계자의 의견이 수렴되고 각 분야별 전문가에 의한 정보수집, 업무, 개발, 설계, 기술, 구매, 자재, 견적, 유지보수 등 다양한 개선노력이 발현되도록 해야 한다. 어떤 특정한 부분의 이익만을 위해 다른 부분의 이익과 성과가 절감되거나 충실히 검토되지 못하는 일이 없도록 공동체적인 노력이야말로 여러 가지 맹점을 해결할 수 있는 돌파구가 된다. 조직적인 활동에 의한 조정기능의 발휘는 여러 구성원들에 의한 아이디어의 발상과 참여로 이어져 보다 폭넓은 창조가 가능한 것이다.

(4) 프로젝트 라이프사이클(Project Life cycle)

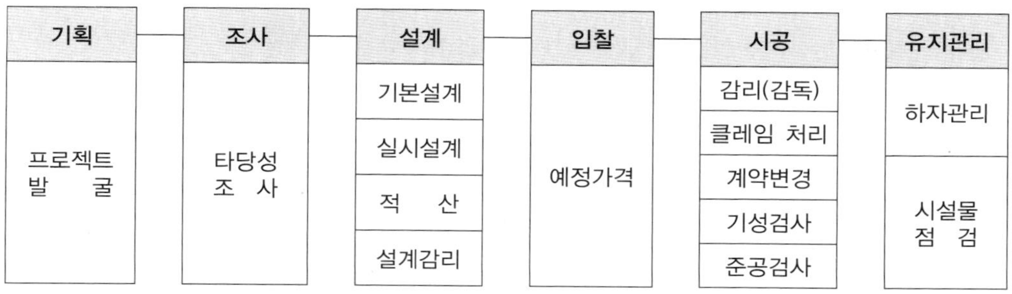

그림 12-2 프로젝트 라이프사이클

12.3 건설사업의 단계별 원가관리

1. 개요

건설공사의 원가관리는 프로젝트에 참여하는 주체가 사업의 착수에서 완성단계에 이르기까지 사업에 소요되는 비용을 관리, 통제하고 감독하는 것을 관리하는 업무이다. 원가관리를 보다 효율적으로 추진하기 위해서는 발주자의 사업비 한도 내에서 사업예산을 수립하도록 하는 것이 중요하며, 이를 위해 가장 경제적인 방법으로 사업을 계획하고 설계하여 시공되도록 하는 원가관리기술과 관리기법이 필요하다. 따라서 원가관리는 발주자의 요구에 적합해야 하며 적합한 원가자료를 얻으려는 발주자의 요구를 반영할 수 있어야 한다.

2. 단계별 원가관리

(1) 계획단계

계획단계의 원가관리는 건설사업의 특성과 예산에 따라 공사규모와 내용 및 공법 등 사업 수행방법을 결정하기 위한 단계이며, 발주자의 의도나 사업예산에 맞지 않은 계획은 사업의 성패를 좌우하므로 계획에 의한 관리가 필요하다.

일반적으로 건축주가 수행하고자 하는 사업의 성격 및 규모에 따라 이와 유사한 최근에 완성된 공사의 원가정보를 수집·분석하여 자료화함으로써 사업예산의 기본방향을 잡을 수 있다. 계획단계에서는 건설공사 지역과 유사한 지역에서 공사를 수행한 실적이나 공사규모별 및 공법별로 공사비 내용을 조사하고 분석한다.

건축물의 규모는 지하층과 지상층수, 건축면적 및 연면적에 의한 정보와 주요 골조공사의 구조 및 마감공사의 재료 등의 정보, 지하층 규모, 터파기, 흙막이공법의 선택에 따른 정보 등을 입수하여 공사기간, 예상금액, 간접비 측정치 등을 산정할 수 있다. 사업관리자는 건축주의 의도에 따라 사업의 형태에 부합되는 기능과 목표를 달성할 수 있도록 사전에 충분히 예측 가능한 사업예산의 방향을 잡도록 다양한 정보의 수집, 분석을 통하여 노력해야 한다. 이를 위해 다음과 같은 사항을 조사한다.

① 현지조사

제안된 건설현장을 상세히 파악하여 공사원가에 영향을 미칠 수 있는 요인들을 조사한다. 또한 자재, 공장 및 장비의 현재 가격과 근로자의 인건비 및 향후의 입찰환경 등 현장 중심의 건설시장을 조사한다.

② 공사비 산정

프로젝트관리자는 건축물의 성능, 품질 및 공정 등에 대한 발주자의 사업적 목표에 근거하여 공사비를 산정하고 전체사업비를 산정하여 계획을 수립한다. 건설공사비의 산정은 프로젝트 구성요소들과 일치하고 프로젝트팀이 수용할 수 있는 작업 분류구조에 근거한 형식으로 작성되어야 한다. 또한 수립된 추정 사업비의 적합성 여부를 판단하기 위해 사전에 예산을 충분히 검토해야 한다. 즉 시장의 정보나 설계자에 의해 입수되는 자료를 조사하여 검토하고 필요시 조정을 해야 하며, 프로젝트의 예산을 준비하는 과정에서 적용된 가중치들에 대한 목록을 만들고 제외된 항목들을 명확히 확인한다.

③ 공사비 분석

사업관리자는 프로젝트의 설계이전 단계에서 발주자가 현장의 위치조정이나 사업계획 조정을 통하여 개념설계 대안들을 준비하도록 요청할 경우 설계자가 작성한 대안들에 대한 공사비를 산정하고 검토한다. 대안설계 검토 시에는 부대설비, 토양조건, 지형, 진입로, 위치, 시장조건, 근로자 등에 대한 공사비 차액을 빠짐없이 확인한다. 이와 관련하여 프로젝트의 수행일정 사업비, 에너지 절감방안 및 현금흐름 등의 정보를 발주자의 승인을 받아 설계자에게 제공한다.

(2) 설계단계

사업관리자는 건축주를 대신하여 최적의 설계업무가 수행될 수 있는 설계업체를 선정하여 관리한다. 건축물의 설계자가 선정되면 설계자 자신이 원가의식을 가지고 설계를 진행하게 된다. 특히 설계자는 사업예산에 벗어나는 설계가 진행되지 않도록 모든 설계의 진행단계별 비용계획(cost planning)에 의한 설계가 이루어지도록 한다. 그리고 동일한 사업이 설계조직 내 상호 다른 설계업무를 수행하는 분야별 전문가에 의한 기술적인 연계성도 검토되어야 하며, 이에 따라 설계자는 원가의식을 가지고 설계의 조정 · 관리가 되어야 한다. 이를 위해 사업관리자는 설계조직의 직접적인 책임이 있는 자에 의해 작성된 설계 수행계획에 따라 원가의식을 가지고 요구되는 설계기능을 고려하여 단계별로 검토, 조정하는 데 참여한다. 그리고 필요한 경우에는 설계조직 내 여러 가지 분야별 기술전문가와 전체회의를 주관하거나 분야별 전문가 미팅 등을 갖게 하여 설계의 특성, 출력물의 올바른 이해와 과잉설계 성과물에 대한 조정 등에 참여하는 것이 바람직할 것이다.

또한 설계시방서를 숙지하고 원가절감의 소지가 있는 부분을 정리, 조정하여 계획된 원가범위 내에서 최종 설계도서가 출력되도록 한다. 특히 설계과정에서 공사비를 관리하는 방법은 각 설계의 입력단계마다 공사원가를 고려한 경제적이고 합리적인 설계출력물을 생산하기 위한 것이므로, 적기에 설계팀에 참여하여 공사비에 대한 조언을 제공하고 설계자가 공사비 초과로 인한 재설계 가능성을 감소시킬 수 있도록 설계진행을 지원한다.

① 예산서 작성

사업관리자는 발주자와 협의한 후 설계자에 의해 예산범위 내에서 설계가 수행된다는 것을 보증하기 위해 원가관리 기준을 제공한다. 또 프로젝트의 초기부터 설계이전, 설계, 입찰 및 낙찰 그리고 건설단계까지 일정한 예상공사비와 전체사업의 투입예산계획을 수립하고 관리한다. 일정한 예산의 적용은 일관된 원가보고체계의 확립과 설계과정에서의 원가변경에 대한 신속한 확인을 용이하게 해준다.

일반적으로 예산서는 이용 가능한 도면 및 시방서에 의거하여 작성하고 발주자의 지시사항과 구두요청에 의해 예산서의 내용이 보완된다. 모든 구두자료는 서면으로 확인되어 예산서에 첨부하는데, 특히 개념설계나 및 설계단계에서의 예산서 작성은 공사부위별 및 프로젝트 형태에 따른 유사 공사가 수행된 실적자료들에 근거하여 산출된 공사비 자료가 필요하다. 이 경우 과거의 실적자료를 사용하기 때문에 공사비에 영향을 주는 시간, 위치 기타 요인들을 검토하고 조정한다.

기본설계와 실시설계단계에서의 예산서 작성은 단가수준의 공사비 자료가 더 적절하다. 단가수준의 공사비 자료를 활용할 경우 공종이나 공사부위의 개별 구성요소들(즉, 콘크리트, 철근, 거푸집 등)에 대한 가격평가 작업을 할 수 있기 때문이다. 이러한 자료들은 사용 전 필요할 경우 확인되고 조정되어야 한다. 일반적으로 건설공사의 단가는 여러 가지 요소들이 혼합된 가격이며, 하나의 단가 속에 근로자를 위해서 필요하다면 근로자, 자재 및 장비를 개별적으로 분리하여 각 수량에 대한 가격을 작성할 수 있다. 사업관리자는 설계기간 동안 공사비 예산서를 작성할 때 도면에 표시되지 않은 항목이라 할지라도, 설계자들이 시방서에 중요한 비용으로 간주하는 항목들을 포함할 수 있기 때문에 이용할 수 있는 모든 시방서들을 면밀히 검토해야 한다.

건축공사비의 물가변동에 대한 견적은 견적일로부터 건설공사의 중간단계까지 월간요율을 근거로 계산한다. 또 건설공사의 설계도서를 작성하는 단계로 넘어갈 때의 물가변동은 낙찰일을 근거로 하여 프로젝트의 주요 요소들의 물가변동에 따라 다시 수정될 수 있으며 물가변동의 산출근거는 다양하기 때문에 산출내역서를 세밀하게 검토한다. 사업관리자는 설계자가 작성한 개념설계단계의 제출물로부터 산출된 유사 공사 실적자료에 의한 수량을 근거로 하여 개념설계단계에서의 공사비 예산을 준비한다.

기계, 전기설계는 통상 건축, 구조설계보다도 늦게 끝나므로 기본설계단계에서의 예산서는 건축, 구조, 토목공사에 대한 개략적인 수량과 기계, 전기공사에 대한 유사 공사 실적자료에 의한 수량을 포함한다. 또한 시공도면과 시방서를 검토하여 모든 주요 공사의 구성요소에 대하여 계수화하고 예산공사비를 작성해야 한다.

② 원가의 통제

사업관리자는 설계자가 공사예산 내에서 작업을 지속적으로 수행해나갈 수 있도록 돕기 위해 필요한 경우 공사비통제 활동에 참여한다. 이때 예산서로 제출된 공사비 보고서 외에도 발주자가 요구할 경우에는 추가로 기타 여러 가지 공사비에 대한 현황을 보고하고, 각 예산서 사이에 수행한 모든 원가통제활동을 기록하여 발주자에게 제출한다. 또한 공사내용과 범위의 변경을 확인하기 위해 설계를 감독하고 그러한 변경으로 인한 공기 및 공사비에 대한 영향을 평가하여 프로젝트팀에게 보고하는데, 특히 예산서의 제출횟수와 진행 중인 원가분석, 가치분석, 대안연구 및 기타 유사 활동들의 범위는 용역협상 시 발주자와 사전에 결정해야 한다.

(3) 조달단계

조달단계는 적정 공사비 조사와 분석단계이다 이를 위해 사업관리자는 설계도서가 완성되면 설계도면(시방서, 시방서 등)에 의한 수량산출과 시장조사 결과를 중심으로 단가산정 등 종합적인 추정 공사비를 작성 · 검토하고 발주자에게 승인을 받는다. 또한 접수된 모든 입찰서를 일람표, 견적대비표로 만들고 입찰서류에 근거하여 작성한 건설공사비의 최종내역서와 비교하기 위해 모든 대안 입찰 및 단가의 평가를 포함하여 입찰분석을 준비한다. 입찰일람표 작성방법은 이전에 준비된 공사비내역서 및 예산서와 일관성이 있어야 하며, 모든 입찰서들이 입찰서류의 요구조건에 충분히 반영되어 있는지 확인한다.

(4) 시공단계

사업관리자는 건설업체 선정 시에 현장설명과 견적 의뢰, 접수, 검토, 조정을 통하여 원가를 절감할 수 있는 부분을 검토하고 조정한다. 이를 위해 최종 설계도서의 면밀한 검토에 의해 공사규모 및 범위와 발주방법 등의 결정을 통한 경제적인 착공이 이루어지도록 한다. 특히 사업의 형태에 따라 현장설명서, 변경이 가능한 사양이 있는지 여부의 검토와 공법의 대안 제시가 필요한지 여부를 검토하여 제안을 요청하고 마감자재의 선택 여부 등의 결정으로 원가를 절감할 수 있는 방법을 찾는다. 그리고 도급계약서 내 발주자의 입장을 충분히 고려한 내용의 작성과 설계변경으로 인한 공사비 증가요인을 최소화함으로써 원가를 절감할 수 있도록 하고, 예상되는 공사기간의 지연요인을 사전에 조사하며 적정공기 유지, 공기만회대책 수립, 실행 또는 공기단축을 통한 원가절감도 검토한다. 또한 효과적인 원가절감 대상 선정과 방법 및 주요 원가절감 대상은 주로 공사기간이 긴 공종이거나 복잡하고 난해한 공종, 즉 토목공사인 경우에는 지하흙막이, 터파기, 지하수처리 등의 공종으로 현장특성을 재조사하여 현장여건에 맞는 최적의 공법을 선택함으로써 원가절감이 가능하다.

철골공사인 경우에는 공장제작과 현장설치 공종으로 부재단면의 경제적인 설계와 조립을 통한 원가절감 및 사전 발주계획에 의한 현장 작업기간을 단축함으로써 원가절감이 가능하다. 콘크리트공사는 작업계획과 관리방법에 따라 원가절감 요인이 존재하므로 시공방법의 개선이 필요하다.

① 보할계획 수립

공사의 완성률이 시공자에게 기성지불을 결정하는 데 사용될 경우 사업관리자는 시공자와 협력하여 계획된 단위작업들의 각각에 대한 금액보할계획을 수립한다.

금액보할계획은 낙찰 후 즉시 작성해야 하며, 프로젝트가 진행되는 동안 미지불이나 과지불을 피하기 위해 계약당사자들의 합의가 필요하다. 이 계획은 정확한 평가를 할 수 있을 정도로 상세히 기술하여 향후 기성지불과 관련된 분쟁이 발생할 경우 근거자료로도 활용할 수 있다.

② 설계변경관리

설계변경이 있는 경우 사업관리자는 설계변경으로 인하여 발생하는 금액의 조정과 일정의 변경범위를 검토한다. 즉 공사착수 이전이나 공사 도중에 금액을 조정할 경우 공사비는 생산성, 근로자의 구성, 작업시간과 장비를 항목별로 나누어서 평가하고 자재비는 일람표로 만들어 시세표와 가격표로 구체화해야 한다. 또한 공사 중 또는 공사 후 일정시점에서 조정할 경우에는 투입된 소요인력과 사용된 자재 및 장비의 기록에 근거한 실제 공사비를 나타내야 한다. 공사비에 대한 영향검토는 수행된 동일한 공사의 실제 공사비와 설계변경된 작업조건에 대한 예상공사비와 변경이 없었을 경우의 합리적인 공사비 산정액을 비교하거나, 혹은 실적공사비가 사용되는 경우 수행된 공사의 실제 비용과 변경이 없었을 경우의 합리적인 공사비 산정액을 비교한다. 또한 설계변경된 작업에 대해 인정되는 일반관리비와 이윤은 당초 계약에 의해 결정된 비율로 정해져야 한다.

사업관리자는 시공단계 동안에 경제적이고 경쟁력 있는 구성요소들이 공사예산 내에서 선정될 수 있도록 자재, 시스템, 장비 및 부속품들에 대한 검토를 수행하여 발주자 및 설계자에게 제시해야 한다.

또한 사업관리자는 차후의 감사 및 클레임의 경우에 대비하여 프로젝트와 관련된 모든 재정에 대한 기록을 작업순서별로 상세히 기록하고 문서화하여 보관해야 한다.

(5) 시공이후 단계

① 공사비 정산

사업관리자는 공사비에 영향을 줄 수 있는 모든 설계변경 항목들의 목록을 만들고 미결된 사항들을 확인하여 전체사업비를 요약, 최종 보고서에 첨부해야 한다.

② 유지관리방법 결정

건축공사가 완료되면 건축물의 유지관리지침을 작성하여 건축주에게 보고한다. 유지관리업무는 건축주의 사업형태에 따라 다르나 전문업체에 의뢰하여 제안을 받아 검토하거나 직접 관리할 경우는 시설물 유지관리에 필요한 법적 요구사항을 검토하여 이를 충족하도록 관련자원을 구비해야 한다.

제13장

건설업의 VE

13.1 VE란

1. VE(Value Engineer)의 정의

일반적으로 VE란 "제품, 제품을 위한 부품, 시스템, 조직, 공정, 추진절차, 서비스들로부터 요구되는 기능, 품질 및 근본적으로 필요한 특성을 유지하면서 가장 합리적인 방법으로 불필요한 비용을 찾아내어 제거하는 것이다."라고 정의하고 있다. 건설VE 매뉴얼(건교부, 2000)에서는 "최소의 생애주기비용(LCC; Life Cycle Cost)으로 대상 시설물의 최상의 가치를 얻기 위하여, 설계내용에 대한 경제성 및 현장 적용의 타당성을 여러 전문분야의 협력을 통해 기능별, 대안별로 검토하는 체계적인 프로세스(systematic process)"라고 정의하고 있다.

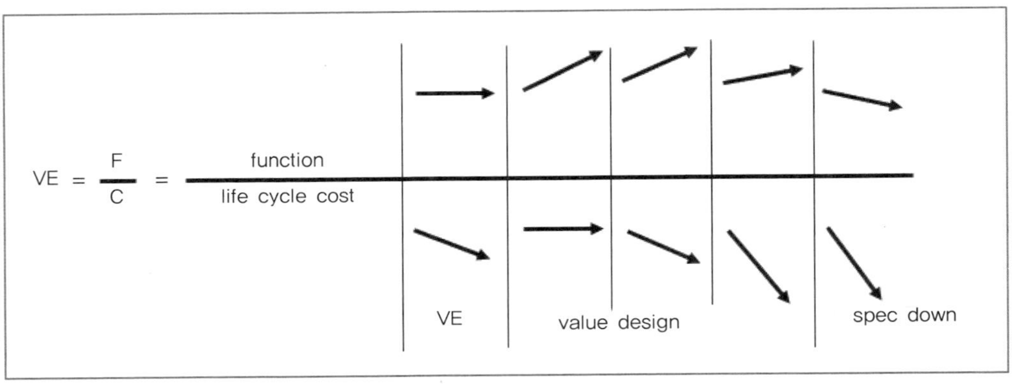

그림 13-1 VE란

즉 VE란 최소의 생애주기비용으로 필요한 기능을 달성하기 위해 제품 및 기능의 분석과 조직적 노력으로 개선을 경주하여 가치를 향상시키는 것이다. 이는 발주자의 요구성능과 품질을 만족하면서 비용절감을 위해 체계적이고 과학적인 방법으로 관리하는 기법이다. 이 같은 의미에서 건설업의 VE는 기능 유지와 비용의 절감이 주요 대상이 된다.

2. VE의 역사

(1) 외국의 VE 역사

VE에 대한 논의는 제2차 세계대전 직후인 1947년 General Electric社의 로렌스 D. 마일스(Lawrence D. Miles)로부터 시작되었다. 이 시기는 제2차 세계대전 중의 미국 내 중요 기업들과 정부의 자재조달기관에서는 물자부족현상을 심각하게 느끼게 된 것이 VE 발생의 근본적인 동기의 시작이라고 볼 수 있다. 로렌스 D. 마일스는 GE社의 자재담당 부사장인 해리 에를리헤르(Harry Erlicher)의 밑에서 GE본사 구매담당 책임자로 일했다. 마일스는 GE社의 많은 프로젝트에 불만스러울 만큼 비싼 원가가 들어가고 있음을 인지하고 있었으며, 평소에도 원가에 대한 민감한 인식을 가지고 있었다. 2차 세계대전이 발발하면서 자원부족현상이 초래되었고 마일스와 에를리헤르는 실질적으로 물품이 부족하여 구매하고자 하는 자재목록을 확인할 때마다 만족스런 마음을 가질 수 없었다.

예를 들면 모든 종류의 자재는 철강재, 알루미늄, 구리, 청동, 니켈 그리고 주석 등 전쟁에 영향을 주는 물자 및 전기부품 등이었다. 즉 항공기, 선박, 그 외 군부에서 필요로 하는 물자의 생산을 천문학적 숫자로 늘리는 것이 요구되었다. 따라서 과거와 달리 다른 특성을 가진 물자의 활용과 같은 기능을 유지할 수 있는 검토가 필요하게 되었고, 물자의 부족현상을 타개하기 위해 자원의 가치를 극대화하기 위한 노력이 크게 대두되기 시작했다.

이러한 미국 내 산업사회의 분위기는 2차 세계대전 종전 후에도 전승국으로서의 국민들의 풍요로운 삶에 대한 강렬한 욕구로 이어져 민간부문의 수요가 폭발하면서 더더욱 확산될 수밖에 없었으며, 이러한 미국 내 산업사회의 역사적 배경이 로렌스 D. 마일스로 하여금 가치분석의 연구를 거듭하고 발전시킬 수 있는 토양을 제공하게 된 것이다. GE社는 그들의 가치분석 프로그램을 실시한 결과 고객 지향적인 기능과 성능을 유지하면서 효과가 큰 프로젝트는 60~80%의 원가를 절감할 수 있었으며, 그 외에 효과가 적은 프로젝트도 5~10%의 원가절감이 가능하게 되었다.

21세기 가치사회에서 VE에 대한 포괄적 의미의 개념을 한마디로 설명한다면 종합적인 경영자원(Management Resources)이라고 표현할 수 있다. 엄밀하게 말해 우리 인간이 필요로 하는 모든 대상은 그것이 어떠한 것이든 그 대상 자체가 아니며, 그 대상이 갖는 기능을 필요로 하는 것이다. 그러므로 만약 우리가 필요로 하는 기능을 얻기 위해서는 그 대상에 대한 일정한 값을 지불한다고 말할 수 있으며, 기업경영의 본질은 사내 · 외의 고객을 위한 새로운 가치를 끊임없이 창출하는 것이라 말할 수 있다. 또한 가치의 개념은 고정관념이 아니며 항상 고객의 욕구에 따라 변화하는 유동적인 동적 의미를 부여해야 함은 물론 더 나아가 고객의 욕구(Needs, Wants, Requirements)에 따라 움직이는 생명력을 가진 동적인 대상으로 인식하지 않으면 안 된다.

VE에서 경영자원이란 조직의 고객을 위한 가치창조 및 가치보증을 위한 기업활동에 필요로 하는 모든 요소, 예를 들면 필요인력, 기술, 정보, 자재, 서비스, 시장 등을 총망라한 것이다. 또한 자원이란 어떻게 활용하느냐에 따라 서로 다른 수많은 기능을 갖는 재화로 변모시킬 수 있으며 원하는 부가가치를 창조할 수 있게 된다.

이런 의미에서 VE는 아무 제약 없이 이를 창조적으로 뒷받침할 수 있는 최적의 종합적 관리기술인 것이다. VE는 모든 고객의 다양한 현재적 또는 잠재적 감성을 그들의 입장에서 필요로 하는 기능으로 치환하여 광의의 상품이나 서비스에 담아 만족스러운 조건으로 그들에게 돌려줄 수 있게 하는 최적의 종합적 관리기술인 것이다. 또한 VE는 기업경영의 모든 요소들로부터 불필요한 낭비요인을 가장 효과적으로 제거하여 기업의 고객 지향적인 가치창조를 뒷받침할 수 있게 하는 최적의 경영자원(Management Resources)인 것이다.

(2) 국내의 VE 역사

우리나라에 VE가 소개된 것은 약 40여 년 전인 1960년대 중반에 소개되었다. 그러나 40년이라는 역사에 비해 건설산업 분야에서의 그 활용 정도는 매우 미진하다. 외형위주의 성장만을 고집했던 업계에서 VE에 대해서는 올바로 이해하지 못한데다 전문인력 또한 부족하였고 학계에서도 교과목에 반영하지 못하였기 때문이다. 제조업 분야에서는 VE를 채택하여 성장엔진으로 활용한 업체가 동종 업계에서 제1위를 지키는 신화를 창조하였다. S전자는 후발업체이지만 VE를 활용하여 선두주자가 되었으며 D조선도 부도난 회사를 인수하여 한때는 VE기법으로 수주고 세계 1위를 차지하였다.

건설업계에서는 1984년에 한국VE협의회가 설립되어 처음으로 삼성건설에서 적용되었다가 1988년에 건설업 VE 활성화에 대한 논의가 시작되었으나 1992년 이후에는 건설업의 VE는 정체기를 맞이하였다.

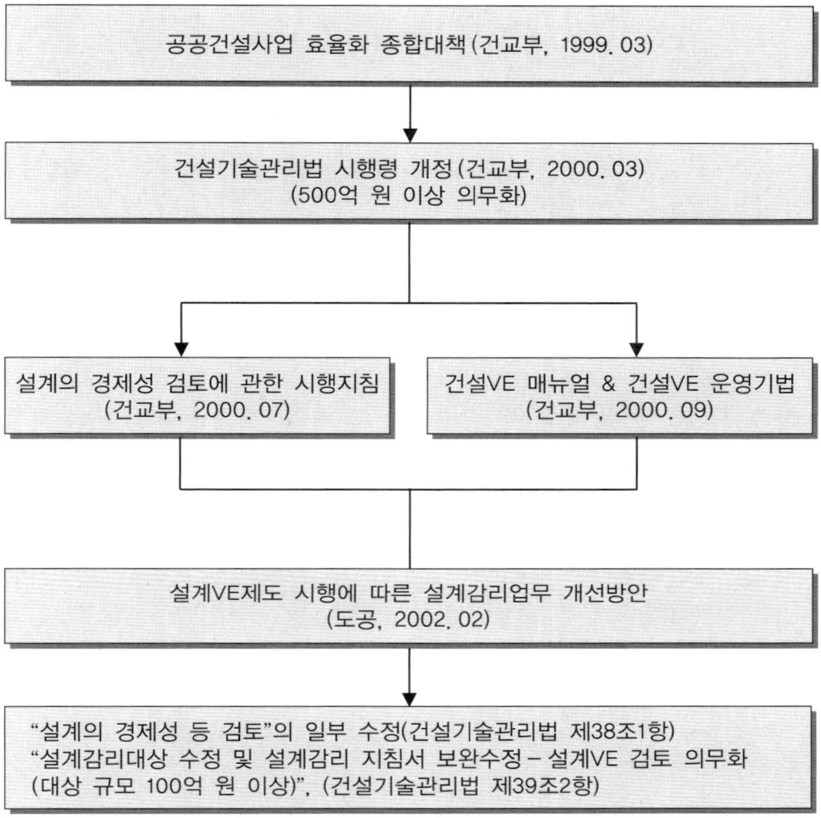

그림 13-2 국내 VE의 운용현황

1997년 11월, 우리나라가 경제적인 위기를 겪었던 IMF의 통제하에서 VE전문가를 가장 먼저 조직 내에서 인사조치하는 부끄러운 모습을 보여 왔다. 그러나 1998년 각 대기업들의 건설공사 원가절감방안이 모색되면서 2000년에 처음으로 관공사 발주 시에 설계에 VE를 적용하였다. 2006년에는 VE 관련법을 보완하여 공사규모가 100억 원 이상인 경우 적용하도록 개정하였으며, 2007년에는 대한주택공사의 VE경진대회와 한국건설관리학회의 VE Track을 계기로 활성화의 시기를 맞이하고 있다.

3. VE의 특성

VE의 특성을 이해하기 위해서는 제품 및 기능분석과 조직적인 노력이 필요하다. 기능분석 과정은 VE 활동의 매우 중요한 핵심이라 할 수 있다. VE는 기능에 대한 새로운 인식으로부터 출발해야 하며, 기능이란 제품이나 서비스가 추구하는 목적이나 수단의 역할 또는 사용이라고 생각되는 개념을 말한다.

VE의 창시자인 로렌스 D. 마일스는 “기능”이란 그 대상물이 시장에서 팔리도록 하는 그 대상물의 독특한 성질 그 자체라고 하였다. 상품을 설계하여 생산하고 빌딩을 건축하는 것은 고객의 입장에서 필요한 기능을 그 대상물에 불어넣는 과정이며, 시장에서 우리가 어떤 일정한 대가를 지불하고 물건을 사는 것은 그 대상물에 값을 지불하는 것이 아니라, 그 대상물이 가지고 있는 기능이 필요하며 이에 대한 값을 지불하는 것이다.

기능으로 사물을 관찰하고 분석할 수 있을 때 그 대상에 담아야 할 고객의 입장에서 꼭 필요한 기능이 무엇인가를 확인할 수 있으며, 이를 새로운 최적의 창조적인 방법으로 구체화할 수 있을 것이다. 가치전문가들은(CVS : Certified Value Specialist) 모든 종류의 고객의 요구사항을 기능으로 치환할 수 있어야 하며, 이를 다시 그들이 필요로 하는 대상에 최적의 조건으로 불어넣을 수 있는 기능분석에 대한 많은 체험과 능력을 가져야 한다. 이 같은 의미에서 VE의 기능적인 특성을 정리하면 다음과 같다.

(1) 원가절감형 VE

본래 기능의 수준을 유지하면서 대상물에 포함되어 있는 불필요, 중복, 과잉기능을 찾아서 제거하고, 설계착상의 변경으로 같은 기능수준을 유지하면서도 값이 싸고 생산성을 높일 수 있는 대체 소재나 공법을 활용하여 가치를 향상시키는 VE활동이다.

(2) 기능향상형 VE

대상의 기능분석을 통해 불필요, 중복, 과잉기능을 찾아내 제거하고 소재의 변경이나 설계 착상의 변경을 통해 원가의 상승 없이 기능만을 향상시켜 가치를 보증하는 VE활동의 형태이다.

(3) 혁신형 VE

분자인 기능을 월등히 향상시키면서도 분모인 비용은 오히려 획기적인 절감을 이룩할 수 있는 이상적인 가치를 보증하는 VE활동의 형태이다.

(4) 기능 강조형 VE

가치결정 요소인 비용의 기능이 모두 변하되 비용의 상승에 비해 기능의 향상이나 다양성이 월등히 개선치를 보증하는 VE활동의 형태로, VE는 어떠한 경우에도 고객우선의 원칙을 철저히 지켜야 하기 때문에 설계상 반영한 기능이나 품질을 깎아먹는 원가절감은 용납되지 않는다.

13.2 VE의 구성요소

1. VE의 핵심요소

VE의 핵심적인 구성요소는 기능과 가치이며, 이를 생애 전 주기별로 평가하여 가장 경제적인 사업비를 활용하여 원하는 요구성능을 실현하는 것이다. 따라서 VE에 대하여는 체계적인 관리수단이 필요하며 이러한 관리 활용에 참여하는 여러 분야의 전문가에 의한 노력이 필수적이다.

VE의 핵심요소				
생애주기비용 (Life Cycle Cost)	가치 (Value)	기능적 사고 (Function)	전문 분야의 협력 (Multi Disciplinary Effort)	체계적 프로세스 (Systematic Process)

그림 13-3 VE의 핵심요소

(1) 생애주기비용(LCC)

VE의 대안 비교에서 다루어지는 비용은 초기비용에 국한되지 않는다. 시설물의 완성 후 사용기간 동안의 유지관리 시 교체비용을 포함한 총비용(Total Life Cycle Cost)을 사용하며, 총비용의 관점에서 대안의 총체적인 평가가 이루어진다. 이러한 VE의 총비용의 접근방식은 일반적인 설계검토 과정에서 다루어지는 비용에 대한 접근방식과는 다른 것이다.

(2) 가치(Value)

VE의 궁극적인 목표는 해당되는 건설프로젝트의 가치향상에 있다. 가치향상은 건설사업의 3대 요소인 시간, 비용, 품질(기능)의 적정한 분배를 통하여 이루어진다. 또한 VE의 제안은 반드시 최적 안을 의미하지는 않는다. 다만 적정 안에 머무르지 않도록 하는 것이 VE에서 추구하는 가치의 향상이라 할 수 있으며, 또한 VE는 프로젝트가 요구하는 필수적인 기본기능의 수준을 낮추는 설계의 변경을 추구하지 않는다.

(3) 기능적 사고(Function)

VE는 문제대상의 기능분석을 수반한다. 즉 대안의 개발에 있어 사용되는 VE의 접근방법은 “What does it do?” 라는 무형기능을 파악하는 과정을 수반하는 반면, 일반적인 원가절감방법이나 설계검토 과정에서는 “What else we can use?” 라는 유형의 대안을 찾는 방법이 사용되고 있다. 이러한 기능중심의 사고는 창조적인 아이디어의 개발을 돕는 VE만의 독특한 접근방법이다.

(4) 전문 분야의 협력(Multi-Disciplinary Effort)

VE는 대상 사업의 제 분야에 전문지식을 가진 팀 또는 그룹에 의해 수행된다. 팀 리더의 조정역할을 통하여 개별 팀 구성원의 전문지식이 효과적으로 활용된다. VE활동을 통하여 얻어지는 최상의 아이디어는 구성원 상호간의 기술적인 연계성에 따른 시너지 효과에 의해 창출된다.

(5) 체계적인 프로세스(Systematic Process)

VE는 사업계획이라 불리는 시작과 끝이 분명한 체계적인 절차(정보수집 – 아이디어 창출 – 평가 – 대안의 구체화 – 제안)에 의해 수행된다. 이것은 비체계적인 절차에 의해 수행되는 여타의 원가절감방법론과는 차이가 있음을 나타낸다.

13.3 건설산업의 VE 필요성

1. 건설산업의 특성

건설산업은 수주산업으로서 먼저 프로젝트를 수주한 후에 생산이 이루어지는 특성 때문에 VE를 도입할 분야와 대상에는 제한이 없다. 또한 생산절차, 생산현장이 각각 상이하며 단일 프로젝트에 대한 규모와 생산단가가 높으며 생산에 직·간접적으로 동원되는 수많은 자원, 노동집약적 생산방식, 장기에 걸친 생산기간, 생산과 관련된 상반된 이익집단의 중층구조 등에 기인한 산업 자체의 특성이 있다. 이로 인해 건설프로세스 전 단계에 거쳐 설계, 공장생산, 현장시공 등 각 단계에서 품질, 공기, 공정, 예산 등의 가치를 향상시킬 소지가 내재하고 있다. 이 같은 건설산업의 특성을 분류하면 다음과 같이 정리할 수 있다.

① 가변적인 옥외 생산현장과 예측하기 곤란한 자연상황으로부터 영향을 받기 쉽고 생산현장이 일정치 않아 능률적인 관리체계가 곤란하다. 따라서 효과적인 집중관리가 힘들고 개별적인 생산방식을 계획하고 실행해야 한다.

② 건설업은 한 건당 수주금액이 커서 합리적인 계획을 세워 집행하게 되면 절감효과를 크게 기대할 수 있다. 따라서 전체 프로젝트의 20%에 해당하는 공종이 총공사비의 80%를 점유하고 있으므로 이러한 공종에 대한 집중관리가 요구된다.

③ 건설업은 노동집약적이고 많은 경영자원의 투입과 공업화, 장비화가 되어 있지만 인력에 의한 작업이 아직 주종을 이루고 있어 품질, 안전, 공기 등에 특히 유의해야 하며, 이러한 분야에 대한 자재, 공법 선정, 작업순서, 자원 투입시기 등을 고려해야 한다.

④ 건설업은 생산체계의 중층구조로서 건설프로젝트의 기획, 설계, 입찰, 시공, 유지관리 등 전 단계에 걸쳐 발주자, 설계자, 시공자, 전문협력업체, 작업자, 사용자 등 상호 상반된 이해를 가지고 있는 이익집단들이 얽혀 있다. 이들은 상호간 품질기준, 원가절감, 기술정보 공유 등이 어렵고, 사용기간에 비해 기획 및 설계기간, 시공기간이 상대적으로 짧아 생애비용(LCC)이나 사용자 위주의 사고방식 등에 중점을 두는 경향이 적으며 개인의 경험이나 편견에 집착하는 경향이 높다.

⑤ 건설업은 생산기간이 길어 계약이 체결된 후 필요한 물품을 발주하는 경우가 많고 자재, 노무에 대한 장래의 변동을 예측하기가 곤란하여 구매관리가 특히 중요하다. 따라서 공사단축에 의한 일반관리비의 원가절감 효과가 크다.

2. 건설가치의 저감요인

한정된 시간과 예산 및 정보범위 내에서 프로젝트의 수행단계별로 참여한 기술자들이 보다 더 좋은 설계나 시공법을 적용하기 위하여 최선을 다한다 하더라도 여전히 시간과 예산의 부족, 정보의 부족, 아이디어의 부족, 잘못된 경험이나 편견, 회사의 경영방침이나 규제 등의 제약으로 인해 중복기능, 과기능, 부족기능 등이 존재하고 불합리하거나 비능률적인 요소들에 대한 잠재적인 개선의 여지가 내재되어 있다. 이와 같이 건설사업의 전 과정에서 일어날 수 있는 가치향상 노력의 저하요인들을 열거하면 다음과 같다.

① 고정적인 사고방식이나 다른 사람이 정한 건설공사의 설계와 시공표준을 사용하기 쉽다. 특히 변화되는 기술을 고려하지 않고 관습이나 전통적인 방식에 따르거나 표준설계를 고수하는 것은 최적설계에 대한 방해요소가 된다.

② 안정성과 회사조직의 신뢰성 확보를 위한 새로운 것은 위험이 따른다. 따라서 그들은 과거에 몇 번이나 건설된 공법이 보다 더 위험이 적을 것으로 판단하고, 새로운 시도는 실패하여 자신의 신용이 떨어지는 것으로 간주하여 피하는 경향이 강하다.

③ 남의 조언을 회피한 설계자나 계획자는 다른 사람의 조언을 받아들이는 것을 자신의 무능력을 보여주는 것으로 생각하는 경향이 있다. 보다 좋은 설계를 하기 위해서는 적극적으로 각 분야의 전문가의 조언을 구할 용기가 필요하다.

④ 설계요건에 대한 과도한 설계를 고수하는 서적 등에서 기술된 설계기준 등은 어떤 특정한 프로젝트에 대해서는 필요 이상으로 높은 경우가 있다. 대부분의 설계자는 일반적인 설계기준만을 고수하여 과다 설계를 하는 경우가 있다.

⑤ 완전한 설계는 일반적인 경향이 어떤 문제가 발생했을 때 완전한 방법으로 해결하고자 한다. 즉 문제의 대부분을 해결하는 비용은 합리적이지만 나머지의 작은 부분을 해결하기 위해 필요한 비용은 그 가치를 훨씬 넘는 경우가 많다.

⑥ 때로는 인간은 사실에 의한 것이거나 사용자의 요구보다는 자기의 가치관으로 결정을 내리는 경우가 있다.

13.4 건설산업의 VE

1. 건설VE제도

건설VE란 건설생산활동 시에 일어나는 고비용 저효율구조를 개선하여 프로젝트의 가치를 지속적으로 향상시키려는 노력에서 발생하였다. 이 같은 노력은 건설산업의 품질 확보와 공사비 절감을 목표로 지난 2000년 3월 공공건설사업의 효율화 대책의 일환으로 건설관리법 시행령 제38조의 13항(설계의 경제성 검토) 규정을 신설하여 총공사비가 500억 이상의 건설공사에 한해(일괄, 대안입찰 포함) 설계VE 검토를 의무화하였다. 그 이후 지난 2005년 6월에는 건설기술관리법 시행령을 개정하여 설계VE 검토대상을 총공사비 규모 500억 원에서 100억 원 이상으로 확대하여 2006년 1월 1일부터 시행하여 왔다.

2. VE제도의 주요 사항

설계의 경제성검토란 건축물이 생애주기비용(LCC)으로 시설물의 필요기능 및 요구성능을 확보하기 위하여 설계내용에 대한 경제성과 현장적용 타당성을 검토하는 것이다. 주요 검토시기는 기본설계 및 실시설계단계에서 발주청이 지정하여 각각 1회씩 수행하되 기본설계는 설계가 2/3 정도 경과한 시점에서, 실시설계는 설계가 1/2에서 2/3가 수행된 시점이 적정한 것으로 간주하고 있다. 설계의 경제성 검토 조직은 발주기관과 외부전문가가 직접 수행하는 경우와 발주기관이 외부에 VE 전문조직을 위탁하여 수행하는 방법이 있다. VE의 대가는 설계감리대가 기준의 공사비율에 의한 방식과 실비정액가산방식이 있다. 공사비비율방식을 적용하는 경우에는 별도의 실비로 추가업무비용을 계상하도록 하고 있다. VE를 수행한 결과에 따라 VE 검토조직이 제안한 대안으로 설계수정을 거부할 경우에는 설계자문위원회의 심의를 거쳐서 결정하도록 하고 있다.

13.5 설계VE와 시공VE

1. 개요

설계VE는 계획, 기본설계 및 상세설계단계에서의 VE로서 발주자가 계획이나 설계에 종사하지 않은 사람으로 구성하는 VE팀을 만들어 프로젝트 전체의 LCC(Life Cycle Cost)의 절감을 목적으로 원래의 계획이나 원설계를 재검토하고 대체 안을 작성하는 것으로, 주로 설계의 개선사항에 중점을 두므로 통상적으로 원가절감이 증가하는 경향이 있다.

설계VE를 하면 통상적으로 10~20%의 원가절감을 얻는다고 알려져 있는데, 원가관리조직의 노력과 프로젝트의 특성 및 제반여건에 따라 성과는 달라진다. 설계VE가 소프트웨어적 특성을 가지고 있는 반면에 시공VE는 하드웨어적 특징을 가지고 있다. 설계VE는 무의 상태에서 발주자의 구상과 그 대상을 활용하고, 이용할 고객이나 발주자의 입장에서 그들이 원하는 기능상의 요구사항을 필요한 기능으로 치환하여 고객이 지불하는 비용이 최적의 상태로 재분배되어 밸런스를 이루도록 설계도서에 담는 것이다.

설계VE에서 제안되는 대체안을 VEP(Value Engineering Proposal)라고 한다. 설계VE를 하기 위해서는 어느 단계에서나 가능하지만 효율적이고 효과적으로 VE 작업을 하려면 계획 및 설계가 어느 정도 종합된 때에 하는 것이 바람직하며, 계획단계, 기본설계단계, 상세설계단계에서 작업하면 효과적일 것이다.

시공현장의 여건이나 시공상의 최적 관리요소들을 구체적이며 기능적으로 검토하여 설계자의 오랜 경험적 관습이나 습관으로부터 유입될 수 있는 낭비요인, 즉 불필요한 비용의 유입을 근본적으로 막아 고객 지향적으로 변경하면 기대 이상의 성과를 이룰 수 있는 것이다.

그러나 VE 추진과정에서 반드시 설계자 및 사업주(발주자 또는 고객)와의 충분한 정보교류와 이해를 통해 VE의 제안이 받아들여져 최종적으로 설계에 반영되도록 하는 노력이 필요하다. 시공VE에서 제안되는 대체안을 VECP(Value Engineering Change Proposal)라고 한다. 시공VE는 이미 설계도서가 확정된 이후의 시공단계에서 작업이 이루어지므로 시공 중에 설계변경을 통한 근원적인 개선을 이루기에는 한계가 있으며, 어려움이 많이 있다고 볼 수 있다.

시공VE는 설계상 특별한 하자가 발견되지 않는 한 설계도서에 반영된 기능과 품질을 손상시키지 않으면서 그 기능과 품질을 유지하기 위한 더 나은 시공방법과 전반적인 관리상의 낭비요인을 찾아 그 기능 수행의 최적화 방안을 찾는 것이다. 그러므로 그 활동 범위가 제한적이며 간접적인 제약을 많이 받게 된다. 설계VE와 시공VE는 적용되는 시기에 따라 대별된다.

하지만 설계VE와 시공VE는 같은 목표하에서 비슷한 추진과정을 거치면서 진행된다. 다만 설계VE에서는 사용자의 요구를 측정하는 과정을 포함하여 진행된다. 하지만 VE를 적용하는 시기가 빠를수록 개선의 가능성이 크고 활동에 소요되는 비용이 적어 기대되는 비용절감 및 성능향상의 효과를 매우 크게 볼 수 있다. 따라서 설계VE에 대한 중요성이 더욱 크다고 할 수 있다.

2. VE의 적용 시기 및 적용효과

VE는 건설산업의 여러 분야에서 효과적이라 할 수 있으며, 프로젝트 생애주기의 각 단계에서 적용될 수 있다. VE의 적용 시기는 건설사업의 초기단계인 기획 및 설계단계에 적용할 경우에는 설계가 완성되기 전이므로 잘못된 설계정보를 보완할 수 있어 경제적인 효과가 크다. 그러나 이미 설계가 완성된 이후에는 설계변경 등으로 인한 공법변경이나 이로 인한 공정지연 등이 발생하므로 추가적으로 비용이 증가할 수 있다.

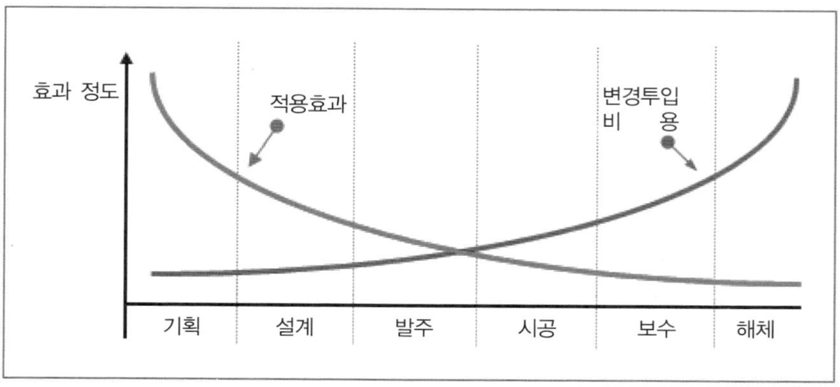

그림 13-4 VE의 적용 시기 및 효과

또한 VE기법의 특징인 유연성과 창조성이 적용된다면, 잠재적인 비용절감이 뚜렷하지 않은 분야에서도 활용될 수 있다. 건설산업에서 VE가 적절히 활용된다면 기존 자원의 효율적 활용, 비용에 대한 인식 및 효율성 제고, 고정관념의 타파를 통한 창의적인 아이디어의 창출, 건설기술의 혁신 등의 효과를 기대할 수 있으며, VE활용에 따른 구체적인 기대효과는 다음과 같다.

① VE는 부분적인 구성요소를 대상으로 하는 것이 아니라 전반적인 프로젝트에 대한 신뢰성 있는 점검을 가능하게 한다.
② 건설공정의 생산성을 향상시키는 제안이 많이 도출됨에 따라 기업이익의 창출에 혁신적으로 기여할 수 있다.
③ 개선결과를 데이터베이스화함으로써 기업의 노하우를 축적할 수 있고 유사 현장 또는 유사 사례가 생길 경우 설계자료로 검색하여 활용할 수 있다.
④ 설계단계에서의 VE효과 대상시설물의 체적이나 규모를 축소시켜 전체 투자비를 절감할 수 있기 때문에 설계단계에서 VE 적용 시 직접적인 수혜대상자는 발주자이며, 특히 건설공사비는 사실상 설계단계에서 확정되기 때문에 건설사업의 효율화를 위해서는 설계단계에서의 VE 도입이 필수적이라 할 수 있다.
설계단계에서 VE의 적용은 소요되는 비용이나 기간에 비하여 절감액이 상대적으로 크게 나타나며, 시설물의 기능과 성능분석, 자재의 성능과 수량, 공법이나 시설물의 위치 선정, 사용될 공법의 적합성 여부 검토, 대안 공법의 적용 가능성 검토 등 건설사업의 효율성 증대에 크게 기여할 수 있다.
⑤ 시공단계에서 VE기법을 활용하면 시공지식과 경험을 최대로 활용할 수 있는 시공성의 개념을 높일 수 있다.

VE 적용으로 개선이 기대되는 가장 주요한 부분은 비용절감과 성능향상이다. 특히 비용절감 측면의 VE 적용효과는 산술적으로 측정이 가능하므로 VE 적용으로 인한 효과를 가장 잘 드러낼 수 있다. 비용 측면의 절감효과에 대해서 각 문헌 및 기관들은 다양한 절감효과를 제시하고 있다. 일반적인 경우, VE 활동에 소요되는 비용은 전체 건설프로젝트 비용의 1% 미만이다. 이에 대해 잘 계획된 VE프로그램으로 기대되는 비용절감의 폭은 건설프로젝트 비용의 5~10%가 가능하다.

13.6 VE 적용대상과 추진절차

1. 적용대상

건설산업은 사업을 추진하는 모든 부분에서 VE를 적용하여 성능향상과 비용절감을 달성할 수 있는 여지는 존재하지만, VE를 수행하는 데 있어서 한정된 시간과 비용 때문에 모든 부문에 VE를 적용하는 것은 비현실적일 수 있다. 따라서 VE를 적용함으로써 예상되는 절감액의 규모 및 효과, 투입되는 노력에 대한 개선효과의 비, 해당 프로젝트의 제약조건 등을 종합적으로 검토하여 가장 개선의 여지가 클 것으로 예상되는 대상을 선정하는 것이 바람직하다. 이러한 대상 선정과정에서 일반적으로 고려되는 대상 선정기준은 다음과 같다.

① 금액이나 시간 및 공수가 큰 고비용의 프로젝트
② 공사가 복잡하고 난해한 프로젝트
③ 일개의 공사에 반복이 많은 프로젝트
④ 선례가 없거나 신기술을 활용하는 유일무이한 프로젝트
⑤ 엄격한 공사비 예산이 적용되는 프로젝트
⑥ 촉박한 설계일정을 가진 프로젝트
⑦ 공공성격이 강한 프로젝트
⑧ 건설업자와 직접 관련되는 가설공사나 토공사 등에 관한 것
⑨ 어느 공사에도 공통적인 안전, 운반 등에 관한 것

2. 추진절차

VE활동이란 공식을 유도하거나 논리 전개에 의한 문제해결이 아니라 체계적인 가치분석을 통하여 가치를 향상시키는 기법이다. 비능률, 중복기능, 과기능, 불필요한 기능을 제거하기 위해서는 개인에게만 의존할 것이 아니라 조직적인 노력을 통하여 체계적으로 작업계획을 충실히 따라가며 실시하는 것이다.

이는 VE 전 과정에서 중요한 의미를 갖는다. 왜냐하면 새로운 가치창조를 위한 기능분석활동은 그 체계적인 프로세스가 제일 중요하고, 객관적으로 입증된 기술과 기법을

어떻게 조화시켜 활용하느냐에 따라 그 성과가 달라지기 때문이다.

이를 통하여 가치를 보증하는 것이 바로 VE가 가지고 있는 독특한 기법 중의 하나이다. 이런 VE의 일반적인 활동은 SAVE(Society of American Value Engineers)에서 제시하고, 설계의 경제성 등 검토에 관한 시행지침(건교부) 및 건설VE 매뉴얼과 운용기법(건교부)에서 추천하는 표준절차(Job Plan)에 따라 추진한다. 그 과정은 준비단계(Pre-Study), 분석단계(VE Study), 실행단계(Post-Study)로 크게 나누어 실시한다. 그러나 이러한 활동은 고정적인 개념이 아니며, 경영여건이나 대상 프로젝트의 특성에 따라 효율성을 고려하여 그 추진절차와 방법을 달리할 수 있다. 단계별 추진목표는 준비단계(Pre-Study), 분석단계(VE Study), 실행단계(Post-Study)로 구분하며, 효율적인 VE업무 수행을 위해서는 관련기관과의 협력체제 구축이 필요하다.

표 13-1 단계별 원가절감기법

구분	원가절감요소	원가절감기법	요 점
기획단계	• 최적의 기획	• LCC, VE	• $V = \frac{F}{C}$, $C_3 = C_1 + C_2$
설계단계	• 타당성 조사 • 경제성 검토	• Feasibility Study • Cost Control	• 비용계획 • 예측부위별 견적 • 전개법, 조립법
시공단계	• 최적 시공계획 • 작업능률 향상 • 과잉설계시방 개선 • 재시공 방지 • 공정 효율화 • 재해 방지	• SE(System Engineering) • IE(Industrial Engineering) • QC(Quality Control) • CPM(Critical Path Method) • ZD(Zero Defects)	• 최적 작업계획 • 프리패브 공법화 • 과잉설계시방, 비용절감 • TQC (품질관리) • 최적 공기 • 양중관리 시스템화

※ V : Value, F : Function, C : Cost, C_1 : Direct Cost, C_2 : Indirect Cost

3. 단계별 추진방안

(1) 원가관리의 단계

준비단계는 대상선정단계와 정보수집단계가 있으며 대상 선정은 공사기간이 긴 것과 공사수량이 많은 것, 복잡한 공사를 선정하고, 정보수집은 도면, 시방서, 구조계산서, 시공계획서, 가격정보 등을 수집한다. 분석단계는 기능분석과 기능평가 및 개선안 작성과 테스터 및 증명단계로 세분화할 수 있다. 기능분석을 위해서는 요구되는 기능을 명확히 설정하여 기능계통도 등을 작성하여 기능을 정리해야 한다. 기능의 정리는 재료와 공법분석에 관한 사항과 과잉설계 및 시방에 관한 사항이 있다.

또한 기능평가는 기능별 비용을 분석하여 가장 적은 기능을 파악함으로써 대상 분야를 선정하고 소요비용 산출 및 원가절감 유무를 파악한다. 다음으로 개선안의 작성단계에는 달성을 위한 수단과 기법을 도출하는 단계가 있다. 기법의 도출단계는 체크시트법을 이용하거나 브레인스토밍 방법을 활용할 수 있다. 개선안이 도출되면 테스트와 증명을 실시하고 필요한 제안을 하여 제안내용대로 시행하게 된다. 이와 같이 VE의 적용은 VE단계에 요구되는 충분한 정보를 활용하여 준비단계에서 결정된 VE 테마를 대상으로 실질적인 VE 대안을 제시함으로써 양질의 제안들이 사장되지 않도록 체계적인 실행전략 및 계획을 수립하고 적용되어야 한다.

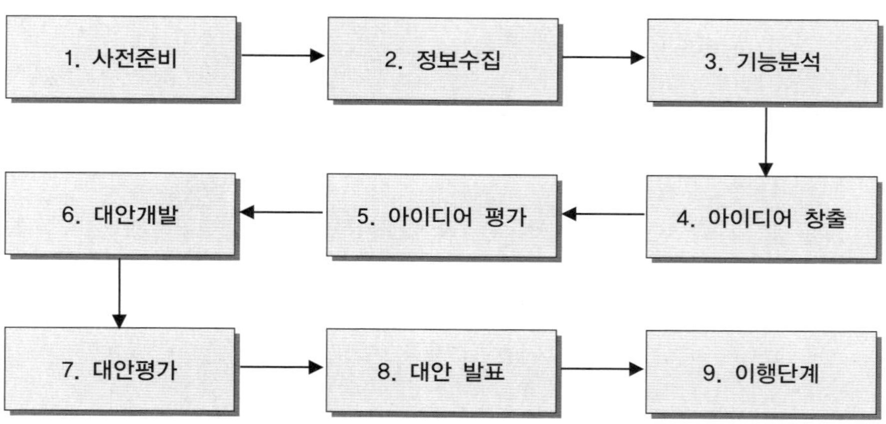

그림 13-5 단계별 VE 추진절차

(2) VE의 준비절차

일반적인 VE의 진행단계별 준비절차로써 보다 구체적으로 살펴보면 다음 그림 13-6과 같이 준비단계와 분석단계, 이행단계가 있다.

준비단계	**VE Study** Study 목표 설정 팀 구성 역할 설정 프로젝트 현황 파악	**VE 활동계획 수립** 사전미팅 자료수집 목표 계획수립 VE일정 계획 수립	**정보 · 자료 준비** 자료수집 (공사)비용모델 개발 LCC 모델 개발
분석단계	**프로젝트 검토** 설계개념 토의 발주처 관심사항 토의 기능 · 성능기준 검토 현장방문	**기능분석** 프로젝트 자료분석 기능 정의 FAST도 작성 기능비용 결정	**아이디어 도출** 기능중심 사고 모든 아이디어의 정리 혁신적 아이디어 도출
	대안의 구체화 대안 설정 대안의 장단점 대안의 공사비, LCC 성능평가(AHP) 설문조사	**VE 활동계획 수립** 기술적 검토 가치평가	**정보 · 자료 준비** 대안 발표 초안 제안서 작성
	제안서 작성 제안서(안) 검토 대안의 평가	**제안서 수정** 제안서 수정 대안 추가 · 수정 검토	**결과 발표** 결과 발표 채택 대안 강조 성능 · 비용 · 가치향상 요약
이행단계	**VE Study**	**VE 활동계획 수립**	**정보 · 자료 준비**

그림 13-6 단계별 VE 세부 추진절차

(3) 설계단계의 원가관리

이 단계는 설계자 자신이 원가에 대한 의식을 가지고 설계작업을 진행하는 단계이다. 즉 계획된 예산범위가 벗어나는 설계가 되지 않도록 비용계획(Cost Planing)을 세우고 적절히 비용검토를 되풀이하며 부위별 표준단가 작성 시 활용한다. 또한 관련설계 참여자 간의 상호 기술적인 연계성을 검토하고 비용조정을 실시한다. 이 단계의 원가관리방법을 보다 구체적으로 살펴보면, 준비단계와 분석단계 및 실행단계로 구분하는데, 준비단계는 자료수집에서부터 발주자의 요구사항에 맞추어 VE대상을 선정하는 단계이고 분석단계는 선정된 대안들에 대한 정보분석과 기능을 정의한 후 이러한 기능을 충족할 수 있는 아이디어를 창출하여 평가하는 단계이다. 또 실행단계는 분석단계에서 제안된 사항을 설계에 반영하고 문제점이 있는 경우 보완을 하는 단계이다.

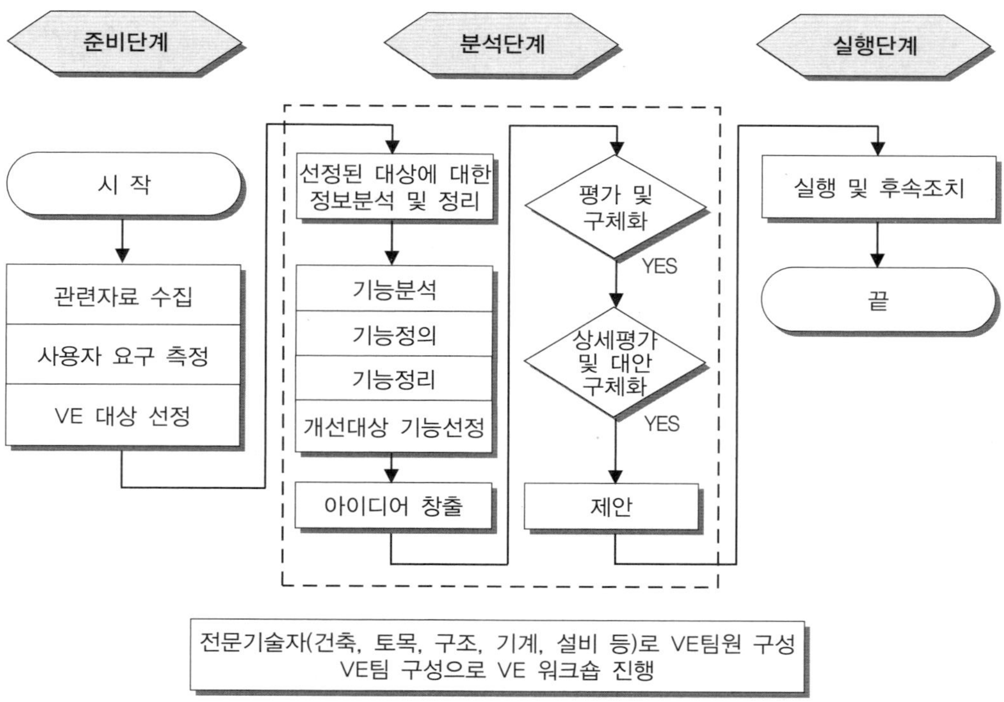

그림 13-7 설계단계 원가관리

① **관리대상 선정 및 기능평가**

건설사업에서 VE대상은 공사규모가 크거나 비용절감의 여지가 있는 공사의 공종을 선정하여 그 공종에 대하여 요구되는 기능을 정의하고 이를 분류하여 평가한다. 다음으로 평가한 사항에 대하여 가치지수를 산정하여 우선적으로 관리해야 할 대상기능의 아이디어를 창출해내는 것이다.

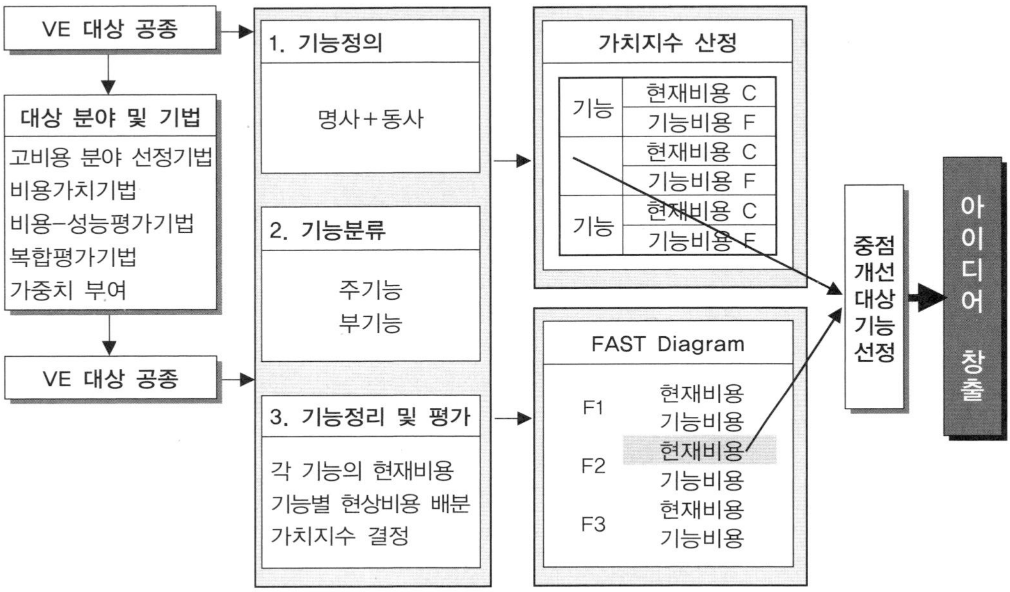

그림 13-8 관리대상 선정과 기능평가절차

② **아이디어 창출**

중점적 원가절감 대상이 선정되면 각 대상별로 고유성능과 기능을 유지하면서 원가절감을 할 수 있는 최적의 아이디어를 선정하게 된다. 이러한 아이디어를 창출하는 방법은 표 13-2 및 표 13-3과 같이 "브레인스토밍 방법"이나 "델파이법", "고비용 분야 선정기법" 등을 활용할 수 있다. 특히 브레인스토밍 방법은 원가절감의 아이디어 창출방법에서 가장 많이 활용되고 있는 방법으로, 여러 전문가들의 의견을 심도 있게 교환하여 최선의 선택을 하는 방법 중의 하나다.

표 13-2 아이디어 창출 방법

구 분	개 요	장 · 단점
브레인스토밍	• 에일 F. 오스본(Ales F. Osborn) 박사가 개발, 일명 '오스본법' • VE Job Plan 중 가장 일반적인 방법	• 아이디어 창출용이 거의 모든 경우에 적용 가능 • 리더 및 개인에 따라 성과 좌우
델파이법	• 미국의 Rand Corporation 개발 • 일명 '앙케트 수령법' • 설문지에 의한 의견 수렴	• 전문가를 한자리에 모이게 할 필요 없음 • 의사결정 과정에서 타인의 영향력 내재 가능 • 소요시간이 길며 응답자 통제가 난이
고비용 분야 선정 기법	• 전체문제 중에서 대부분의 80%의 문제는 20%의 소수 항목에서 발생 • 가장 문제가 되는 항목 도출	• 복잡한 계산을 필요로 하지 않음 • 문제 크기의 순위를 한눈에 알 수 있음

또한 브레인스토밍 방법은 개인적으로 각각 도출하거나 집단적으로 모여서 논리적이고 전문적인 시각에서 토론에 의해 아이디어를 도출하는 방법이 있다.

표 13-3 브레인스토밍 방법

구 분	개인적인 브레인스토밍	집단적인 브레인스토밍
개요	• 시간적 제약 감소 • 많은 아이디어 도출 • 부족한 표현능력의 보완 • 습관적 · 감정적 장애 극복 • 사전준비의 효과 극대화	• 전문적 · 시각적 장애의 극복 • 다양한 아이디어 수렴 • 여러 관점에서의 제안 아이디어에 대한 수용
주체	VE팀원 개개인	VE팀 구성원 전체
절차	• 제공된 자료를 검토 • 가능한 모든 아이디어 도출 • 기록(글, 그림, 표...) • 도출된 아이디어에 대한 검토 및 분석 • 기록의 제출 • 제출된 아이디어에 대한 분류작업	• 소규모 집단모임 토론 후에 전체 집단창조단계 • 모든 제안 및 거론된 아이디어에 대한 기록 • 가급적 사구의 아이디어 유도 • 제안에 대한 수정 · 종합 · 편승 • 비판 · 평가의 유보
과업	적극 적용	적극 적용

③ 아이디어 평가

원가절감 대상별 아이디어를 평가하는 방법은 분야별 고비용, 비용가치, 비용성능 등 여러 가지 기법들이 있으나 각 평가기법별로 평가기준이 있으므로 프로젝트의 특성을 고려하여 선정할 수 있다.

표 13-4 아이디어 평가

VE 대상 선정기법	평가기준	비 고
고비용 분야 선정기법	전체문제 중에서 대부분의 80%의 문제를 발생시키는 항목	복잡한 계산을 필요로 하지 않음 문제 크기의 순위를 한눈에 알 수 있음
비용가치기법	비용과 가치와의 차이	Worth의 사용 시 기능분석 개념 사용
비용-성능평가기법	비용과 성능을 종합적으로 판단	성능평가 기준으로 발주자 사용자 요구, 공기 등이 있음
복합평가기법	개선예상 효과, 투입가능 노력, 팀의 능력 등	프로젝트의 특성에 따라 평가항목은 다양하게 선정될 수 있음
가중치 부여 복합평가기법	품질향상, 안전성, 제약성 등	평가항목에 가중치 부여

④ 대안평가

여러 가지 집중화된 원가절감 대상과 이를 실현하는 아이디어 중 대안으로 가장 적합한 것이 무엇이냐가 중요하다. 이는 각 대안들에 대한 평가기준이 적합하게 구성되어야 하는데, 이 기준은 신뢰성 있는 가치점수의 산출이 가능해야 한다. 따라서 프로젝트의 특성에 맞는 평가항목의 선정과 각 대안별로 중요도를 부여하고 상세한 비용항목으로 선정된 생애주기비용의 관점에서 산출하는 것이 바람직하다.

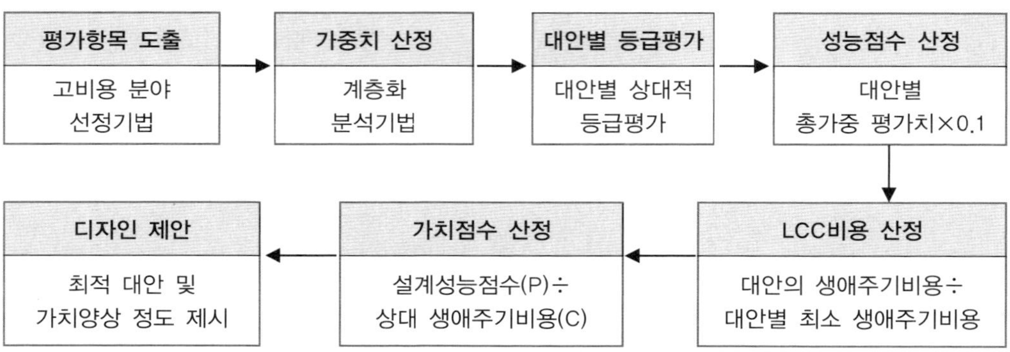

그림 13-9 대안평가 과정

구분	원안	대안1	대안2	대안3
성능점수(P)	43.2	65.5	63.2	53.2
성능 다이어그램	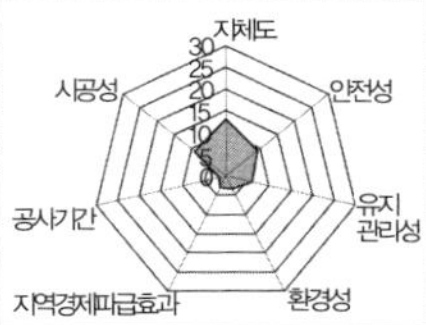	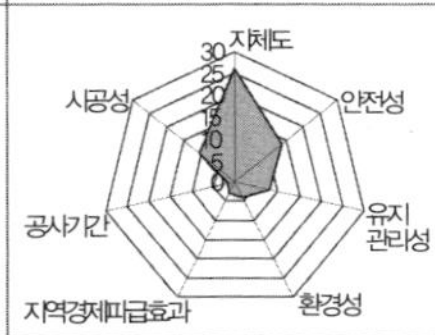	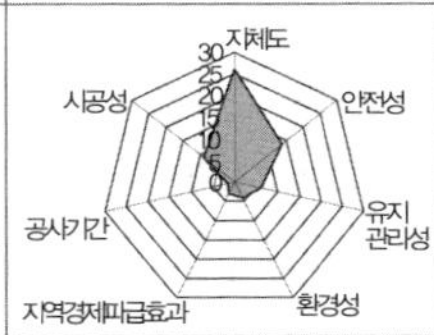	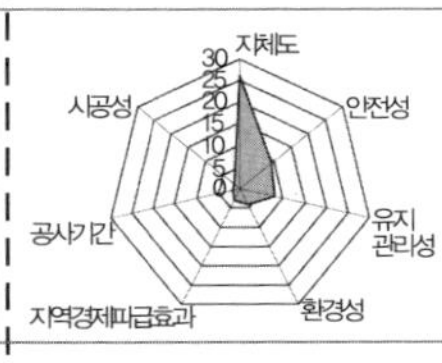
LCC(C)	1.00	0.82	0.83	0.67
가치점수 (V=P/C)	43.8	77.4	76.3	78.2
가치 다이어그램	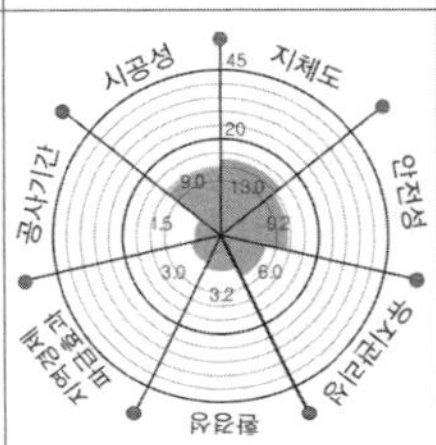	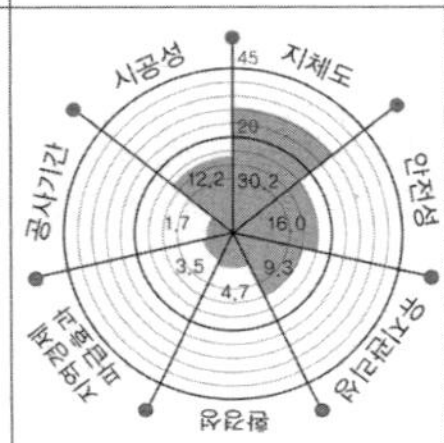	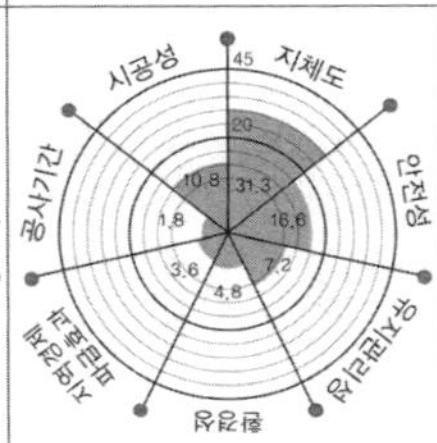	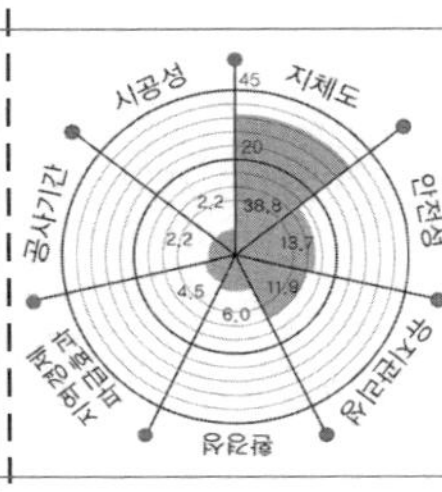
우선순위	4	2	3	1

그림 13-10 대안의 평가

⑤ 설계 제안

대안의 제안은 대안평가 시 제시된 내용과 가치의 개선효과를 대안별로 제안하는 것으로서 제안자의 대안별 채택사유 및 검토결과에 대한 설명이 필요하다.

구 분		방 안			
제안 내용	대안1				
	대안2				
	대안3				
가치 개선 효과	비교안	원안	대안1	대안2	대안3
	성능(P)				
	상대 LCC(C)				
	가치(V)				
	개선효과				
채택안의 특징					
검토결과					

그림 13-11 제안양식(사례)

(4) 시공단계

이 단계에서는 적용되는 현장과 관련하여 신기술 및 신공법 적용이 가능한지를 검토하고, 가능할 경우 시공의 합리화를 도모한다. 또한 관련기술의 적용을 최적화하기 위한 공사계획(시공계획)을 수립하여 운영하고 건설비용 절감의 여지가 있는 요소를 발굴하여 관리의 불비로 인한 공사비 증가요인을 해결한다. 즉 시공관리나 시장에서의 정보부족, 여분의 가설운반, 과잉설계 등에 대한 면밀한 검토와 관리를 통해 전체 공사원가에서 실제의 공사원가로 감소시켜 나간다. 또한 각 단위공사 공종별 작업의 비능률적 요소를 제거하도록 하고 재시공, 반복시공이 일어나지 않도록 한다.

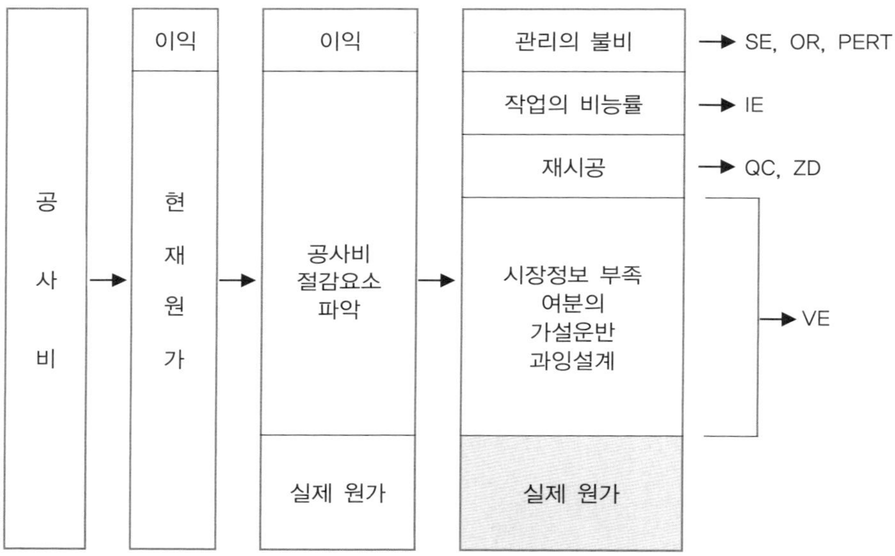

* SE : System engineering OR : Operate IE : Industrial Engineering
QC : Quality Control ZD : Zero Defect VE : Value Engineering

그림 13-12 공사비의 절감요소

4. 건설VE 활성화 방안

이밖에 건설업의 VE를 활성화하기 위해서는 VE가 사용자중심의 기능분석이라는 특징과 최저의 생애비용으로 필요기능을 달성하는 조직적인 노력임을 감안할 때, 사용자가 원하는 기능분석, 생애비용분석, 대안평가 등을 추진할 수 있는 관련 분야의 전문가들이 필요하고, 특히 VE팀의 활동을 책임지는 VE팀 리더가 필요하다. "VE전문가"라는 용어 자체의 정의를 내리기는 어렵지만 VE개념과 기법을 이해하고, 가치전문가(CVS,

Certified Value Specialist)로서 건설업계에서 실무적으로 활동할 수 있는 전문가가 필요하다. 현재 국내의 VE활동은 1980년대에 일본 등에서 배운 기법을 그대로 답습하고 있는 실정이며, 일본 내에서는 1990년부터 미국 VE기법이나 제도를 연구하여 1997년 '공사비용 절감대책에 관한 행동계획'에서 설계VE 도입을 제도화하였다. 국내는 현재까지 시공단계의 VE 적용사례 연구나 결과물은 어느 정도 있으나, 건설프로젝트의 전체를 대상으로 하는 설계VE(기획 및 계획단계, 설계단계)에 대한 연구나 실적이 아직 부족하다. 따라서 토목, 건축, 플랜트 등 건설 분야별로 VE에 대한 전문기술을 습득하여 우리 실정에 맞는 VE제도를 정착해야 한다. 설계VE는 건설공사의 기능을 확보하면서 비용절감을 목적으로 전반적인 검토업무를 수행하기 때문에 건설공사의 효율성을 극대화 할 수 있는 적극적인 비용절감방법이라 할 수 있다.

그러나 VE는 설계감리업무에 비해 매우 효과적이고 업무량이 과중함에도 별도의 산출기준이 없어 설계감리대가의 산출기준과 동등하게 적용할 수밖에 없는 실정이고, 그 또한 외국 사례에 비해 현저히 낮은 수준이다. 또한 설계감리대가를 설계VE 업무에 적용할 경우 많은 문제점 등이 나타나고 있어 향후 설계VE 업무 추진에 어려움이 예상된다. 따라서 설계VE 업무에 대한 시행지침 및 설계감리업무요령을 참고하고 건설공사의 효율성 측면을 고려하여 현실적인 설계VE 대가를 별도로 마련할 필요가 있다.

한편, 설계VE의 분석단계 중 아이디어 창출단계에서 발주청 및 설계사와의 미팅으로 VE팀에 의해 제시된 아이디어를 협의하는 과정이 있으나, 이때 설계사의 설계VE에 대한 인식부족이 부정적인 견해로 나타나고 있는데, 그 원인은 설계VE 수행에 있어 기존 설계감리업무를 대부분 포함하여 수행함으로써 설계도서에 대한 오류를 찾는 것으로 인식하여 부정적 시각으로 보는 것으로 판단된다. 그러나 설계VE의 목적은 새로운 아이디어를 개발 및 적용하고 불필요한 기능을 삭제하여 보다 발전적인 설계를 유도하는 것이지 원설계의 오류나 실수를 지적하기 위한 것이 아니다. 따라서 이를 긍정적인 측면에서 적극적으로 수용해야 하며, 제안사항이 원설계의 수정규모가 크다고 하여 설계관련자에게 어떠한 질책이나 문책이 있을 경우 향후 설계VE를 통한 설계의 발전이 어려워진다.

제14장

건설산업의 LCC

14.1 생애주기비용(LCC)

1. LCC의 개념

생애주기비용이란(LCC : Life Cycle Cost) 건축물의 설계 · 시공 · 유지관리에 소요되는 총비용을 말한다. 즉 시설수요자는 건설사업에 관한 비용이 단순히 공사비와 공사 이전에 소요되는 비용, 즉 사업계획, 설계 및 조달단계에서 발생하는 직접비와 외주비의 합이 총비용이라고 생각할 수 있다.

그러나 공사가 준공되어 발주자나 시설수요자가 준공된 시설물을 인수하는 순간부터 실제로 그 시설을 사용하면 하자보수기간 중에도 유지관리비가 계속 투입된다. 이 비용은 발주자나 시설수요자가 부담하는 관리비용이다.

그리고 회계처리 면에서도 시설물 신축이 완료되어 발주자나 시설수요자가 인수한 시점까지는 가계정이라는 계정과목으로 처리하고, 완성된 시설물의 인수 이후부터는 건물계정 또는 자기의 업종에 맞는 자산계정으로 관리한다. 따라서 시설물의 완성까지에 소요되는 비용만을 사업비로 간주하지 않고 고정자산의 관리와 평가 차원에서 관리대상이 되는 비용을 생애주기비용으로 간주한다.

즉 건설사업의 생애주기비용(C)은 시설물이 준공되기까지 소요되는 건설비용(C_1 : 용역비와 공사비를 포함)과 준공 이후에 발주자나 시설수요자가 인수 후 사용하면서 투입되는 유지 · 관리비용(C_2)을 합한 비용이다.

$C = C_1 + C_2$, C = 생애주기비용, C_1 = 직접공사비, C_2 = 유지관리비

통상적으로 C_1은 발주자나 시설수요 부서에서 직접 발생시킨 비용이 아니라 외주 시행하는 비용이고, C_2는 발주자나 시설수요자가 직접 집행하는 비용이 된다. 그러나 시설의 규모가 크고 복잡하여 여러 가지 직종의 기술직 고용원을 필요로 하는 경우에는 C_2도 외주업체에 의해 시행하는 경우도 많이 있다.

2. 설계의 비교

다음 그림 14-1에서 원설계에 의한 C_1과 제안설계에 의한 C_2를 Y축에 각각 a와 b라는 상수로 표시하고 각각의 C_1과 C_2에 대하여 1차 함수 그래프로 표시하였다. 즉 원설계에 의해 신축되는 시설물이 준공되기까지 a라는 비용이 소요되었고, 이 시설물을 시공자로부터 인수하여 사용하면서 소요되는 유지 · 관리비용(C_1)이 기간의 경과에 따라 늘어나는 현상이 직선으로 변화하는 것과 시설물이 완성되기까지 원설계보다 다소 높은 b라는 비용이 건설비용으로 투입되었지만 인수 이후에 유지 · 관리비(C_2)가 비교적 적게 소요되는 제안설계에 대하여 기간을 표시하는 X축과 비용을 표시하는 Y축으로 한 직교 좌표에 두 경우를 비교하기 위하여 표시한 것이다.

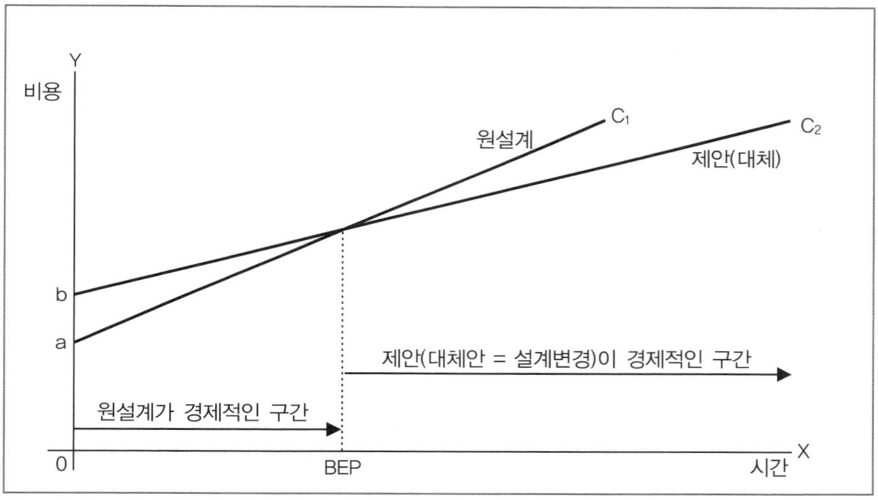

a : 원설계에 따른 준공시점까지의 사업비　　　C_1 : 원설계의 유지관리비
b : 제안설계에 따른 준공시점까지의 사업비　　C_2 : 제안설계의 유지관리비
BEP : Break Even Point (원설계에 따라 산출된 LCC와 제안설계에 따른 LCC가 동일한 시점)

그림 14-1 원설계와 제안설계의 비교

이 두 직선의 방향계수는 각각의 경우에 단위기간 중에 소요되는 유지 · 관리비(C_1과 C_2)를 사용하였다. 위의 그림에서 기간을 뜻하는 X축에 표시된 BEP는 손익분기점이라는 뜻으로도 흔히 사용되는 말인데, 이 그림에서는 원설계에 의한 생애주기비용과 제안설계에 의한 생애주기비용이 동일한 시점을 뜻하는 것으로 쓰인 말이다. 그러므로 BEP까지의 기간 중에는 원설계가 경제적인 설계이며 BEP를 초과하는 시점부터는 오히려

제안(대안)설계가 더 경제적인 것이라는 뜻이 된다. 달리 말하면, 이 BEP는 중요한 뜻을 갖는 것으로 발주자 또는 시설수요자가 판단할 때 계획된 시설물의 수명이 BEP 이후까지 연장된다고 확신한다면, 제안(대체 안)설계가 경제적이므로 발주자는 원설계를 포기하고 제안(대체 안)을 채택하기 위해 재설계를 위한 설계변경절차를 거쳐야 할 것이다.

그러나 발주자가 초기건설비용으로 b를 투입할 능력이 없을 때에는 별도의 문제가 될 것이며, 이제부터 연구하고자 하는 LCC 연구대상 이외의 과제가 된다.

따라서 앞으로의 연구는 발주자나 시설수요자가 b라는 초기건설비용을 투입할 능력이 있다는 것을 전제로 한 것이다. 그렇다면 여기에서 BEP를 구하는 방법이 있는가 하는 문제가 제기된다. 이 문제를 풀기 위해 간단한 수식을 몇 개 찾아보자. 우선 그림 14-1에 표시된 2개의 직선에 대한 방향계수 문제인데, 앞에서 이 계수는 단위기간 내에 소요되는 유지·관리비를 방향계수로 한다고 설명하였다. 우리는 보통 회계처리를 할 때 통상적으로 단위기간을 연간단위로 하는 것이 보편적이므로 여기에서도 연간단위의 유지·관리비용으로 하기로 한다. 위의 원설계에 의한 건설비용 C_1은 a이며 유지·관리비용이 단위기간 중에 c만큼 소요된다면 준공 이후 t라는 기간까지의 C_2는 ct가 될 것이다. 편의상 원설계에 의한 C를 표시하는 함수를 y_1이라고 하고, 이것을 수식으로 표시하면 아래와 같다.

$$y_1 = a + ct, \ (\text{또는} \ \ y_1 = ct + a)$$

같은 방법으로 제안설계에 의한 C_1은 b이고 단위기간 중에 소요되는 유지·관리비용이 d 만큼이라고 하면 다음과 같다.

$$y_2 = b + dt, \ (\text{또는} \ \ y_2 = dt + b)$$

여기서 BEP에서 y_1과 y_2는 동일한 값이므로 다음과 같은 등식이 성립한다.

$$a + ct = b + dt$$

따라서 $b - a = ct - d$가 되며 $t\,(c-d) = b - a$

$\therefore\ t = (b - a) / (c - d)$가 되므로 BEP가 되는 시점 t의 값이 구해진다.

여기에서 주의할 점은 c나 d의 값을 산출할 때 지불될 비용에 대하여 정확한 물가상승률의 예측과 적용해야 할 금융비용을 계산하는 데에는 어려움이 있다는 것이다. 따라서 많은 가정을 전제로 계산하게 되므로, 생애주기비용은 예측이 가능한 여러 조건하에서 미래에 대한 비용을 추정하여 비교할 목적으로 사용되는 것이지 정확한 금액 그 자체를 구하는 것이 아니라는 것이다.

Value Engineering과 연관하여 몇 가지를 살펴보기로 한다. 위에서 설명한 BEP와 시설물과의 관계에서 시설물의 수명을 1이라고 정할 때, 1−BEP≦0이면 BEP가 시설물의 수명이 지난 이후에 도래하는 경우로 Value Engineering에 의한 대안을 구하는 것은 원설계가 가장 경제적인 설계이거나 또는 경제적인 설계 중 하나라는 뜻이 되며, 1−BEP≧0이면 BEP가 시설물의 수명 이전에 도래하는 경우로 대안설계가 요구된다는 뜻이 된다는 뜻이다.

이 두 경우를 그림으로 표시하면 그림 14−2와 그림 14−3과 같다. 여기에 사용된 시설물의 수명이란 2가지로 해석할 수 있다. 하나는 시설물이 노후하여 더 이상 사용이 불가능한 경우로서 기술적인 수명을 말하는 것이고, 다른 하나는 기술적으로는 안전하더라도 발주자나 시설수요 부서의 입장에서 보면 폐기하고 다른 시설물을 건설하는 것이 보다 더 경제적이라고 판단되는 경우로서 경제적 수명을 말하는 것이다. 일반적으로 기술적 수명은 수십 년에 달하므로 대안설계는 항상 요구되고 있는 것으로 인정된다.

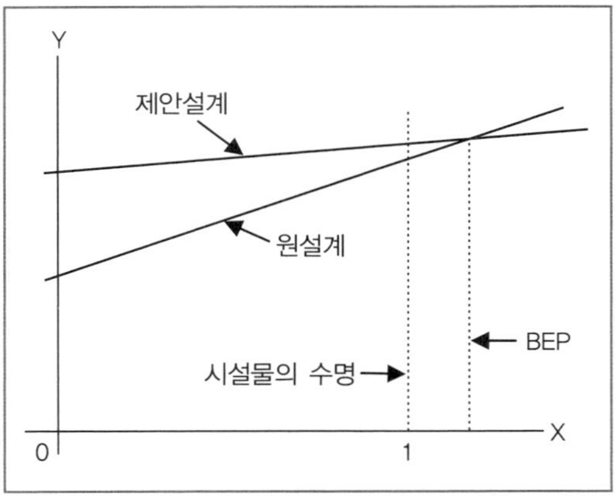

그림 14−2 1≤ BEP일 때

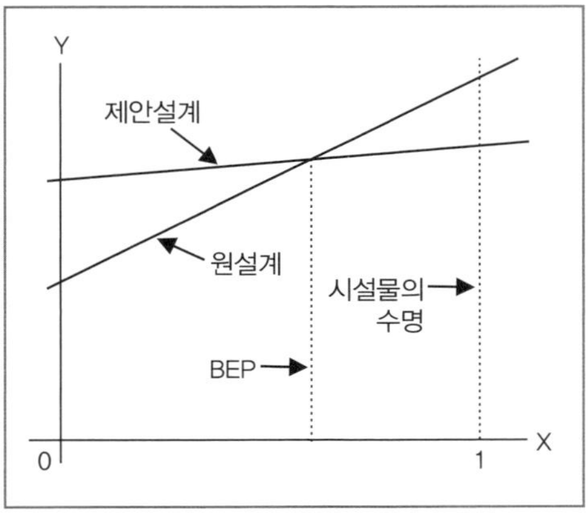

그림 14−3 0≥ BEP≤1일 때

14.2 LCC의 구성

1. 초기비용(C_1)

생애주기비용은 전형적으로 초기비용, 순환비용과 비순환비용으로 구성된다. 초기비용은 시설물이 계획되고 설계된 후 조달과정을 거쳐 공사가 완료되어 발주자 또는 시설수요 부서가 인수하는 시점까지 발생한 비용의 합계로, 발주자 또는 시설수요 부서에서 직접 발생시킨 비용과 외주 용역비용 그리고 공사비를 포함시킨 비용으로 회계처리상 건설 가계정에서 자산계정으로 전기(轉記)하기 전까지의 총비용을 말한다. 지금까지 우리가 알고 있는 사업비의 전부가 이 초기비용이므로 이에 대해 별도로 설명을 할 필요성이 없다. 또한 비용은 아니지만 LCC에서 중요한 비중을 차지하는 것으로 잔존가치(Residual Value)라는 항목이 있다. 잔존가치란 어느 특정한 시점에서 매각처분하거나 폐기처분시점에서 원매자에게 인도하려 할 때 입수되는 재정적인 수입을 말한다.

2. 사용 · 유지비용(C_2) (준공시점 기준으로 미래발생 비용)

사용 · 유지비용은 준공시점 기준으로 미래발생 비용이며 시설물(건물)을 사용하면서 유지 · 관리에 소요되는 비용으로 대규모로 수리를 하는 경우처럼 일시적으로 발생하는 비용과 매년 일정하게 발생하는 비용으로 구성된다. 일시적으로 발생하는 비용을 비순환비용이라고 하고 매년 일정하게 발생하는 비용을 순환비용이라고 한다. 이 비용의 계산은 재무관리에서 화폐의 시간적 가치계산방법에 준한다. 즉 미래가치와 미래가치의 현재가치를 계산하는 방법을 따른다.

(1) 비순환비용(단일비용)

비순환비용(또는 단일비용)은 시설물은 사용하면서 부분적으로 수리를 한다거나 어떤 특정 부분을 교체할 때 발생하는 비용으로 일상적으로 발생하지 않고 비정규적으로 발생하는 비용을 말한다. 여기에서 주의할 것은 물가상승률에 관한 것이다. 이것은 정확히 예측할 수도 없고 다른 비용을 계산할 때도 공통으로 사용되지만, 비교의 목적으로 사용할 때에는 공통으로 고려하지 않아도 원래의 연구목적을 달성하는 데 문제가 되지 않으므로 물가상승률은 고려하지 않는다는 것이다. 비순환비용(단일비용)은 대규모 수리(Overhaul)비용과 교체비용 등을 포함한다.

미래에 발생할 이 비순환비용을 산출할 때 미래가치(F)를 계산하는 식의 도출은 다음 표와 같이 복리를 이용한 n년 후의 예금의 원리금 합계와 같은 식을 이용하여 구한다.

표 14-1 복리를 활용한 연도별 원리금 합계 방식

기간(연)	연도 초 원금	연간 이자	연도 말 합계(F)
1	P	Pr	$P+Pr = P(1+r)^1$
2	$P(1+r)^1$	$P(1+r)^1r$	$P(1+r)^1+P(1+r)^r = P(1+r)^2$
3	$P(1+r)^2$	$P(1+r)^2r$	$P(1+r)^2+P(1+r)^2r = P(1+r)^3$
n	$P(1+r)$	$P(1+r)^{n-1}r$	$P(1+r)^{n-1}+P(1+r)^{n-1}r = P(1+r)^n$

F : 미래가치, P : 현재가치, r : 연간 이자율, n : 예금기간(연)

$F=P(1+r)^n$에서 P를 구하면 $P=F/(1+r)^n$

따라서 미래에 발생하는 비순환비용 F의 현재가치 P를 구하려 할 때 F에 $1/(1+r)^n$의 값을 곱하면 계산이 편리하게 되므로 이것을 미리 계산하여 조견표로 만든 것이 다음 표이다.

표 14-2 현재가치계수(복리)

$1/(1+r)^n$

기간(연)	이 자 율			
	7%	8%	10%	12%
1	.93458	.92593	.90909	.89286
2	.87344	.85734	.82645	.79719
3	.81630	.79383	.75131	.71178
4	.76290	.73503	.68301	.63552
5	.71299	.68058	.62092	.56743
6	.66634	.63017	.56447	.50663
7	.62275	.58349	.51316	.45235
8	.58201	.54027	.46651	.40388
9	.54393	.50025	.42410	.36061
10	.50835	.46319	.38554	.32197
11	.47509	.42888	.35049	.28748
12	.44401	.39711	.31863	.25668

기간 (연)	이 자 율			
	7%	8%	10%	12%
13	.41496	.36770	.28966	.22917
14	.38782	.34046	.26333	.20462
15	.36245	.31524	.23939	.18270
16	.33873	.29189	.21763	.16312
17	.31657	.27027	.19784	.14564
18	.29586	.25025	.17986	.13004
19	.27651	.23171	.16351	.11611
20	.25842	.21455	.14864	.10367
21	.24151	.19866	.13513	.09256
22	.22571	.18394	.12285	.08264
23	.21095	.17032	.11168	.07379
24	.19715	.15770	.10153	.06588
25	.18425	.14602	.09230	.05882

(2) 순환비용

순환비용은 시설물(건축물)이 준공되어 발주자나 시설수요 부서가 인수한 시점 이후부터 시설물을 사용하면서 일상적으로 발생하는 비용을 말하며, 다음과 같은 비용을 포함한다.

① 재산세 및 보험료 등
② 유지 · 보수비 : 자재비(유류, 그리스, 냉각제, 화공약품, 기타 소규모 수리비 등)
③ 운영요원 인건비, 복리 · 후생비 등
④ 에너지 및 설비(전력, 가스, 연료용 유류, 상 · 하수도시설 등) 등
⑤ 행정 사무비용 등

이 비용은 매년 정액을 불입하는 정기적금과 같은 형식이어서 연금불입과도 같다. 따라서 이 비용을 계산할 때 재무관리에서 연금 계산방법으로 연금의 미래가치를 구한 다음 이 연금의 미래가치의 현재가치를 계산하는 방법으로 답을 얻는다. 먼저 매년 일정액 A를 n년간 불입 또는 지출하여 미래가치 F를 이루는 방법은 다음과 같다.

표 14-3 연도별 원리금

연 도	원 금	n년 후의 원리금
1차	A	$A(1+r)^{n-1}$
2차	A	$A(1+r)^{n-2}$
3차	A	$A(1+r)^{n-3}$
4차	A	$A=(A1+r)^{0}$

n : 적립(지출) 연수, A : 연금불입금액, r : 연간 이자율

여기서, n년 후의 원리금 합계를 S_n이라고 하고 이 S_n을 다시 써보면 다음과 같은 산식이 된다.

$$S_n = A(1+r)^{n-1} + A(1+r)^{n-2} + A(1+r)^{n-3} + \cdots + A$$

또 이 산식의 순서를 바꿔서 정리하면, 다음과 같이 정리된다.

$$S_n = A + \cdots + A(1+r)^{n-3} + A(1+r)^{n-2} + A(1+r)^{n-1}$$

양변에 $(1+r)$을 곱한 후 여기에서 S_n을 빼면

$$(1+r)S_n = A(1+r) + A(1+r)^2 + A(1+r)^3 + A(1+r)^4 + \cdots + A(1+r)^n$$

$$(1+r)S_n - S_n = -A + A(1+r)^n$$

$$S_n\{(1+r)-1\} = A\{(1+r)^n - 1\}$$

$$S_n(r) = A\{(1+r)^n - 1\}$$

그러므로 연금의 미래가치를 나타내는 산식은 다음과 같이 정리된다.

$$S_n = A\{(1+r)^n - 1\}/r$$

이 연금의 미래가치를 현재가치로 구하려면 다시 $(1+r)^n$으로 나누어야 한다. 그러므로 연금의 미래가치 S_n의 현재가치 F는

$$F = S_n / (1+r)^n$$

$$= A[\{(1+r)^n - 1\}/r/(1+r)^n]$$

$$= A[\{(1+r)^n - 1\}/r(1+r)^n] \qquad \text{또는} \qquad = A\{1-1/(1+r)^n\}/r$$

즉 연금의 현재가치는 연금불입금 A에 [ ]내의 수를 곱한 것과 같다. 이 [ ]내의 수를 여러 가지의 연금 불입기간과 이자율을 적용하여 수표로 만들어 사용하기 편리하게 만든 것이 아래에 표시된 연금의 현재가치계수(복리)이다. 그리고 순환비용을 계산할 때 연금의 현재가치계수(현가 표)를 사용하여 산출한다.

표 14-4 연금의 현재가치계수(복리표)

기간(연)	이 자 율			
	7%	8%	10%	12%
1	.93458	.92593	.90909	.89286
2	1.80802	1.78326	1.73554	1.69005
3	2.62432	2.57710	2.48685	2.40183
4	3.38721	3.31213	3.16987	3.03735
5	4.10020	3.99271	3.79079	3.60478
6	4.76654	4.62288	4.35526	4.11141
7	5.38929	5.20637	4.86842	4.56376
8	5.97130	5.74664	5.33493	4.96764
9	6.51523	6.24689	5.75902	5.32825
10	7.02358	6.71008	6.14457	5.65022
11	7.49867	7.13896	6.49506	5.93770
12	7.94269	7.53608	6.81369	6.19437
13	8.35765	7.90378	7.10336	6.42355
14	8.74547	8.24424	7.36669	6.62817
15	9.10791	8.55948	7.60608	6.81086
16	9.44665	8.85137	7.82371	6.97399
17	9.76322	9.12164	8.02155	7.11963
18	10.05909	9.37189	8.20141	7.24967
19	10.33560	9.60360	8.36492	7.36578
20	10.59401	9.81815	8.51356	7.46944
21	10.83553	10.01680	8.64869	7.56200
22	11.06124	10.20074	8.77154	7.64465
23	11.27219	10.37106	8.88322	7.71843
24	11.46933	10.52879	8.98474	7.78432
25	11.65358	10.67478	9.07704	7.84314

※ 균일 순환비용 $P = A[\{1 - 1/(1+r)^n\}/r]$

예제 1 한국대학교 OO 캠퍼스의 건축공학과 CAD강의실의 지붕은 원설계가 EPDM 시스템공법으로 공사비가 389,964,000원이고 매년 유지비가 공사비의 2%가 소요되며 수명이 10년인 것으로 설계되어 있으나, 건축공학을 수강하는 학생들이 공사비가 294,152,000원이고 매년 유지비가 공사비의 3.5% 소요되며 수명이 10년인 BUR–4 시스템공법을 대안설계로 제안하였다. (단, 이 강의실의 건물수명이 25년이고 이자율이 연 10%라고 할 때 다음 사항을 기술하시오.)

① 이 2가지 지붕 시스템의 생애주기비용을 구하시오.
② 이 2가지 지붕 시스템의 BEP를 구하시오.
③ 이 2가지 지붕 시스템 중 어떤 선택이 필요한지 설명하세요.

해설

1. 생애주기비용의 계산

생애주기 25년			이자율 10%	
경 비 내 역			현재설계	제안설계
			EPDM	BUR-4
공종 : 지붕공사			389,964,000	294,152,000
A. 초기비용 :			N/A	N/A
잔존가치			10년	10년
B. 유용수명 :				
순환비용			7,999,280	10,295,320
1. 유지비			N/A	N/A
2. 운용비			N/A	N/A
3. 에너지			72,609,784	93,451,031
총비용				
C. 단일경비	금액	계수	현재가치	현재가치
4.지붕(EPDM) 교체 10년	389,964,000	0.38554	150,346,720	
5.지붕(BUR-4) 교체 10년	294,152,000	0.38554		113,407,362
6.지붕(EPDM) 교체 10년	389,964,000	0.14864	57,964,000	
7.지붕(BUR-4) 교체 10년	294,152,000	0.14864		43,722,753
총현재가치			208,310,720	157,130,115
유지 보수비(B+C)			280,920,504	250,581,146
총생애주기비용			670,884,504	544,733,146
생애주기비용 절감액(제안)				126,151,358

2. Break Even Point의 계산

$y_1 = a + ct$에서

$a = 389,920,504$이고, $c = 280,920,504/25$년$= 11,236,820/$년이며

$y_2 = b + dt$에서

$b = 294,152,000$이고, $d = 250,581,146/25$년$= 10,023,246/$년이며

$y_1 = y_2$가 성립하는 t를 구하면 답이 된다.

즉 $389,920,504 + 11,236,820t = 294,152,000 + 10,023,246t$

$11,236,820t - 10,023,246t = 294,152,000 - 389,920,504$

$1,213,574t = -104,770,504$

$\therefore\ t = -86.33$이다.

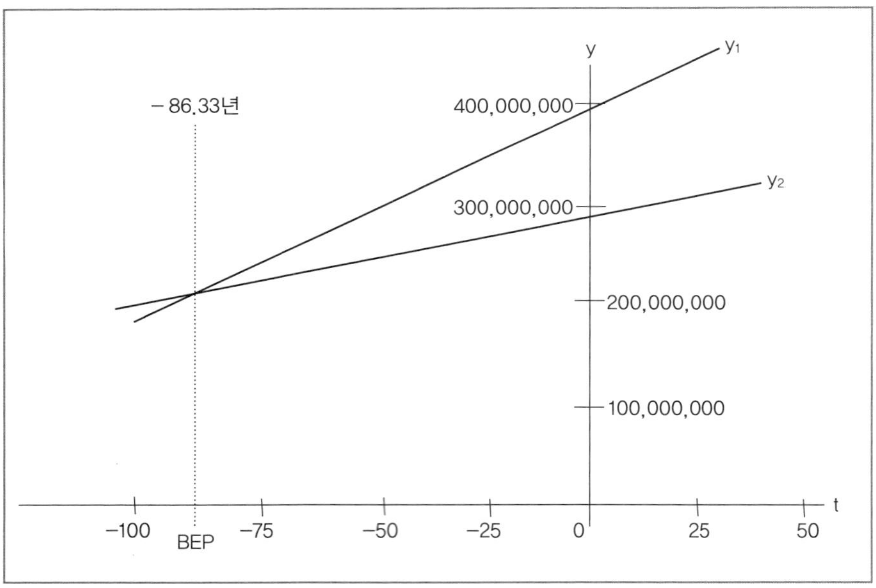

그림 원설계와 제안설계의 비교

3. 지붕 시스템의 선택

BEP의 값이 음(−)의 부호를 가지므로 향후에 BEP가 있지 않고 과거에 있었다는 뜻이며, 이는 원설계는 생애주기비용 면에서 제안설계의 생애주기비용과 비교가 불가능하게 높다는 뜻이 되어 제안설계를 선택해야 한다.

제15장

건설공사계약 일반조건

15.1 건설공사의 계약일반조건

15.1 건설공사의 계약일반조건

1. 개요

계약이란 2명 이상의 당사자가 서로 대립하는 의사표시가 합치됨으로써 성립되는 법률적 행위이다. 이는 어떠한 권력이나 강제에 의한 것이 아니라 계약행위를 통하여 당사자 간의 법률적 관계를 규율하는 것이다. 건설공사의 계약은 타 산업 분야와는 달리 서비스 생산의 복잡성 및 특수성으로 인해 도급계약의 성질을 가지고 있다. 도급계약에 관한 사항은 특별히 민법에 규정되어 있으나 이러한 규정만으로는 계약의 목적을 실현하는 데에 어려움이 있다. 따라서 건설산업기본법 등 다른 특별법이나 약관에 의해 보다 세부적으로 규정되어 있다. 그러나 정부공사와 관계되는 실제적인 계약행위에 대해서는 국가계약법에 따라 회계예규인 공사계약일반조건이 활용된다. 이는 도급계약의 관계를 보다 명확하고 적정하게 하기 위한 것으로 계약당사자 간의 구체적인 권리와 의무관계의 내용을 규율하기 위해서다.

이에 따라 건설공사계약에 대해서는 "공사계약일반조건", 용역에 대해서는 "용역계약일반조건"으로 명칭되며, 이 조항은 전문 54개로 구성된다. 건설공사의 계약일반조건은 기획재정부에서 일반화하여 공공공사계약에 활용되고 있다. 이 조항은 전문 54개로 구성되어 있으며 전통적 공사계약뿐 아니라 국가를 당사자로 하는 모든 공사계약일반조건이 포함되어 있어 계약문서로서의 중요한 역할을 하고 있다. 본 장에서는 공사계약의 일반조건의 각 조분에 대한 조항별 개념 및 주요 내용에 대하여 설명한 해설이다.

2. 총칙

> **제1조(총칙)** 계약담당공무원과 계약당사자는 공사도급표준계약서(이하 "계약서"라 한다)에 기재한 공사의 도급계약에 관하여 제3조의 규정에 의한 계약문서에서 정하는 바에 따라 신의와 성실의 원칙에 입각하여 이를 이행한다.

(1) 개요

본 조항은 계약의 총칙규정으로서 계약당사자 간의 도급계약이 계약서 · 설계서 · 입찰유의서 · 공사계약일반조건 · 수량산출내역서에서 정하는 바에 따라 신의와 성실로써 계약을 이행해야 할 것을 선언적으로 규정하고 있다.

(2) 계약당사자란

계약당사자란 발주자인 계약담당공무원과 도급자인 계약상대자를 말하는데 계약담당공무원과 계약상대자의 개념에 대하여는 동 조건 제2조에 정의되고 있다.

여기에서 계약담당공무원이라 함은 "국가계약법 시행규칙" 제2조의 규정에 의한 공무원을 말하며, 계약상대자라 함은 정부와 공사계약을 체결한 법인 또는 자연인을 말한다. 일반적으로 건설공사의 도급계약의 경우 발주자를 사업시행자, 도급자를 시공자라고도 하는데 발주자는 공사를 주문하는 입장이고 수급자는 공사를 수주하는 입장에 있다. 민간공사계약의 경우 발주자를 도급인으로 계약상대자를 수급인으로 칭한다.

(3) 당사자의 기본의무

이 조항에서 발주자와 도급자가 부담하고 있는 기본적인 의무는 명확히 하고 있다. 즉 발주자의 임무는 공사대금을 지급하는 것이고, 도급자는 설계서에 의해 공사목적물을 완성하여 인도하는 것이다. 여기에서 도급자의 의무는 당사자가 기명날인한 공사도급계약서에는 약관, 설계서, 시방서에 기초하여 공사도급계약을 체결하는 것이라고 기재하고 있다. 설계서란 공사의 수행범위와 수량을 나타내는 것이고 공사시방서는 이러한 일을 완성하는 것을 상세히 기술하고 있어 도급자의 의무를 명확히 하고 있다.

(4) 신의성실의 원칙

신의성실이란 법률관계에 있어서 당사자는 사회공동생활의 구성원으로서 상대방의 이익을 배려하여 형평에 어긋나거나, 신뢰를 저버리는 행동이나 방법으로 권리를 행사하거나 의무를 이행하여서는 아니 된다는 것을 말한다. 이는 권리남용금지의 원칙과 함께 민법을 지배하는 주요 원칙이다. 국가계약법에는 "계약은 상호 대등한 입장에서 당사자의 합의에 따라 체결하여야 하며, 당사자는 계약의 내용을 신의성실의 원칙에 따라 이를 이행하여야 한다."라고 규정하고 건설공사의 도급계약에 관해서는(제22조제1항) "건설공사에 관한 도급계약의 당사자는 대등한 입장에서 합의에 따라 공정하게 계약을 체결하고, 신의에 따라 성실하게 계약을 이행하여야 한다."라고 정하고 있다. 이 원칙은 계약당사자 간의 행동의 원칙으로만 작용하지 않고 법률 및 계약해석의 원리로도 작용한다. 즉 상호간 계약관계에서 상대방이 계약을 잘 이행할 것이라고 믿음을 주는 것과 동시에 자신도 그 의무와 계약사항을 약속에 의해 지켜야 하는 것이다.

3. 용어의 정의

제2조(용어의 정의) 이 조건에서 사용하는 용어의 정의는 다음과 같다.

1. "계약담당공무원"이라 함은 "국가를 당사자로 하는 계약에 관한 법률시행규칙"(이하 "시행규칙"이라 한다.) 제2조의 규정에 의한 공무원을 말한다. 이 경우 각 중앙관서의 장이 계약에 관한 사무를 그 소속공무원에 위임하지 아니하고 직접 처리하는 경우에는 이를 계약담당공무원으로 본다.
2. "계약상대자"라 함은 정부와 공사계약을 체결한 자연인 또는 법인을 말한다.
3. "공사감독관"이라 함은 제16조에 규정된 임무를 수행하기 위하여 정부가 임명한 기술직원 또는 그의 대리인을 말한다. 다만, "건설기술관리법" 제27조의 규정에 의하여 책임감리를 하는 공사에 있어서는 당해 공사의 감리를 수행하는 감리원을 말한다.
4. "설계서"라 함은 공사시방서, 설계도면 및 현장설명서를 말한다. 다만, 공사 추정가격이 1억 원 이상인 공사(제19조제2항제2호 및 제3호에 규정한 공사는 제외)에 있어서 공종별 목적물 물량(가설물의 설치에 소요되는 물량 포함, 이하 같다)이 표시된 내역서를 포함한다.
5. "설계도면"이라 함은 시공될 공사의 성격과 범위를 표시하고 설계자의 의사를 일정한 약속에 근거하여 그림으로 표현한 도서로서 공사목적물의 내용을 구체적인 그림으로 표시해놓은 도서를 말한다.
6. "공사시방서"라 함은 시공될 공사의 성격과 범위를 표시하고 설계자의 의사를 일정한 약속에 근거하여 그림으로 표현한 도서로서 공사목적물의 내용을 구체적인 그림으로 표시해놓은 도서를 말한다.
7. "현장설명서"라 함은 시행령 제14조의2 규정에 의한 현장설명 시 교부하는 도서로서 시공에 필요한 현장 상태 등에 관한 정보 또는 단가에 관한 설명서 등을 포함한 입찰가격 결정에 필요한 사항을 제공하는 도서를 말한다.
8. "공종별 목적물 물량내역서"라 함은 공종별 목적물을 구성하는 품목 또는 비목과 동품목 또는 비목의 규격 · 수량 · 단위 등이 표시되고, 시행령 제14조제1항 및 제2항의 규정에 의하여 입찰공고 후 또는 낙찰자 결정 후 입찰에 참가하고자 하는 자 또는 낙찰자에게 교부된 내역서(이하 "물량내역서"라 한다)를 말한다.

9. "산출내역서"라 함은 시행령 제14조제6항 및 제7항의 규정에 의하여 발주기관이 교부한 물량내역서에 입찰자 또는 계약상대자가 단가를 기재하여 제출한 내역서와 시행령 제85조제2항 및 제3항의 규정에 의하여 제출한 내역서 및 수의계약으로 체결된 공사의 경우 착공신고서 제출 시까지 제출한 내역서를 말한다.
10. 이 조건에서 따로 정하는 경우를 제외하고는 "국가를 당사자로 하는 계약에 관한 법률시행령", "특정조달을 위한 국가를 당사자로 하는 계약에 관한 법률시행령 특례규정"(이하 각각 "시행령", "특례규정"이라 한다.), 시행규칙 및 회계예규 공사입찰유의서(이하 "유의서"라 한다)에 정하는 바에 의한다.

(1) 개요

건설공사계약에 사용되는 계약서나 설계도서 및 공사시방서 등은 계약목적상 정확한 의미를 전달해주는 것이 중요하다. 계약문서에 약어를 사용하게 되면 그것이 무슨 의미인지 명확하지 않은 경우가 있으므로 대부분의 법률은 용어의 정의를 규정하고 있다. 이는 계약에 규정된 내용을 올바로 이해하거나 해석함에 있어 그 뜻이 모호하여 법규의 적용에 상호간 해석상의 충돌을 피하고자 하는 데 의의가 있다.

(2) 용어의 해석

① 계약담당공무원

계약담당공무원은 "국가를 당사자로 하는 계약에 관한 법률시행규칙"(이하 "시행규칙"이라 한다) 제2조의 규정에 의한 공무원은 계약행위의 주체로서 계약에 대한 권한을 가지고 있는 공무원으로서 계약상 발주자를 대표한다. 이 규정에 의한 공무원의 내용과 범위는 다음과 같다. 그러나 만약 중앙관서의 장이 계약에 관한 사무를 그 소속공무원에게 위임하지 않고 직접 처리하는 경우에는 이를 계약담당공무원으로 본다.

- 국가계약법 제6조제1항의 규정에 의한 계약관
- 예산회계법 제65조의 규정에 의한 지출관으로부터 자금을 교부받아 "출납공무원 사무처리 규칙"에 의한 지급원인 행위를 할 수 있는 일상 경비출납공무원
- "예산회계법" 제61조의 규정에 의한 재무관
- 세입의 원인이 되는 계약에 관한 사무를 각 중앙관서의 장으로부터 위임받은 공무원

② 계약상대자

계약상대자란 정부와 공사계약을 체결한 자연인 또는 법인으로서 계약 시 담당공무원과 상대적인 위치에 있는 자를 말한다. 이 경우 건설공사에서 계약상대자는 도급자인 건설업자가 되며, 용역계약인 경우에는 용역회사가 되는데 이를 "계약자"라고도 한다. 일반적으로 건설공사계약서에는 발주자인 기관을 "갑"이라 하고 수급자인 "시공자"를 "을"이라고 한다. 이에 따라 계약당사자 간에 계약이 체결되면 상호간 계약이행을 위한 책임과 의무가 발생하는데, 시공자는 계약서에 명시된 내용대로 정해진 기간 동안 공사목적물을 완성해야 하고 발주자는 이와 동시에 공사 완성에 따른 도급금액을 지급해야 할 의무를 갖게 된다.

③ 공사감독관

공사감독관은 제16조에 규정된 임무를 수행하기 위하여 정부가 임명한 기술직원 또는 그 대리인 또는 "건설기술관리법" 제27조의 규정에 의하여 책임감리를 하는 공사에 있어서는 당해 공사의 감리를 수행하는 감리원을 말한다.

여기에서 공사감독관은 계약된 공사의 수행에 따라 계약문서에서 정한 공사목적물에 대한 소요품질 확보 및 향상을 위하여 공사 감독행위를 수행하는 자이다.

공사의 감독행위란 발주자를 대리하여 현장공사를 지휘 · 명령 · 관리하는 자로서 어떤 사람이나 기관이 다른 사람이나 기관의 행위가 부적합하지 않도록 감시하고 필요한 경우 시정조치를 위해 지휘 · 명령 · 제재하는 업무를 담당하는 사람이다.

한편, 건설기술관리법에 의해 총건설공사비의 규모가 일정한 규모 이상인 경우에 적용되는 책임감리를 수행하는 감리원도 공사감독관이라 부른다. 책임감리란 건설기술관리법 제2조제5호의 규정에 의해 건설공사비의 총액규모가 관급자재비를 포함하여 200억원 이상인 22개의 공종에 대한 발주청이 발주한 건설공사에 대하여 법 제28조에 규정에 의한 감리전문회사가 위탁에 의해 당해 공사의 설계도서, 기타 관계서류의 내용대로 시공되는지 여부를 확인하고 품질관리, 시공관리, 공정관리, 안전 및 환경관리 등에 대한 기술검토와 지도를 하며 관계법령에 따라 발주청의 감독권한을 대행하는 것을 말한다. 공사감리란 건축사감리 또는 시공감리를 말하며, 건축물 또는 공작물이 설계도서의 내용대로 시공되는지 여부를 확인하는 것으로서 품질관리, 공사관리, 안전관리, 환경관리 등에 대하여 기술지도 및 감독하는 행위를 말한다.

④ **설계서**

설계서란 설계도서라고도 하며, 설계서에는 공사시방서, 설계도면, 현장설명서를 모두 포함하는 것을 말한다. 단, 공사 추정가격이 1억 원 이상인 공사에서는 공종별 공사수량이 표시된 내역서도 포함한다.

⑤ **설계도면**

설계도면은 공사목적물이 시공될 공사의 성격과 범위를 표시하고 설계자의 의사를 일정한 약속에 근거하여 그림으로 표현한 도면으로 공사내용을 구체적인 그림으로 표시해 놓은 도서를 말한다. 설계도면은 배치도, 평면도, 입면도, 단면도, 상세도와 각 부분별 세부상세도 등이 포함된다.

⑥ **시방서**

시방서는 설계도면에 표시하기 어려운 내용을 기술한 문서이며 건설공사 수행기준으로 계약문서의 일부가 된다. 시방서에는 표준시방서, 전문시방서, 공사시방서로 분류할 수 있으며 일반시방서와 특기시방서로 구분된다. 시방서의 내용은 공사재료, 공법에 관한 사항과 품질시험 및 검사에 관한 사항, 품질관리계획, 안전관리계획, 환경관리계획 등에 관한 사항을 기술하고 당해 공사의 특성과 현장여건에 따라 시방서의 기술내용은 달라진다.

⑦ **현장설명서**

현장설명서는 발주자가 시공자에서 공사목적물의 실현을 위해 제공하는 공사 정보문서로, 시공에 필요한 현장 상태 등에 관한 정보 또는 단가에 관한 설명서 등을 포함한 입찰가격 결정에 필요한 사항을 제공하는 도서를 말한다. 이 문서는 입찰참가자가 공사현장의 여건, 설계의 내용, 공사규모, 시공상의 문제점 등에 대하여 미리 숙지하게 하여 공사내용과 범위 및 공사 중 부담해야 할 위험요인들을 감안하여 적정한 공사비를 산출하게 하기 위한 설명서이다. 국가계약법 시행령 제14조에는 공사목적물의 추정가격이 300억 원 이상인 공사에 대하여는 반드시 현장설명을 실시하도록 규정하고 있으며, 현장설명 참가 시에는 소정의 국가기술자격을 취득하거나 관계법령에 의하여 기술자로 인정되는 자가 참가할 수 있도록 하고 있다.

⑧ **물량내역서**

물량내역서란 공사목적물의 실현을 위해 구성하는 품목 또는 비목과 동 품목 또는 비목의 규격 · 수량 · 단위로써, 시행령 제14조제1항 및 제2항의 규정에 의하여 입찰공고 후 또는 낙찰자 결정 후 입찰에 참가하고자 하는 자 또는 낙찰자에게 교부된 내역서를 말한다. 통상적으로 물량내역서는 공사예정가격을 산정하기 위해 발주기관이 공사공종별 수량 및 금액을 산출하는 설계내역서 중 단가 및 금액을 삭제한 일종의 공사비내역서이다. 이 내역서의 작성자는 대부분 공사목적물을 설계한 설계자 또는 그로부터 위탁받은 적산 전문가들이다.

⑨ **산출내역서**

"산출내역서"는 발주기관이 입찰자에게 교부한 물량내역서에 입찰자가 단가를 기재하여 제출한 내역서와 수의계약으로 체결된 공사의 경우 착공신고서 제출 시까지 제출한 내역서를 말한다. 산출내역서는 보통 공사목적물의 공사비를 구성하는 상세내역으로서 각 공종별 규격 및 단가, 수량, 금액의 산출내역을 구체적으로 표시한 문서이다.

4. 계약문서

제3조(계약문서) ① 계약문서는 계약서, 설계서, 유의서, 공사계약일반조건, 공사계약특수조건 및 산출내역서로 구성되며 상호 보완의 효력을 가진다. 다만, 산출내역서는 이 조건에서 규정하는 계약금액의 조정 및 기성부분에 대한 대가의 지급 시에 적용할 기준으로서 계약문서의 효력을 가진다.

② 계약담당공무원은 "국가를 당사자로 하는 계약에 관한 법령", "공사관계법령 및 이 조건에 정한 계약일반사항" 외에 당해 계약의 적정한 이행을 위하여 필요한 경우 공사계약특수조건을 정하여 계약을 체결할 수 있다.

③ 제2항의 규정에 의하여 정한 공사계약특수조건에 "국가를 당사자로 하는 계약에 관한 법령, 공사관계법령 및 이 조건에 의한 계약상대자의 계약상 이익을 제한"하는 내용이 있는 경우 특수조건의 동 내용은 효력이 인정되지 아니한다.

④ 이 조건이 정하는 바에 의하여 계약당사자 간에 통지문서 등은 계약문서로서의 효력을 가진다.

(1) 계약문서란

계약문서란 건설공사의 계약과 관련된 문서를 말한다. 계약문서에는 계약서와 설계서, 공사입찰유의서, 과업지시서, 과업설명서, 공사계약일반조건, 공사계약특수조건 및 산출내역서, 통지문서로 구성된다. 여기에서 국가계약법 제11조에 명시된 계약서란 계약의 목적 계약금액, 이행기간, 계약보증금, 위험부담, 지체상금 기타 필요한 사항을 명확히 기재한 계약서류로, 계약담당공무원과 계약상대자가 계약서에 기명날인함으로써 계약이 확정된다. 또 설계서란 공사시방서, 설계도면, 현장설명서, 물량내역서를 말하는데 공사의 추정가격이 1억 원 이상인 공사에 있어서는 공사공종별 물량이 표시된 내역서를 포함한다.

공사입찰유의서란 건설공사의 입찰에 참가하고자 하는 자가 유의해야 할 사항을 정한 서류이다. 이 입찰유의서에는 입찰참가신청, 입찰관련 서류, 현장설명, 입찰보증금에 관한 사항과 입찰서의 작성, 산출내역서의 제출, 입찰의 무효에 관한 사항, 낙찰자 결정, 계약의 체결, 부당업자의 입찰참가자격 제한 등에 대한 사항을 규정하고 있다. 그리고 공사계약일반조건에는 공사의 착공, 반입재료의 검사, 계약금액의 조정, 계약의 해제, 위험부담 등 건설공사계약 체결 시 발주자와 계약상대자 간의 권리와 의무사항에 대하여 규정하고 있다. 또한 공사계약특수조건은 공사의 계약문서의 하나로 계약일반조건의 변경이나 상세한 설명이 담긴 계약서류이며, 주로 공사요구조건, 제한사항 및 특별한 공사요구사항 및 준수사항을 말한다.

5. 사용언어

제4조(사용언어) ① 계약을 이행함에 있어서 사용하는 언어는 한국어로 함을 원칙으로 한다.

② 계약담당공무원은 계약체결 시 제1항의 규정에도 불구하고 필요하다고 인정하는 경우에는 계약이행과 관련하여 계약상대자가 외국어를 사용하거나 외국어와 한국어를 병행하여 사용할 수 있도록 필요한 조치를 할 수 있다.

③ 제2항의 규정에 의하여 외국어와 한국어를 병행하여 사용한 경우 외국어로 기재된 사항이 한국어와 상이할 때에는 한국어로 기재한 사항이 우선한다.

(1) 언어의 사용

사용언어에 관한 조항은 계약이행을 위하여 주고받는 문서를 한국어로 사용하는 것을 정하고 있다. 이 장의 제1항에서 "계약을 이행함에 있어서"란 단순하게 계약서만을 의미하지 않고 계약관련 문서 이외에도 현장 공사업무 수행의 전 과정에서 계약당사자가 주고받는 모든 업무 및 정보의 교환 등도 한국어로 사용한다는 의미를 가지고 있다. 그러나 국가계약법에 따라 국제입찰에 의한 정부조달계약의 범위가 결정되는 경우에는 외국어를 사용할 수 있다. 즉 물품 · 공사 · 용역의 계약으로서 정부조달협정 및 이에 근거한 국제규범에 따라 주무부처 장관이 정하여 고시하는 금액 이상의 계약인 경우에는 국제입찰에 의한 정부조달계약의 대상이 된다.

이러한 경우에는 외국어를 사용할 수 있는데 용역계약의 일반조건에서도 "필요하다고 인정하는 경우에는 계약이행과 관련하여 계약상대자가 외국어를 사용하거나 외국어와 한국어를 병용하여 사용할 수 있도록 필요한 조치를 할 수 있다."라고 규정하고 있다(용역계약조건 제5조제2항). 이러한 경우에도 한국어와 외국어의 의미에 차이가 있을 경우에는 그 효력에 있어서 한국어가 우선한다는 것을 선언하고 있다. 특히 국제입찰에 의한 입찰공고 시에는 계약의 목적물과 입찰서, 입찰참가자신청서 제출마감일, 발주기관의 명칭 및 주소 등은 영어 · 프랑스어 · 스페인어 중 하나를 선택하여 입찰공고문 하단에 기재하도록 규정하고 있다(특례규정 제82조제2항).

6. 통지 등

제5조(통지 등) ① 구두에 의한 통지 · 청구 요구 회신 승인 또는 지시(이하 "통지 등"이라 한다)는 문서로 보완되어야 효력이 있다.

② 통지 등의 장소는 계약서에 기재된 주소로 하며, 주소를 변경하는 경우에는 이를 즉시 계약당사자에게 통지하여야 한다.

③ 통지 등의 효력은 계약문서에서 따로 정하는 경우를 제외하고는 계약당사자에게 도달한 날로부터 발생한다. 이 경우 도달일이 공휴일인 경우에는 그 익일부터 효력이 발생한다.

④ 계약당사자는 계약이행 중 이 조건 및 관계법령 등에서 정한 바에 따라 서면으로 정당한 요구를 받은 경우에는 이를 성실히 검토하여 회신하여야 한다.

(1) 개요

이 조항 및 용역계약일반조건 제6조(통지 등)의 사항은 구두에 의한 통지 등은 반드시 문서로 보완되어야 효력이 있다는 서면주의를 나타내고 있다. 즉 계약의 이행 시 통지 신청 청구 요구 회신 승인 또는 지시 등은 일일이 서면으로 하기는 어려운 일이긴 하나 한번 분쟁이 발생하면 통지 등을 하였는가의 여부가 중요한 판단기준이 된다.

만약 구두로 하였을 경우에는 이를 제3자에게 증명하기에는 설득력이 없기 때문에 반드시 문서로 행할 것을 천명하고 있다. 그러나 비록 구두로 행한 통지행위에 있어서도 충분한 증명이 확보되는 경우에는 유효한 행위로 인정된다.

(2) 도급계약서에 명시해야 할 사항

건설사업은 다른 산업에 비해 건설생산에 소요되는 기간이 길고 공사관계 당사자인 시공업체 · 외주업체 등과의 계약관계가 복잡하므로 명확한 계약관련 근거서류가 구비되지 않고는 이로 인한 분쟁이 야기될 가능성이 있고, 이를 해결하는 방법도 복잡해질 수 있다. 이에 따라 건설산업기본법 제22조에는 “건설공사에 관한 도급계약 당사자는 그 계약체결에 있어서 도급금액 공사기간 기타 대통령령이 정하는 사항을 계약서에 명시하여야 하며, 서명날인한 계약서를 서로 교부하여 보관하여야 한다.”라고 규정하고 있다(건설산업기본법 제22조 영 제25조). 이 법의 제22조제2항에는 건설공사의 도급계약서에 명시해야 할 사항을 다음과 같이 정하고 있다.

① 공사내용
② 도급금액과 도급금액 중 노임에 해당하는 금액
③ 공사착수 시기와 공사완성의 시기
④ 도급금액의 선금이나 기성금의 지급에 관하여 약정을 한 경우에는 각각 그 지급의 시기 · 방법 및 금액
⑤ 공사의 중지, 계약의 해제나 천재지변의 경우 발생하는 손해의 부담에 관한 사항
⑥ 설계변경 · 물가변동 등에 기인한 도급금액 또는 공사내용의 변경에 관한 사항
⑦ 법 제34조제2항의 규정에 의한 하도급대금지급보증서의 교부에 관한 사항(하도급 계약 시)
⑧ 법 제35조제1항의 규정에 의한 하도급대금의 직접지급 사유와 그 절차
⑨ “산업안전보건법” 제30조에 따른 산업안전보건관리비의 지급에 관한 사항
⑩ 당해 공사 시 발생한 폐기물의 처리방법과 재활용에 관한 사항
⑪ 완성 후 인도를 위한 검사 및 그 시기
⑫ 계약이행 지체의 경우 위약금 지연이자의 지급 등 손해배상청구에 관한 사항
⑬ 하자담보책임기간 및 담보방법

⑭ 분쟁발생 시 분쟁의 해결방법에 관한 사항

(3) 통지의 유형

건설공사 계약일반조건에 포함되어 있는 통지 등의 종류는 다음과 같다.

표 15-1 통지의 유형

유 형	관련 조항
(1) 통지(Notice)	• 제13조제3항 (잉여 관급자재의 발주기관에 통지) • 제14조제1항 (공사현장대리인의 통지) • 제19조의 2제1항 (설계변경 시 통지) • 제19조의 5 (발주기관의 필요에 의한 설계변경 통보 및 통지) • 제22조의제6항 (보완을 완료한 사실의 통지 등)
(2) 신청(Request)	• 제43조제3항 (기성대가지급청구를 위한 검사 신청)
(3) 청구(Demand)	• 제7조제1항 (계약보증금 반환청구) • 제18조제2항 (휴일 및 야간작업 시 추가비용청구) 등
(4) 요구(Request)	• 제7조제2항 (계약보증금 대체납부 요청) • 제8조제3항 (계약보증금 납입 요청) 등
(5) 회신(Reply)	• 제5조 (통지 등에 대한 검토회신)
(6) 승인(Approval)	• 제18조제1항 (휴일 및 야간작업의 승인)
(7) 지시(Indicate)	• 제13조제3항 (관급자재에 대한 지시) • 제17조제5항 (공사추진에 필요한 조치 지시)

7. 채권양도

제6조(채권양도) ① 계약상대자는 이 계약에 의하여 발생한 채권(공사대금청구권)을 제3자에게 양도할 수 있다.

② 계약담당공무원은 제1항의 규정에 의한 채권양도와 관련하여 적정한 공사이행목적 등 필요한 경우에는 채권양도를 제한하는 특약을 정하여 운용할 수 있다.

(1) 채권양도 및 양수

계약에 의해 수행되는 건설공사는 그 수행과정에서 예기치 못한 사정으로 인해 시공자가 부도를 내거나 계속적으로 공사를 수행하기 어려운 상황이 발생할 수 있다. 이 경우 채권의 양도를 허용하지 않으면 발주자가 손해를 볼 수 있는 우려가 있다.

그러나 계약관계의 상황을 무조건 제3자에게 양도를 허용하게 할 경우 또 다른 문제들이 발생할 수 있기 때문에 양도금지에 대한 특약을 정하여 이를 허용하고 있다. 여기에서 채권의 양도란 계약에 의한 채권의 동질성을 유지하면서 다른 사람에게 이전하는 행위이다. 제6조(채권양도) 조항은 계약에 의해 발생한 채권을 제3자에게 양도할 수 있도록 허용하고 있다. 이는 민법에서 인정하고 있는 조항으로써(민법 제449조 내지 452조) 보통 양도와 양수인의 합의에 의해 그 효력이 발생하지만 양도의 효력을 제3자에게 주장하기 위해서는 다음과 같은 요건이 필요하다.

① 채무자를 상대로 주장하려면 양도가 있었다는 것을 양도인으로부터 채무자에게 통지하거나 채무자가 그것을 승낙해야 한다.

② 채무자 이외에 제3자에게 주장하려면 통지나 승낙을 내용증명우편 등과 같은 확정 일부가 있는 증서로 해야 한다.

8. 계약보증금

제7조(계약보증금) ① 계약자는 이 조건의 규정에 의하여 계약금액이 증액된 경우에는 이에 상응하는 금액의 계약보증금을 시행령 제50조 및 제52조에 정한 바에 따라 추가로 납부하여야 하며 계약금액이 감액된 경우에는 이에 상응하는 금액의 계약보증금을 반환청구할 수 있다.

② 계약담당공무원은 시행령 제1항의 규정에 의하여 계약이행을 보증한 경우로서 다음의 각 호에 해당하는 때에는 1회에 한하여 계약이행보증방법을 변경하게 할 수 있다.

1. 시행령 제52조제1항제1호의 규정에 의하여 계약이행을 보증한 계약당사자가 동항 제2호 및 제3호의 규정에 의한 보증이행방법으로 변경을 요청한 경우
2. 시행령 제52조제1항제2호의 규정에 의하여 계약이행을 보증한 계약상대자가 동항 제3호의 규정에 의한 보증이행방법으로 변경을 요청한 경우
3. 시행령 제52조제1항제3호의 규정에 의하여 계약이행을 보증한 계약당사자가 동항 제2호의 규정에 의한 보증이행방법으로 변경을 요청한 경우

③ 계약담당공무원은 시행령 제37조제2항제2호의 규정에 의한 유가증권이나 현금으로 납부된 계약보증금을 계약상대자가 특별한 사유로 시행령 제37조제2항제1호 내지 제5호에 규정된 보증서 등으로 대체납부할 것을 요청한 때에는 동 가치 상당액 이상으로 대체납부하게 할 수 있다.

(1) 개요

국가계약법 제12조 및 동법 시행령 제50조에 의하면 계약을 체결하고자 하는 자는 계약체결 전까지 계약서에 정한 계약보증금을 현금 또는 기타의 수단으로 계약담당공무원에게 납부하도록 하고 있다. 이는 계약의 채무불이행에 대비한 계약보증에 관한 사항으로 계약금액의 증감에 따라 계약보증금도 추가되거나 반환청구할 수 있도록 규정한 것이다.

(2) 보증의 개념

보증채무란 채무자가 그 채무를 이행하지 않을 경우 이를 대신하여 채무를 이행하도록 하기 위해 보증인이 채무를 부담하는 것이다. 따라서 보증이란 법률상 채무불이행에 대하여 책임을 지는 것이며, 채무불이행에 대비하여 채무자가 채권자에게 계약보증금을 미리 제공하여 채무의 변제를 확보하는 데 사용하는 수단이다. 따라서 보증은 발주자와 시공자에 의해 보증인의 관계를 형성하여 계약 시 계약의무이행자는 수급자인 시공자이고 발주자는 시공자의 채무이행에 대한 채권자가 된다. 계약보증은 발주자로부터 수급받은 시공자가 계약조건에 따라 계약상의 책임과 의무를 성실하게 수행할 것을 보증하는 것이며, 계약사항을 이행하지 아니할 때에는 계약조건이나 보증서에 정하는 바에 따라 보증의무를 이행하게 된다.

9. 계약보증금의 처리

제8조(계약보증금의 처리) ① 계약당사자가 정당한 이유 없이 계약상의 의무를 이행하지 아니할 때에는 계약보증금을 국고에 귀속한다.

② 제1항의 규정은 시행령 제69조의 규정에 의한 장기계속공사계약에 있어서 계약상대자가 2차 이후의 공사계약을 체결하지 아니한 경우에 이를 준용한다.

③ 시행령 제50조제10항의 규정에 의하여 계약보증금지급각서를 제출한 경우로서 계약보증금의 국고귀속사유가 발생하여 계약담당공무원의 납입요청이 있을 때에는 계약상대자는 당해 계약보증금을 지체 없이 현금으로 납부하여야 한다.

④ 제1항 및 제2항의 규정에 의하여 계약보증금을 국고에 귀속함에 있어서 그 계약보증금은 이를 기성부분에 대한 미지급액과 상계처리할 수 없다. 다만, 계약보증금의 전부 또는 일부를 면제받은 자의 경우에는 국고에 귀속되는 계약보증금과 기성부분에

대한 미지급액을 상계 처리할 수 있다.

⑤ 계약상대자가 납부한 계약보증금은 계약이 이행된 후 계약상대자에게 지체 없이 반환한다.

(1) 계약보증금의 처리절차

이 조항은 계약상대자가 정당한 사유 없이 계약상의 의무를 이행하지 않거나 국가계약법 시행령 제69조의 규정에 의한 장기계속공사계약에 있어서 계약상대자가 2차 이후의 공사계약을 체결하지 않는 경우에 계약보증금을 국고에 귀속하거나 계약이행 완료 후 반환방안을 담고 있다. 여기에서 계약상대자의 정당한 사유란 계약상대자의 책임이 아닌 사유를 말하고, 계약상 의무란 계약서에 따라 공사를 수행해야 할 의무를 말한다. 또 장기계속공사란 그 공사의 성질상 수년간 계속하여 존속할 필요가 있거나 공사이행의 기간이 장기간을 요하는 경우에 체결하는 계약으로써, 사업의 규모, 내용 등이 설계서 등에 의해 확정되었으나 예산확보의 불확실성이나 국고채무 부담행위에 의한 경우에는 연차별로 준공처리해야 하며, 이 경우 지체상금도 연차별로 산정하여 부과하게 된다.

10. 연대보증인의 자격

제9조(연대보증인 등의 자격) ① 시행령 제52조의 규정에 의한 연대보증인 및 보증이행업체는 다음의 각 호에 해당하는 자격을 갖추고 있어야 하며, 계약담당공무원은 연대보증인 및 보증이행업체의 적격여부를 심사하기 위하여 계약상대자에게 관련 자료의 제출을 요구할 수 있다.

1. "독점규제 및 공정거래에 관한 법률"에 의한 계열회사가 아닌 자
2. 시행령 제76조의 규정에 의한 입찰참가자격제한을 받고 그 제한기간 중에 있지 아니한 자
3. 시행령 제13조의 규정에 의한 입찰공고 등에서 정한 입찰참가자격과 동등 이상의 자격을 갖춘 자
4. 시행령 제13조의 규정에 의한 입찰의 경우에는 입찰참가자격 사전심사기준에 따른 입찰참가에 필요한 종합평점 이상이 되는 자

② 계약담당공무원은 제1항의 규정에 의하여 연대보증인 및 보증이행업체로 된 자가 부적격하다고 인정되는 때에는 계약상대자에게 연대보증인 및 보증이행업체의 변경을

요구할 수 있다.
③ 시행령 제52조제1항제3호의 규정에 의한 공사이행보증서의 제출 등에 대하여는 제1항 및 제2항 외에 회계예규 "정부입찰 · 계약 집행기준" 제10장(공사의 이행보증제도 운용)에 정한 바에 의한다.

(1) 연대보증이란

이 조항은 연대보증인의 자격에 관한 규정으로, "연대보증"이란 보증인이 채권자에 대하여 주 채무자와 연대하여 채무를 부담함으로써 주 채무의 이행을 담보하는 일종의 보증채무이다. 따라서 연대보증은 보증인이 주 채무자와 연대하여 채무를 부담하는 보증으로써 주 채무가 성립되지 않으면 연대보증도 성립되지 않는다. 그러나 보통의 보증채무와는 다르게 연대보증인은 최고나 검색의 항변권이 없으므로 채무자는 주 채무자의 자금력의 유무에 불문하고 즉시 연대보증인에게 청구하고 강제집행을 할 수 있다.

(2) 연대보증인 등의 자격

연대보증인의 자격은 "국가계약법 시행령" 제36조의 입찰공고 등에서 요구한 자격과 동등한 자격을 갖춘 자이어야 한다. 또 기타의 연대보증인에 관한 필요사항은 기획재정부령으로 정하고 있다(국가계약법 시행령 제52조제3항). 또한 연대보증인과 보증이행업체는 다음의 각 호에 해당하는 자격을 갖추고 있어야 한다.

① 독점규제 및 공정거래에 관한 법률에 의한 계열회사가 아닌 자
② 입찰참가자격 제한을 받고 그 제한기간 중에 있지 아니한 자
③ 입찰공고 등에서 정한 입찰참가자격과 동등 이상의 자격을 갖춘 자
④ 입찰참가자격 사전심사기준에 따른 입찰참가에 필요한 종합평점 이상이 되는 자

(3) 연대보증인의 권리와 의무

발주기관의 담당공무원은 계약상대자가 계약상 의무를 이행하지 아니할 경우 그 의무를 이행할 것을 청구하게 되는데, 이때 계약상 의무불이행 사유가 되는 계약의 해제나 해지사유가 발생한 때에는 연대보증인에게 해당 공사를 완성할 것을 청구할 수 있다. 이에 따라 연대보증인이 주 계약자를 대신하여 해당 공사를 완성할 것을 청구받으면 지체 없이 이행해야 한다.

만약 연대보증인이 주 계약자 대신 건설공사의 보증시공을 이행한 경우에는 본 공사의 계약금액 중 보증이행부분에 상당하는 금액을 발주처에 직접적으로 청구할 수 있는 권리가 있다. 또한 연대보증인이 원계약자를 대신하여 연대보증인의 자격으로 하자보수의무를 이행한 경우, 발주처가 하자보수보증금을 반환할 때 연대보증인의 보증이행부분에 상당하는 금액에 대하여 계약목적물의 주무관청에 직접 청구할 수 있는 권리가 있다.

(4) 공사이행보증제도

"공사이행보증"이란 계약상대자가 부도 등으로 공사를 이행할 수 없는 경우 공사이행보증서를 발급한 기관이 업체를 선정하여 책임시공을 하게 하는 제도이다.

공사이행보증제도의 운영요령은 "국가계약법 시행령" 제52조제1항제3호 및 제7항의 규정에 의한 공사이행보증서의 제출과 "국가계약법 시행규칙" 제66조의 규정에 의한 보증이행과 관련된 사항을 정하고 있다. 만약 국가기관과 체결한 공사계약이 계약상대자에 의해 계약상 의무를 이행하지 않아 회계예규 "공사계약일반조건" 제48조의 규정에 의하여 연대보증인이 보증시공을 청구받은 경우에 보증인은 그 보증의무를 갖게 되는데, 이 경우 보증의 의무는 당해 공사의 계약목적물의 완성 및 하자담보책임기간 내에 발생한 하자보수의무를 말한다. 그러나 계약상대자가 발주기관으로부터 지급받은 선금에 대한 보증 및 계약상대자의 제3자에 대한 보증까지는 포함되지 아니한다.

11. 손해보험

제10조(손해보험) ① 계약상대자는 당해 계약의 목적물 등에 대하여 손해보험(건설산업기본법 제56조제1항제5호에 따른 손해공제를 포함한다. 이하 이 조에서 같다.)에 가입할 수 있으며, 시행령 제78조 및 시행규칙 제23조제1항에 규정된 공사에 대하여는 특별한 사유가 없는 한 계약목적물 및 제3자 배상책임을 담보할 수 있는 손해보험에 가입하여야 한다.

② 계약상대자는 제1항의 규정에 의한 보험가입 시 발주기관, 계약상대자, 하수급인 및 당해 공사의 이해관계인을 피보험자로 하여야 하며, 보험사고 발생으로 발주기관 이외의 자가 보험금을 수령하게 될 경우에는 발주기관의 장의 동의를 받아야 한다.

③ 계약목적물에 대한 보험가입 금액은 공사의 보험대상 부분의 순 계약금액(계약금액

에서 부가가치세와 손해보험료를 제외한 금액을 말하며, 관급자재가 있을 경우에는 이를 포함한다. 이하 같다)을 기준으로 한다.
④ 제4항의 규정에 의한 보험가입은 공사착공일(손해보험가입 비대상 공사가 포함된 공사의 경우에는 손해보험가입대상 공사 착공일을 말함) 이전까지 하고, 그 증서를 착공신고서 제출시(손해보험가입 비대상 공사가 포함된 공사일 경우에는 손해보험가입대상 공사 착공 시) 발주기관에 제출하여야 하며, 보험기간은 당해 공사 착공 시부터 발주기관의 인수 시(시운전이 필요한 경우에는 시운전시까지 포함한다)까지로 하여야 한다.
⑤ 계약상대자는 손해보험가입 시 제48조의 규정에 의하여 연대보증인 또는 보증기관이 시공하게 될 경우 계약상대자의 보험계약상의 권리와 의무가 연대보증인 또는 보증기관에 승계될 수 있도록 하여야 하며, 제44조 내지 제46조의 규정에 의하여 계약이 해제 또는 해지된 후 새로운 계약상대자가 선정될 경우에도 계약상대자의 보험계약상의 권리와 의무가 새로운 계약상대자에게 승계될 수 있도록 하여야 한다.
⑥ 계약상대자는 발주기관이 작성한 예정가격조서상의 보험료 또는 계약상대자가 제출한 입찰금액 산출내역서상의 보험료와 계약상대자가 손해보험회사에 실제 납입한 보험료 간의 차액발생을 이유로 보험가입을 거절하거나 동 차액의 정산을 요구하여서는 아니 된다.
⑦ 계약상대자는 보험가입목적물의 보험사고로 보험이 지급되는 경우 동 보험금을 당해공사에 우선 사용하여야 하며, 보험금 지급이 지연되거나 부족하게 지급되는 경우에도 이를 이유로 피해복구를 지연하거나 거절하여서는 아니 된다.
⑧ 제1항 내지 제7항에 규정한 사항 이외 손해보험과 관련된 기타 계약조건은 회계예규 "정부입찰 · 계약 집행기준" 제11장(공사의 손해보험가입 업무집행)에 정한 바에 의한다.

(1) 손해보험이란

이 조항은 건설공사 중 예기치 못한 공사목적물에 대한 손해가 발생할 경우 이를 담보하기 위한 손해보험의 가입에 대한 규정으로, 보험의 가입방법과 보험금의 사용 및 집행방법을 기술하고 있다. 손해보험이란 보험자가 사고발생으로 생기는 손해를 전보할 것을 약정하고 보험계약자가 이에 보험료를 지불할 것을 약정하는 보험을 말하며 건설공사의 경우 건설공사보험이라 한다.

(2) 보험제도 현황

현재 건설업에 도입되어 운영되고 있는 보험제도는 "건설공사보험"과 "설계 · 감리용역 손해보험", "하자이행보증보험" 등이 있으며, 또한 신기술의 보험 적용을 벤치마킹하고자 하는 제조업의 "제품성능보증보험" 제도가 있다. "건설공사보험"은 국가계약법 시행령 제53조(손해보험의 가입) 제1항 및 제2항에 규정되어 있으며, "설계 · 감리용역 손해보험"은 건설기술관리법 제21조(발주청이 시행하는 용역 사용) 제4항과 동법 시행령 제37조의 3 (설계 등 용역업자의 손해배상)의 제1항에 보험 또는 공제에 관한 규정이 있다. 또한 "하자이행보증보험" 국가계약법 제60조(공사계약의 하자담보책임기간) 제1항, 동법 제62조(하자보수보증금) 제1항, 제2항, 제3항 및 동법 시행규칙 제70조(하자담보책임기간)에 규정되어 있으며, "제품성능보증보험"은 "중소기업 진흥 및 제품 구매에 관한 법률" 제19조(중소기업 제품 등에 대한 우선구매), 제22조(성능보험사업 실시), 동법 시행령 제14조(성능보증사업의 담보범위운영 등)에 근거규정을 두고 있다.

(3) 건설공사보험

건설공사보험은 건설공사 과정에서 우연한 사고로 인해 발생한 손해에 대하여 원상회복에 필요한 비용을 보상하기 위한 보험이다. 이 보험은 1995년 국가계약법이 제정되면서 모든 건설공사를 대상으로 하고 있으며, 공사규모가 300억 원 이상의 대안 · 일괄입찰 공사이거나 공사규모가 200억 원 이상 입찰자격사전심사(PQ) 적용대상 공사는 이 보험의 가입을 의무화하고 있다.

이 보험제도의 도입목적은 건설공사 중 사고발생 시 신속한 피해복구와 적절한 피해보상에 있으며, 건설업체의 위험관리비용을 공사원가에 명시적으로 반영하여 공사현장의 위험관리 능력을 향상시키도록 하는 데 있다. 이 보험은 보험계약자나 피보험자의 고의, 전쟁 등 약관상 명시된 면책손해를 제외한 전 손해를 담보하는 All Risk 보험으로써, 공사내용에 따라 공사보험과 조립보험으로 구분하고 있다.

건설공사보험은 토목, 건축공사장에 있는 공사목적물을 구축하기 위한 공사용 재료나 가설물 등의 활용 시에 생긴 사고로 인한 손해를 보상하는 보험이고, 조립보험은 각종 기계, 설비, 장비, 탱크, 철탑, 교량 등 강구조물의 조립공사 시 발생하는 손해를 보상하는 보험이다. 건설공사와 조립공사가 혼합된 경우에는 이 두 공사금액의 비율 중 어느 것이 전체 공사금액의 50% 이상이 되는가에 따라 보험의 종류가 결정된다. 건설공사보험과 조립보험을 비교하면 다음 표 15-2와 같다.

표 15-2 공사보험과 조립보험의 비교

구 분	공사 보험	조립 보험
설계 및 제작자 결함	• 보통약관상 설계결함 담보 • 재질 및 제작결함으로 인한 간접적인 손해담보 • "설계결함특약" 첨부 시 간접손해담보	• 보통약관상 설계, 재질, 주조결함 및 제작결함으로 인한 손해담보 • 제작자 결함담보 첨부 시 간접적인 손해담보
주위재산손해	• 보통약관상 면책 • 주위재산담보특약으로 담보 가능	• 주위재산 보상한도액을 설정하여 재물손해 가입액에 포함하여 담보 가능
진동, 지지대 철거로 인한 손해	• 보통약관상 면책 • 특별약관을 첨부하여 면책 가능	• 보통약관상 담보 가능
시운 전기간 중 위험	• 기계 및 설비 시운전특약을 첨부하여 담보 가능	• 4주간의 시운전 기간을 보통약관상에서 기본담보

(4) 설계 · 감리 등 용역손해보험

① 개요

건설기술관리법 제21조(발주청이 시행하는 용역사업) 제4항에 의하면, '설계 · 감리 등 용역업자가 용역계약을 이행함에 있어 고의 또는 과실로 인해 당해 용역목적물 또는 제3자에게 재산상의 손해를 발생하게 한 경우에는 설계 · 감리 등 용역업자가 배상해야 하고, 그 배상을 담보하기 위하여 설계 · 감리 등 용역업자는 보험 또는 공제에 가입하여야 한다.'라고 규정하고 있다. 또한 건설기술관리법 시행령 제37조의 3 (설계 · 감리 등 용역업자의 손해배상) 제1항에서는 법 제21조제4항의 보험 또는 공제 가입기간을 건설공사 착공일로부터 완공일까지로 하고, 가입대상은 건설공사의 기본설계 및 실시설계용역의 계약금액으로 정하고 있다.

다만 발주관청은 기본설계와 실시설계가 동일한 용역업자에 의해 수행되는 경우에는 기본설계에 해당하는 보험료 또는 공제가입금액 상당액을 감할 수 있도록 규정하고 있다. 이 보험사업의 운영은 "엔지니어링 공제조합" 및 "민간사업자"이며 분쟁이 발생할 경우 "대한상사중재원"에서 중재하고 있다.

② 보험 또는 공제대상

설계 · 감리용역 손해배상보험 또는 공제업무요령(2001. 12. 15) 제5조에는 보험 또는 공제의 종류를 다음과 같은 경우로 규정하고 있다.

- 기본설계손해보험 또는 공제
- 실시설계보험 또는 공제
- 건설사업관리보험 또는 공제
- 검측감리보험 또는 공제
- 시공감리보험 또는 공제
- 책임감리보험 또는 공제

③ 보험기간 및 가입금액

"설계 · 감리용역 손해보험"의 보험기간은 건설공사 착공일로부터 완공일로 하고, 보험책임의 발생시점은 공사착공일로 하고 있다. 보험가입 금액은 "설계 · 감리용역 계약금액"으로 하되 설계변경 등으로 계약변경이 되는 경우에는 변경된 최종 계약금액을 적용하고 있다. 또 동일한 공사에서 기본설계를 수행한 용역업체가 실시설계를 수행하는 경우에는 실시설계의 보증금액에 기본설계의 상당액을 감액한 잔액을 보험가입금액으로 정하고 있다.

④ 보험요율

"설계 · 감리 등 용역 손해보험"의 배상요율은 시설물의 유형에 따라 "기본담보기간 요율"과 "가산요율"을 정하고 있다. "설계 · 감리 등 용역 손해배상요율서"에는 보험가입 대상금액에서 부가가치세와 손해보험료를 제외한 순 용역계약금액을 기준으로 50억 원 미만의 경우는 "설계 · 감리용역 손해 또는 공제약관"으로 인수하는 요율서에 제시된 요율을 적용하고, 순 계약금액이 50억 원을 초과하는 경우는 "구득요율"을 적용하도록 규정하고 있다. 설계용역 손해보험의 기본설계의 보험요율은 기본담보기간 기준으로 0.4~0.9% 수준으로 적용되고 있으며, 실시설계의 경우는 설계비의 0.9~1.9% 수준으로 설정되어 용역비를 예상하고 있다. 또한 "가산요율"은 기본설계, 실시설계 모두 기본담보기간을 초과하는 기간에 적용되는 요율이다.

(5) 건설공사 보증보험

건설공사의 "이행보증보험"은 건설공사의 각종 계약에 따른 채무불이행을 보증하는 보험상품이다. 이행보증증권은 입찰보증금, 계약보증금, 차액보증금, 하자책임보증금, 선급금에 대한 담보, 물품외상판매대금, 기타 각종 지급보증에 대한 담보를 대신하는 이행보증이다. 이 보증보험과 관련한 국가계약법령은 다음 표와 같다.

표 15-3 건설공사 이행보증 관련법령

구 분	국가계약법	국가계약법 시행령	국가계약법 시행규칙	예규 등
입찰보증	제9조	제37조, 제38조	제43조, 제55조	공사입찰 유의서 제7조
계약보증	제12조	제50조, 제31조, 제52조	제51조, 제55조, 제66조	공사계약일반조건 제7조제8조
공사이행보증	–	제2조제4항, 제52조	제66조	정부입찰, 계약집행 기준 제10장
선급금보증	–			선급금 지급요령 제2조제3조 정부입찰, 계약집행 기준 제33조
하자이행보증	제17조, 제18조	제60조, 제62조	제52조, 제55조, 제70조 별표 1 제72조	공사계약일반조건 제33조제34조

※ 자료 : 건설공제조합(2007)

① 하자이행보증보험

건설공사의 "하자이행보증보험"은 준공검사 후 하자보증기간 동안 발생한 하자보수 등의 채무이행을 보증하기 위해 하자보수보증금 또는 보증보험증권 납부를 의무화하는 보증보험이다. 즉 이 보증보험은 보험계약자가 준공검사 또는 검수 후 하자담보책임기간에 발생한 시설물의 하자에 대하여 발주관청으로부터 하자보수 요청을 받고도 보수를 이행하지 아니함으로써 발주자가 입은 손해를 보상하는 것이다. 이와 관계되는 법령은 국가계약법 제18조(하자보수보증금) 및 건설산업기본법 제28조(건설공사 수급인의 하자담보책임)이며, 하자보증기간의 시작일은 목적물을 인수한 날과 준공검사를 완료한 일자 중 먼저 도래하는 날로 하고, 보증기간 만료일은 하자담보책임기간 종료일 이후로 규정하고 있다. 또 건설공사가 준공된 이후에 발생하는 하자보수는 그 책임기간이 장기적이고 여러 가지 변동상황이 발생할 가능성이 커서 하자보수보증금액은 계약금액의 2~10% 정도로 정하고 있으나, 통상적으로 계약금액의 3% 정도로 도급계약자가 부담하고 있다. 이 보험의 보험료는 위험보수에 대한 1대가로서 보험사업자가 보험계약자의 보험가입 금액에 적용되는 보험요율을 곱하여 산출된 금액이며, 적용보험요율은 각 보험상품별 기본요율에 특별약관요율, 할인 · 할증률 등을 감안하여 산출된 요율을 의미한다. 기본요율은 보험계약자의 신용등급이나 보증내용에 따라 연 0.131~1.232%로 차등하여 적용하고 있으며, 이 보험은 서울보증보험, 건설공제조합 및 대한주택보증이며 분쟁 발생 시에는 "건설분쟁조정위원회"에서 중재하고 있다. 하자담보의 책임보증기간 건설업법에 의한 건설공사로 시설물의 유형별에 따라 1년에서 10년까지 차등되어 적용하고 있다. 이 표에 의하면 주로 독립공종이나 부대공종, 마감공사 등은 보증기간이 1~3년이며 주요 구조부와 대형시설 공종은 5~10년으로 산정하고 있다.

② 하자책임의 분석

공공건설사업의 공사가 완료되어 발주관청에 인도된 이후 하자가 발생할 경우, 수급인(시공자)이 부담할 수 있는 책임은 민법 제667조(수급인의 담보책임) 및 국가계약법 제18조(하자보수 보증금액)에 의한 "하자담보책임"과 민법 제390조(채무불이행과 손해배상), 국가계약법 시행령 제52조(공사계약에 있어서의 이행보증)에 의한 "채무불이행 책임"으로 이원화되어 있다. 수급인에게 하자담보책임을 부담시킬 경우, 도급인은 하자보수청구권, 손해배상청구권, 계약해제권을 갖지만 목적물이 시설물인 경우에는 계약해제권이 없다. 한편, 수급인에게 채무불이행 책임을 부담시킬 경우, 도급인은 완전이행청구권, 손해배상청구권, 계약해제권을 갖는다.

(6) 건설공사 보증과 보험

표 15-4 건설공사의 보증과 보험 비교

구 분	보 증	보 험
부보의 목적	• 보증계약자에게 보증금을 지급하지 아니함 • 발주처 보호의 목적	• 특정손해인에 대하여 보험계약자 또는 피보험자에게 손해액 지급 • 발주처와 시공자 공동보호 목적
특정손해보상 여부	• 특정손해 고려 없음	• 특정손해에 대한 보상
수익자	• 공사계약발주자	• 보험계약자, 피보험자
위험의 전가	• 시공자의 책임을 보증인이 대행	• 시공자의 발주처에 대한 책임을 보험자에게 전가

12. 공사용지의 확보

제11조(공사용지의 확보) ① 발주기관은 계약문서에 따로 정한 경우를 제외하고는 계약상대자가 공사의 수행에 필요로 하는 날까지 공사용지를 확보하여 계약상대자에게 인도하여야 한다.

② 계약상대자는 현장에 인력, 장비 또는 자재를 투입하기 전에 공사용지의 확보여부를 계약담당공무원으로부터 확인을 받아야 한다.

(1) 해설

공공건설공사는 발주자가 지정한 공사현장에서 이루어진다. 따라서 건설공사 일반조건에 발주자의 용지확보의무를 명시하고, 용지확보가 곤란한 경우 공기연장청구나 공사중지 등과 연계하여 발주자 및 도급자의 계약관계를 명확히 하고 있다. 여기에서 공사용지란 공사목적물이 건설되는 장소로 발주자가 계약상대자에게 제공하는 토지를 의미하며, 공사용지의 확보란 토지소유권을 취득하는 것 이외에 도급자가 공사시공을 방해하는 소유권 이외의 권리, 혹은 지상권, 지역권 등 용지물권, 저당권 등의 확보물건, 용역임차권, 어업권, 광업권 등 이외에 물리적인 지상물건의 제거까지도 포함하는 것으로 인식된다. 만약 계약상대자의 책임이 없는 사유로 공사용지의 인도가 지연되어 직접적인 공사 수행에 영향을 미치게 한 경우, 계약상대자는 계약금액의 조정과 계약기간의 연장을 발주자에게 요청할 수 있다. 또한 발주자는 자신이 공사용지의 확보의무를 이행하지 못하여 공기연장의 청구되는 경우에는 이에 대한 지체상금을 부과할 수 없다.

13. 공사자재의 검사

제12조(공사자재의 검사) ① 공사에 사용할 자재는 신품이어야 하며 품질 · 규격 등은 반드시 설계서와 일치되어야 한다. 그러나 설계서에 명확히 규정되지 아니한 것은 표준품 이상으로서 계약의 목적을 달성하는 데 가장 적합한 것이어야 한다.

② 계약상대자는 공사자재를 사용하기 전에 공사감독관의 검사를 받아야 하며, 불합격된 자재는 즉시 대체하여 다시 검사를 받아야 한다.

③ 제2항의 규정에 의한 검사에 이의가 있을 경우 계약담당공무원에 대하여 재감사를 청구할 수 있으며, 재검사가 필요하다고 인정되는 경우 계약담당공무원은 지체 없이 재

검사하도록 조치하여야 한다.

④ 계약담당공무원은 계약상대자로부터 공사에 사용할 자재의 검사를 요청받거나 제3항의 규정에 의한 재검사 요청을 받은 때에는 정당한 이유 없이 검사를 지체할 수 없다.

⑤ 계약상대자는 불합격된 자재를 이송하지 않거나 대체하지 아니하는 경우에는 계약담당공무원이 일방적으로 불합격 자재를 제거하거나 대체시킬 수 있다.

⑥ 계약상대자는 시험 또는 조합을 요하는 자재가 있는 경우 공사감독관의 참여하에 그 시험 또는 조합을 하여야 한다.

⑦ 수중 또는 지하에 매몰하는 공작물 기타 준공 후 외부로부터 검사할 수 없는 공작물의 공사는 공사감독관의 참여하에 시공하여야 한다.

⑧ 계약상대자가 제1항 내지 제7항에 정한 조건에 위배하거나 또는 설계서에 합치되지 않는 시공을 하였을 때에는 계약담당공무원은 공작물의 대체 또는 개조를 명할 수 있다.

⑨ 제2항 내지 제8항의 경우 계약금액을 증감하거나 계약기간을 연장할 수 없다. 다만, 제3항의 규정에 의하여 재검사 결과 적합한 자재인 것으로 판명된 경우에는 재검사에 소요된 기간에 대하여 계약기간을 연장할 수 있다.

(1) 해설

건설공사에 사용되는 자재는 설계도서에 명시된 적합한 품질의 것을 사용해야 한다. 그러나 품질과 성능을 명시적으로 지정하는 것이 어려울 수 있기 때문에 특별히 지정되지 않은 것에 대하여는 표준품 이상의 것을 사용하도록 규정하고 있다.

이와는 별도로 계약상대자가 사용하는 건축자재는 한국공업표시규격제품(KS)을 원칙으로 하며, 규격표시가 없는 경우에는 설계도서에 표시된 자재를 사용해야 한다.

또한 건축공사에 사용된 자재는 반드시 사용 전에 발주자의 감독관에 의해 합격된 것만 사용하도록 하고 있으며, 불합격된 자재는 재검사하여 다시 합격되기 전에는 사용할 수 없다. 여기에서 합격 또는 불합격의 기준은 도급계약 시 설계서에 미리 규정된 요구사항으로 정할 필요가 있으며, 각종 검사 및 시험방법, 검사주기, 합부판정기준 등 또한 마찬가지다.

14. 관급자재 및 대여품

제13조(관급자재 및 대여품) ① 발주기관은 공사의 수행에 필요한 특정자재 또는 기계·기구 등을 계약상대자에게 공급하거나 대여할 수 있으며, 이 경우 관급자재 등(관급자재 및 대여품을 말한다. 이하 같다)은 설계서에 명시하여야 한다.

② 관급자재 등은 제17조제1항제2호의 공사공정표에 따라 적기에 공급되어야 하며, 인도일시 및 장소는 계약당사자 간에 협의하여 결정한다.

③ 관급자재 등의 소유권은 발주기관에 있으며, 잉여분이 있을 경우 계약상대자는 이를 발주기관에 통지하여 계약담당공무원의 지시에 따라 이를 반환하여야 한다.

④ 제2항의 규정에 의한 인도 후의 관급자재 등에 관한 관리상의 책임은 계약상대자에게 있으며, 이를 멸실 또는 훼손하였을 경우에는 발주기관에 변상하여야 한다.

⑤ 계약상대자는 관급자재 등을 계약의 수행 외의 목적으로 사용할 수 없으며, 공사감독관의 서면승인 없이는 현장 외부로 반출하여서는 아니 된다.

⑥ 계약상대자는 관급자재 등을 인수한 때에는 이를 검수하여야 하며, 그 품질 또는 규격이 시공에 적합하지 아니하다고 인정될 경우에는 즉시 계약담당공무원에게 이를 통지하여 이의 대체를 요구하여야 한다.

⑦ 계약담당공무원은 필요하다고 인정할 경우에는 관급자재 등의 수량·품질·규격·인도시기·인도장소 등을 변경할 수 있다. 이 경우에는 제20조 및 제23조의 규정을 적용한다.

(1) 해설

이 조항은 건설공사에 사용되는 자재를 발주관청이 지급하거나 대여하는 것에 대한 관리사항을 규정하고 있다. 이는 발주자가 건설공사의 소요품질 확보를 위하여 직접 자재를 구입하여 도급자에게 지급하거나 대여하는 것으로, 이러한 경우는 설계서에 명시하게 되며 대부분 다량의 주요 자재가 소요되거나 집단구매 시 가격 면에서 발주자가 유리하고 소요품질을 확보할 수 있을 때 사용된다.

만약 발주자가 필요한 자재를 직접 구매하여 계약상대자에게 지급하였다 하더라도 계약상대자는 이를 검사해야 하며, 설계서에 명시된 내용대로 반입이 되는지 여부와 해당 자재를 사용할 경우 품질에 미치는 영향이 없는지를 확인해야 한다.

또한 발주청이 제공한 자재를 시공자가 검사하여 부적합한 자재가 반입된 경우, 이 경우에도 사용 전에 발주관청에 알리어 사용자재의 변경 대체를 요구해야 한다.

15. 공사현장대리인

제14조(공사현장대리인) ① 계약상대자는 계약된 공사에 적격한 공사현장대리인(국가기술자격취득자 또는 "건설기술관리법" 등에 의하여 기술자로 인정받고 있는 자를 말한다. 이하 같다.)을 지명하여 계약담당공무원에게 통지하여야 한다.
② 공사현장대리인은 공사현장에 상주하여 계약문서와 공사감독관의 지시에 따라 공사현장의 단속 및 공사에 관한 모든 사항을 처리하여야 한다.

(1) 해설

"건설기술자"란 "건설공사에 관한 기술 또는 기능을 가진 자로서 관계법령에서 그 기술이나 기능이 있다고 인정된 자"로 규정하고 있다(건설기술관리법 제2조제12호). 또한 동법에서는 국가기술자격법 등 관계법률에 의한 건설공사 또는 건설기술용역에 관한 자격을 가진 자와 일정한 학력 또는 경력을 가진 대통령령이 정하는 자로서, 학력 또는 경력에 의한 기술자는 전공학과와 경력내용에 따라 특급, 고급, 중급, 초급 기술자로 구분하되 해당 전공학과의 범위 및 경력인정방법 등은 주무장관이 정하도록 한 것에 해당하는 자를 건설기술자로 정의하고 있다. 현장대리인이란 현장에 상주하여 건설공사의 모든 사항에 대하여 계약상대자인 시공사를 대리하여 처리하는 기술관리자를 말한다. 이를 현장소장이라고도 하는데 현장소장은 해당 공사를 착수하여 완성할 때까지 시공현장에서 필요한 공사의 시공관리, 공정관리, 품질관리, 노무관리, 안전관리, 환경관리, 기성관리, 준공관리 등을 총괄적으로 수행하게 된다. 건설기술자의 현장배치는 공사예정금액의 규모별 건설기술자 배치기준에 의하게 되며, 기술자의 배치는 공사금액 규모별로 기술자의 등급이 상이하지만 이들 기술자를 총괄하는 자가 현장대리인이다.

16. 공사현장근로자

제15조(공사현장근로자) ① 계약당사자는 당해 계약의 시공 또는 관리에 필요한 기술과 경험을 가진 근로자를 채용하여야 하며 근로자의 행위에 대하여 모든 책임을 져야 한다.
② 계약상대자는 계약담당공무원이 계약상대자가 채용한 근로자에 대하여 교체를 요구한 때에는 즉시 교체하여야 하며 계약담당공무원의 승인 없이는 교체된 근로자를 당해 계약의 시공 또는 관리를 위하여 다시 채용할 수 없다.

(1) 해설

현장근로자는 건설현장에서 건설공사에 직·간접적으로 참여하고 있는 자를 말한다. 이들 근로자의 범위에는 현장대리인을 포함하여 현장의 모든 기술자, 일용직근로자, 기계장비기사, 하도급업자, 자재공급자 등 시공에 필요한 모든 근로자를 총칭한다. 건설현장의 계약상대자인 시공자는 건설공사 착공 시 공사입찰 시에 제시한 공사 수행조직도에 의한 인원을 투입하여 승인을 받게 된다. 또한 발주자의 요청으로 시공자의 근로자를 교체할 경우에도 기존의 근로자와 동등한 자격을 가진 자로서 발주자의 승인에 의해 교체될 수 있다. 이러한 경우, 시공자는 당해 계약의 원활한 시공 및 관리에 필요한 기술과 경험을 가진 자를 근로자로 선정해야 하며 근로자가 공사 중 행한 행위에 대하여도 책임을 져야 한다.

17. 공사감독관

제16조(공사감독관) ① 공사감독관은 계약된 공사의 수행과 품질의 확보 및 향상을 위하여 건설기술관리법 제27조제4항 및 동법 시행령 제52조의 규정에 의한 감리원의 업무범위에서 정한 내용 및 이 조건에서 규정한 업무를 행한다.

② 공사감독관은 계약담당공무원의 승인 없이 계약상대자의 의무와 책임을 면제시키거나 증감시킬 수 없다.

③ 계약상대자는 공사감독관의 지시 또는 결정이 이 조건에서 정한 사항에 위반되거나 계약의 이행에 적합하지 아니하다고 인정될 경우에는 즉시 계약담당공무원에게 이의 시정을 요구하여야 한다.

④ 계약담당공무원은 제3항의 규정에 의한 시정요구를 받은 날부터 7일 이내에 필요한 조치를 하여야 한다.

⑤ 계약상대자는 그가 발주기관에 제출하는 모든 문서에 대하여 그 사본을 공사감독관에게 제출하여야 한다.

(1) 해설

이 조항은 공사감독관이 수행하는 업무내용과 처리방법에 대하여 규정하고 있으며, 감독업무를 성실히 수행하도록 하기 위한 임무를 부여하고 있다. 공사감독관은 계약된 공사의 수행과 소요품질 확보 및 향상을 위하여 “건설기술관리법” 제27조제4항 및 동법

제52조의 규정에 의한 감리원의 업무범위에서 정한 내용 및 이 조건에서 규정한 업무를 행하게 되며 공사감독관의 주요 업무는 다음과 같다.

① 계약이행에 관한 지시, 승인 및 협의
② 시공에 필요한 도면의 작성, 교부 및 승낙
③ 공사공정관리
④ 입회, 시공 상황의 검사, 재료의 시험
⑤ 기타 공사관계자에 대한 조치 청구, 부적합 공사의 재시공 및 공사중지 명령권 등이 있다.

18. 착공 및 공정 보고

제17조(착공 및 공정보고) ① 계약상대자는 계약문서에 정하는 바에 따라 착공하여야 하며 착공 시에는 다음 각 호의 서류가 포함된 착공신고서를 발주기관에 제출하여야 한다.

1. “건설기술관리법령” 등 관련법령의 규정에 의한 현장기술자지정신고서
2. 공사공정예정표
3. 안전 · 환경 및 품질관리계획서
4. 공정별 인력 및 장비투입계획서
5. 착공 전 현장사진
6. 기타 계약담당공무원이 지정한 사항

② 계약상대자는 계약의 이행 중에 설계변경 또는 기타 계약내용의 변경으로 인하여 제1항의 규정에 의하여 제출한 서류의 변경이 필요한 때에는 관련서류를 변경하여 제출하여야 한다.

③ 계약담당공무원은 제1항 및 제2항의 규정에 의하여 제출된 서류의 내용을 조정할 필요가 있다고 인정하는 경우에는 계약상대자에게 이의 조정을 요구할 수 있다.

④ 계약담당공무원은 계약상대자로 하여금 월별로 수행한 공사에 대하여 다음 각 호의 사항을 명백히 하여 익월 14일까지 발주기관에 제출하게 할 수 있으며, 이 경우 계약상대자는 이에 응하여야 한다.

1. 월별 공정률 및 수행 공사금액
2. 인력 · 장비 및 자재현황

3. 계약사항의 변경 및 계약금액의 조정내용

4. 공정상황을 나타내는 현장사진

⑤ 계약담당공무원은 공정이 지체되어 소정기간 내에 공사가 준공될 수 없다고 인정할 경우에는 제4항의 규정에 의한 월별 현황과는 별도로 주간 공정현황의 제출 등 공사 추진에 필요한 조치를 계약상대자에게 지시할 수 있다.

(1) 착공신고서

계약상대자는 계약문서에 정하는 바에 따라 공사를 착공해야 한다. 공사 계약문서에는 도급계약의 이행을 위해 공사착공 시 계약상대자가 착공신고서를 발주기관에 제출하도록 되어 있다. 착공신고서의 주요 사항은 다음과 같다.

표 15-5 공사 착공신고사항

항 목	내 용
① 현장기술자지정신고서	• 건설기술관리법령에 의해 요구되고 제안된 기술자격을 갖춘 인원
② 공사예정공정표	• 주간, 월간, 연간, 전체공정표
③ 안전 · 환경 및 품질관리계획서	• 품질, 안전, 환경 통합관리계획서
④ 공정별 인력 및 장비투입계획서	• 단위공정별 노무계획서, 장비사용계획서
⑤ 착공 전 현장사진	• 공사착수 전 기존대지 및 시설물의 사진
⑥ 기타 계약담당공무원이 지정한 사항	• 공사현장의 특수성을 고려하여 발주관청이 특별히 요구하는 상황의 문서

(2) 관련서류 변경

시공자는 자신이 제출한 착공신고서의 내용이 공사계약의 이행과정에서 최초로 제출한 내용과 서로 상이하여 설계변경이나 계약내용의 변경이 필요한 때에는 관련서류를 변경하여 제출한다. 뿐만 아니라 발주관청도 시공자가 제출한 계약문서 등의 변경 또는 조정이 필요한 경우에는 계약상대자에게 이의 변경을 요청할 수 있다.

(3) 공사 수행실적 보고

계약담당공무원은 매월 계약상대자(시공자)에게 공사의 진척상황을 알 수 있도록 월별 공사공정률과 공사 수행금액, 사용된 인력 및 장비와 자재현황, 당초 계약대비 계약변경사항, 기타 공정의 현황 및 사진 등을 제출하게 할 수 있으며, 이때 계약상대자는 이에 따라야 한다.

19. 휴일 및 야간작업

제18조(휴일 및 야간작업) ① 계약상대자는 계약담당공무원의 공기단축 지시 및 발주기관의 부득이한 지시로 인하여 휴일 및 야간작업을 지시하였을 때에는 추가비용을 청구할 수 있다.

② 제23조의 규정은 제1항의 경우에 이를 준용한다.

(1) 해설

건설현장에서 휴일이나 야간에 행하는 작업은 통상 공기를 만회할 목적이나 또는 주간에 작업을 하는 것보다 훨씬 작업공정이 유리한 경우에 시행하게 된다.

이러한 경우 발주관청의 감독관도 현장에 상주하여 시공관리와 감독을 수행해야 하는 것이 일반적이다. 그러나 이러한 작업관리는 현장여건상 특별한 경우를 제외하고는 쉽지 않다. 또한 야간작업의 경우 주간과 달리 안전사고의 위험이 있고 근로기준법에도 (제56조) 근로자에게 통상임금의 50% 이상을 추가적으로 지급해야 하는 등 노무비 증가의 요인이 된다. 이에 따라 "공사계약일반조건" 제18조에는 "계약상대자는 계약문서에 별도로 규정하지 아니하는 한 계약담당공무원의 필요에 의한 경우를 제외하고는 담당공무원의 승인 없이 휴일 야간작업을 할 수 없도록 하고 있다." 또한 발주기관이 휴일 또는 야간작업에 대해 특별히 요구하거나 지시하지 않은 상태에서 계약상대자가 임의로 이러한 공사를 진행할 경우에는 추가비용을 청구할 수 없다.

20. 설계변경 등

제19조(설계변경 등) ① 설계변경은 다음 각 호의 1에 해당하는 경우에 한다.

1. 설계서의 내용이 불분명하거나 누락 · 오류 또는 상호 모순되는 점이 있을 경우
2. 지질 · 용수 등 공사현장의 상태가 설계서와 다를 경우
3. 새로운 기술 · 공법 사용으로 공사비의 절감 및 시공기간의 단축 등의 효과가 현저할 경우

4. 기타 발주기관이 설계서를 변경할 필요가 있다고 인정할 경우 등
② 삭제〈2007. 10. 10〉
③ 제1항의 규정에 의한 설계변경은 그 설계변경이 필요한 부분의 시공 전에 완료하여야 한다. 다만, 계약담당공무원은 공정이행의 지연으로 품질저하가 우려되는 등 긴급하게 공사를 수행할 필요가 있는 때에는 계약상대자와 협의하여 설계변경의 시기 등을 명확히 하고, 설계변경을 완료하기 전에 우선시공을 하게 할 수 있다.

(1) 설계변경이란

설계변경이란 공사 수행 중 예기치 못한 상황이 발생하여 공사수량의 증감이나 시공계획의 변경 등으로 당초의 설계도서 내용을 변경하는 것을 말한다. 설계변경은 당초의 설계내용과 공사현장이 서로 상이하거나, 설계도서 자체가 불명할 경우 또는 발주관청의 사정으로 설계서의 내용을 변경하고자 하는 경우에 발생한다. 이러한 설계변경이 시공수량의 변경을 수반하는 경우에는 반드시 계약변경이 필요하다.

(2) 계약금액의 조정사유

계약금액의 조정은 물가변동이나 설계변경 또는 계약내용이 변경되는 경우에 실행된다. 이와 같이 계약금액의 조정사유는 다음 표와 같다.

표 15-6 계약금액 조정사유

구 분	내 용
설계변경	① 설계서의 불분명, 누락 및 설계서의 상호 모순 ② 현장 상태와 설계서의 상이함 ③ 발주기관의 요청에 의한 변경 ④ 신기술 및 신공법의 적용에 의한 변경
물가변동	① 물가변동으로 인한 계약금액 조정
계약내용의 변경	① 계약내용의 변경으로 인한 계약금액의 조정

(3) 설계변경사유

공사계약의 일반조건 제19조제1항에는 설계변경의 사유에 대해 다음과 같이 4가지의 경우를 규정하고 있다.

① 설계서의 내용이 불분명하거나 누락 · 오류 또는 상호 모순점이 있을 경우
② 설계서와 현장의 상태가 서로 상이한 경우
③ 계약담당공무원이 설계서를 변경할 필요가 있다고 인정할 경우
④ 신기술 · 신공법 사용에 의한 설계변경이 필요한 경우

(4) 설계변경 시기와 절차

설계변경이나 기일 연장은 현장에 상주하는 공사감독관이 임의로 행할 수 없다. 즉 설계변경의 결정권자는 계약담당공무원이다. 또 설계변경에 의한 시공은 설계변경 행위가 이루어지기 전에 이루어져야 하며, 이는 계약담당공무원이 설계변경사유를 확인하여 결정하도록 하고 있다. 일반적으로 설계변경은 발주처의 사업계획변경에 따른 설계변경을 제외하고는 계약상대자의 통지나 청구에 의해 이루어진다. 즉 설계변경사유 중 설계서가 부적합한 경우와 현장 상태와 여건이 서로 상이한 경우 또는 건설신기술 · 신공법을 적용하고자 하는 경우에는 "신청자 청구원칙"에 의해 계약상대자가 청구하게 된다.

보통 건설현장에서 계약상대자에 의해 설계도서 검토 시 설계도서의 오류나 공사현장과의 불일치 등이 발견되는 경우, 이 설계도서에 따라 시공하게 될지 여부는 충분히 검토한 후 사전에 설계변경 서류를 작성하고 공사감독관을 경유하여 계약담당공무원에게 서면으로 통지하게 된다. 즉 설계변경은 계약서상 별도의 특약이 없는 한 변경할 부분을 시공하기 전에 이루어져야 한다. 다만, 각 계약담당공무원이 전체적인 공정이행의 지연으로 긴급히 공사를 수행할 필요가 있다거나 품질저하가 우려되는 경우에는 계약상대자와 협의하여 설계변경의 시기 등을 명확히 하고 설계의 변경을 완료하기 전에 시공하게 할 수도 있다(국가계약법 시행규칙 제74조의 2, 일반조건 제19조의 3항).

(5) 설계변경 승인절차

설계의 변경은 계약상대자인 시공자가 설계변경사유를 확인하여 발주관청의 공사감독관에게 관련서류를 구비하여 청구하고, 공사감독관은 관련 사항을 확인하여 설계변경의 필요성이 인정되면 설계서의 변경 및 이에 따른 계약금액 조정작업을 거쳐 계약담당공무원에 의해 변경을 결정하게 된다. 설계변경에 따른 계약금액 조정업무절차는 표 15-7과 같다.

표 15-7 설계변경 및 계약금액 조정절차

공사관계자	업무내용	비 고
① 계약상대자	• 조사 · 시험 및 변경설계서 작성, 제출	• 설계변경사유 및 내용의 명확한 기술
② 감리자	• 설계자(감리원) 검토 · 확인	• 계약서 및 설계서의 검토 • 설계변경 서류 확인 검토 • 계약금액 조정내용 확인
③ 발주관청	• 검토(계약담당공무원) 및 결재	• 지원업무 수행자 등 내부승인

설계변경으로 인한 계약금액 조정 검토 시에는 예정가격이 설계가의 일정비율 이하로 낙찰된 공사의 경우나, 설계변경으로 증액되는 공사비가 당초 계약금액보다 훨씬 상회하는 경우에는 공사비에 대한 예산집행심의회나 설계자문위원회의 심의와 소속기관장의 승인이 필요하다.

(6) 설계변경의 업무

설계변경은 공사의 수량과 공사비의 증감을 수반하므로 당초 계약 시의 계약금액 결정 내용과 연계하여 일관성 있고 구체적인 설계의 변경과 계약금액의 조정이 필요하다. 즉 계약상대자가 당초 설계서의 내용과 차이가 나는 부분에 대하여 설계도면 및 상세도면으로 설계변경을 청구하고, 계약담당공무원이 이의 설계변경을 승인하는 경우에는 당초 대비 차이 부분의 공사비용에 대한 조정이 필요하다. 이를 위해 필요한 사항은 다음 표와 같다.

표 15-8 주요 설계변경 업무

주요 업무	내 용	비 고
(1) 설계자의 의견청취	• 설계변경이 구조물의 구조변경 등으로 인한 안전과 관련이 있거나 품질하자의 발생에 대한 책임 등으로 설계자의 의견청취	계약담당공무원(필요시)
(2) 설계변경 서류 제출	• 설계변경 공종의 수정도면 및 상세도면 • 설계변경 공종의 공사예정공정표 • 설계변경에 따른 계약금액조정금액 등	계약상대자(시공자)
(3) 계약금액조정 청구	• 설계변경승인 후 계약금액조정 청구	계약상대자(시공자)
(4) 계약금액조정	• 계약금액조정 청구를 받은 날로부터 30일 이내에 계약금액을 조정	발주기관

20-1. 설계서의 불분명 · 누락 · 오류, 설계서의 모순에 의한 설계변경

제19조의 2 (설계서의 불분명 · 누락 · 오류 및 설계서 간의 상호 모순 등에 의한 설계변경) ① 계약상대자는 공사계약의 이행 중 설계서의 내용이 불분명하거나 설계서에 누락 · 오류 및 설계서 간에 상호 모순 등이 있는 사실을 발견하였을 때에는 설계변경이 필요한 부분의 이행 전에 당해 사항을 분명히 한 서류를 작성하여 계약담당공무원과 공사감독관에게 동시에 이를 통지하여야 한다.

② 계약담당공무원은 제1항의 규정에 의한 통지를 받은 즉시 공사가 적절히 이행될 수 있도록 다음의 각 호의 방법으로 설계변경 등 필요한 조치를 하여야 한다.

1. 설계서의 내용이 불분명한 경우(설계서만으로는 시공방법, 투입자재 등을 확정할 수 없는 경우)에는 설계자의 의견 및 발주기관이 작성한 단가산출서 또는 수량산출서 등의 검토를 통하여 당초 설계서에 의한 시공방법 · 투입자재를 확인한 후, 확인된 사항대로 시공하여야 하는 경우에는 설계서를 보완하되 제20조의 규정에 의한 계약금액의 조정은 필요 없으며, 확인된 사항과 다르게 시공하여야 하는 경우에는 설계서를 보완하고 제20조의 규정에 의하여 계약금액을 조정하여야 한다.
2. 설계서에 누락 · 오류가 있는 경우에는 그 사실을 조사 확인하고 계약목적물의 기능 및 안전을 확보할 수 있도록 설계서를 보완한다.
3. 설계도면과 공사시방서는 서로 일치하나 물량내역서와 상이한 경우에는 설계도면 및 공사시방서에 물량내역서를 일치한다.
4. 설계도면과 공사시방서가 상이한 경우로서 물량내역서가 설계도면과 상이하거나 공사시방서와 상이한 경우에는 설계도면과 공사시방서 중 최선의 공사시공을 위하여 우선되어야 할 내용으로 설계도면 또는 공사시방서를 확정한 후 그 확정된 내용에 따라 물량내역서를 일치한다.

③ 제2항제3호 및 제4호의 규정은 제2조제4호의 규정에 정한 공사의 경우에는 적용되지 아니한다. 다만, 제2조제4호의 규정에 정한 공사의 경우로서 설계도면과 공사시방서가 상호 모순되는 경우에는 관련법령 및 입찰에 관한 서류 등에 정한 내용에 따라 우선여부를 결정하여야 한다.

(1) 해설

이 장은 설계변경과 이로 인한 계약금액 조정사유 중 “설계서의 불분명 · 누락 · 오류 및 설계서 간의 상호 모순 등에 의한 설계변경 시 필요한 절차를 기술하고 있다.

즉 설계도면, 공사시방서, 물량내역서 등이 서로 상이한 경우, 최선의 공사시공을 위하여 우선시되어야 할 내용으로, 먼저 설계도면과 공사시방서를 확정한 후 그 내용에 따라 물량내역서를 일치시키도록 규정하고 있다. 또 국토해양부에서 고시한 설계도서 작성기준에는 설계도서 해석의 우선순위를 정하고 있는데, 설계도서와 법령의 해석 또는 감리자의 지시 등이 서로 일치하지 아니하는 경우에는 특별히 계약으로 그 적용의 우선순위를 정하지 아니한 때에는 특기시방서, 설계도면, 일반시방서, 표준시방서, 산출내역서, 승인된 도면, 관계법령의 유권해석, 감리자의 지시사항의 순서를 원칙으로 하고 있다. 그런데 실제로 건설현장에서 설계도서의 내용이 서로 일치하지 않는 경우에는 관계법령의 범위 내에서 감리자의 지시에 따라야 하며, 이때 감리자는 설계자와 협의하여 지시내용을 결정하게 된다.

20-2. 현장 상태와 설계서의 차이로 인한 설계변경

제19조의3 (현장 상태와 설계서의 상이로 인한 설계변경) ① 계약상대자는 공사의 이행 중 지질, 용수, 지하매설물 등 공사현장의 상태가 설계서와 다른 사실을 발견하였을 때에는 지체 없이 설계서에 명시된 현장 상태와 상이하게 나타난 현장 상태를 기재한 서류를 작성하여 계약담당공무원과 공사감독관에게 동시에 통지하여야 한다.

② 계약담당공무원은 제1항의 통지를 받은 즉시 현장을 확인하고 현장 상태에 따라 설계서를 변경하여야 한다.

(1) 해설

이 조항은 입찰서류 검토 및 계약 시 확인하지 못한 사항이 현장공사 중 계약상대자인 시공자에 의해 설계서와 상이한 내용이 발견되었을 경우 계약변경이 인정되는 조항이다. 여기에서 공사현장의 상태가 설계서와 다른 것이란 시공현장의 상태가 입찰 · 계약 전에 나타난 계약서류와 다른 것으로서, 통상적인 공법이나 공사비 및 또는 공사기간 등의 변경이 필요한 경우를 말한다. 실제로 현장의 상태가 계약도서에 나타난 상태와 대폭적으로 다른 경우나 또는 계약도서에 나타나 있지는 않지만 그 현장의 상태가 종래의 동일공종의 공사들에 비해 현저히 다른 경우에는 계약상대자가 지체 없이 설계서에 명시된 현장 상태와 상이한 현장의 상태를 기재한 서류를 작성하여 계약담당공무원과 감독관에게 통지하도록 규정하고 있다. 이때 통지를 받은 계약담당관이 즉시 현장조사를 하여 이를 확인한 경우 공사비의 증감, 공기연장 등의 계약변경을 행하도록 하고 있다.

20-3. 신기술 및 신공법에 의한 설계변경

제19조의4 (신기술 및 신공법에 의한 설계변경) ① 계약상대자는 새로운 기술·공법(발주기관의 설계와 동등 이상의 기능·효과를 가진 기술·공법 및 기자재 등을 포함한다. 이하 같다)을 사용함으로써 공사비의 절감 및 시공기간의 단축 등에 효과가 현저할 것으로 인정하는 경우에는 다음 각 호의 서류를 첨부하여 공사감독관을 경유하여 계약담당공무원에게 서면으로 설계변경을 요청할 수 있다.

1. 제안사항에 대한 구체적인 설명서
2. 제안사항에 대한 산출내역서
3. 제17조제1항제2호에 대한 수정공정예정표
4. 공사비 절감 및 시공기간의 단축효과
5. 기타 참고사항

② 계약담당공무원은 제1항의 규정에 의하여 설계변경을 요청받은 경우에는 이를 검토하여 그 결과를 계약상대자에게 통지하여야 한다. 이 경우 새로운 기술·공법 등의 범위와 한계에 대하여 이의가 있을 때에는 "건설기술관리법 시행령" 제21조의 규정에 의한 설계자문위원회(이하 "설계자문위원회"라 한다)에 청구하여 심의를 받아야 한다. 다만, 설계자문위원회가 설치되어 있지 아니한 경우에는 "건설기술관리법" 제5조의 규정에 의한 건설기술심의위원회의 심의를 받아야 한다.

③ 계약상대자는 제1항의 규정에 의한 요청이 승인되었을 경우에는 지체 없이 새로운 기술·공법으로 수행할 공사에 대한 시공상세도면을 공사감독관을 경유하여 계약담당공무원에게 제출하여야 한다.

④ 계약상대자는 제2항의 규정에 의한 계약담당공무원의 결정에 대하여 이의를 제기할 수 없으며, 또한 새로운 기술·공법의 개발에 소요된 비용 및 새로운 기술·공법에 의한 설계변경 후 동 기술·공법에 의한 시공이 불가능한 것으로 판명된 경우 시공에 소요된 비용을 발주기관에 청구할 수 없다.

(1) 해설

건설신기술지정제도는 1980년대 후반 국내 건설기술의 수준이 선진국 대비 약 67% 수준에 불과하여 국내 건설기술의 개발을 촉진하기 위한 목적으로 도입되었다.

이 제도의 도입목적은 기술개발자의 건설기술개발 의욕을 고취시킴으로써 국내 건설기술의 발전을 도모하고 국가경쟁력을 제고하기 위함이다. 건설신기술의 지정대상은 국내에서 최초로 개발한 건설기술 또는 외국에서 도입하여 개량한 것으로서 국내에서 신규성 · 진보성 · 현장적용성 등이 있어 보급이 필요하다고 인정되는 기술이다. 신기술 · 신공법은 국 · 내외에서 새롭게 개발되었거나 개량된 기술 · 공법으로 정부의 설계와 동등 이상의 기능과 효과를 가진 기술 및 기자재를 포함한다. 계약상대자인 시공자는 새로운 기술 · 공법을 사용하여 공사비의 절감과 공사기간의 단축 등 효과가 있는 경우, 관련서류를 첨부하여 현장공사감독관을 경유하여 계약담당공무원에게 서면으로 설계변경을 요청할 수 있도록 하고 있다. 이때 계약담당공무원은 신기술 · 신공법의 수용여부를 검토하여 결과를 계약상대자에게 통보하게 된다. 그러나 이 공법의 결정에 계약상대자가 이의를 제기할 수는 없으며, 또한 이 공법이 채택된 이후에도 이 공법의 개발에 소요된 비용 및 이 공법으로 설계변경한 뒤 시공이 불가능한 것으로 판명된 경우에는 이에 소요된 비용을 발주기관에 청구할 수는 없다.

20-4. 발주기관의 필요에 의한 설계변경

제19조의 5 (발주기관의 필요에 의한 설계변경) ① 계약담당공무원은 다음 각 호의 1의 사유로 인하여 설계서를 변경할 필요가 있다고 인정할 경우에는 계약상대자에게 이를 서면으로 통보할 수 있다.

1. 당해 공사의 일부변경이 수반되는 추가공사의 발생
2. 특정공종의 삭제
3. 공정계획의 변경
4. 시공방법의 변경
5. 기타 공사의 적정한 이행을 위한 변경

② 계약담당공무원은 제1항의 규정에 의한 설계변경 통보 시에는 다음 각 호의 서류를 첨부하여야 한다. 다만, 발주기관이 설계서를 변경 작성할 수 없을 경우에는 설계변경 개요서만 첨부하여 설계변경을 통보할 수 있다.

1. 설계변경 개요서
2. 수정 설계도면 및 공사시방서
3. 기타 필요한 서류

③ 계약상대자는 제1항의 규정에 의한 통보를 받은 즉시 공사이행 상황 및 자재수급 상황 등을 검토하여 설계변경 통보내용의 이행가능 여부(이행이 불가능하다고 판단될 경우에는 그 사유와 근거자료를 첨부)를 계약담당공무원과 공사감독관에게 동시에 이를 서면으로 통지하여야 한다.

(1) 해설

본 조항은 설계변경의 사유 중 발주자의 필요에 의한 사항으로써, 발주자의 요구사항 또는 사정에 의하여 사업계획을 변경하거나 공사의 목적물을 변경하는 경우에 대하여 가술하고 있다. 이러한 변경사항에는 특정한 작업공종이 삭제 또는 사업계획을 바꾸거나 공정계획의 변경, 시공방법의 변경, 적정한 공사의 이행을 위한 변경 등이 해당된다. 이러한 변경은 공사의 규모나 사용재료, 공법, 구조의 변경 등이 있을 수 있다. 공사의 규모가 변경되는 경우에는 당초에 수립한 사업의 수량을 증감시키거나 당초 계획한 자재를 다른 자재로 대체하게 된다. 일반적으로 발주자에 의한 설계변경절차는 다음과 같다.

① 계약담당공무원이 설계변경을 하고자 하는 경우에는 설계변경 개요서와 수정도면 및 공사시방 사항, 기타 필요한 서류를 작성하여 설계변경을 계약상대자에게 통보할 수 있다.

② 발주기관이 설계서를 변경하여 작성할 수 없는 경우에는 설계변경 개요서만을 첨부하여 계약상대자에게 설계변경을 통보할 수 있다

③ 계약상대자는 발주자로부터 설계변경을 통보받은 경우, 즉시 공사의 이행 상황과 자재수급 상황 등을 검토하고 발주자가 요구한 설계변경의 이행가능 여부를 계약담당공무원과 감독관에게 동시에 문서로 통지하여야 한다.

20-5. 소요자재의 수급방법 변경

제19조의 6 (소요자재의 수급방법 변경) ① 계약담당공무원은 발주기관의 사정으로 인하여 당초 관급자재로 정한 품목을 계약상대자와 협의하여 계약상대자가 직접 구입하여 투입하는 자재(이하 "사급자재"라 한다)로 변경하고자 하는 경우, 또는 관급자재 등의 공급 지체로 공사가 상당기간 지체될 것이 예상되어 계약상대자가 대체사용승인을 신청하는 경우로서 이를 승인한 경우에는 이를 서면으로 계약상대자에게 통보하여야 한다. 이때 계약담당공무원은 계약상대자와 협의하여 변경된 방법으로 일괄하여 자재를 구입할 수 없는 경우에는 분할하여 구입할 수 있으며, 분할구입하게 한 경우에는 구입시기별로 이를 서면으로 계약상대자에게 통보하여야 한다.

② 계약담당공무원은 공사의 이행중 설계변경 등으로 인하여 당초 관급자재의 수량이 증가되는 경우로서 증가되는 수량을 적기에 지급할 수 없어 공사의 이행이 지연될 것

으로 예상되는 등 필요하다고 인정되는 때에는 계약상대자와 협의한 후 증가되는 수량을 계약상대자가 직접 구입하도록 이를 서면으로 계약상대자에게 통보할 수 있다.

③ 제1항의 규정에 의하여 자재의 수급방법을 변경하는 경우에는 계약담당공무원은 통보 당시의 가격에 의하여 그 대가(기성부분에 실제 투입된 자재에 대한 대가)를 제39조 내지 제40조의 규정에 의한 기성대가 또는 준공대가에 합산하여 지급하여야 한다. 다만, 계약상대자의 대체사용승인신청에 따라 자재를 대체 사용한 경우에는 계약상대자와 합의된 장소 및 일시에 현품으로 반환할 수도 있다.

④ 계약담당공무원은 당초 계약 시의 사급자재를 관급자재로 변경할 수 없다. 다만, 원자재의 수급불균형에 따른 원자재 가격 급등 등 사급자재를 관급자재로 변경하지 않으면 계약목적을 이행할 수 없다고 인정될 때에는 계약당사자 간의 협의에 의하여 변경할 수 있다.

⑤ 제2항 및 제4항의 규정에 의하여 추가되는 관급자재를 사급자재로 변경하거나 사급자재를 관급자재로 변경한 경우에는 제20조의 규정에 정한 바에 따라 계약금액을 조정하여야 하며, 제3항 본문의 규정에 의하여 대가를 지급하는 경우에는 제20조제4항의 규정을 준용한다.

(1) 해설

본 조항은 관급자재를 사급자재로 변경하는 경우의 업무규정이다. 여기에서 "관급자재"란 국가 등 관공서에서 지급하는 자재로 설계 시 조달청에 단가계약이 된 물품이나 자재를 발주관청에서 공급해주는 것을 말한다. 이러한 관급자재는 발주관청이 공고하는 날짜에 현장에 반입할 수 있어 공사의 관리가 용이하다.

관급자재가 발주관청의 사정에 의해서 사급자재, 즉 관급이 아닌 자재로 변경하고자 하는 경우 또는 관급자재 등의 공급 지체로 인해 공사가 상당한 기간 동안 지연될 것이 예상되어 계약상대자가 대체승인을 신청하고, 이를 승인하는 경우에는 계약담당공무원이 반드시 서면으로 계약상대자에게 통보하도록 규정하고 있다.

또한 계약담당공무원은 계약상대자와 협의하여 변경된 방법으로 일괄적인 구입이 불가능한 경우에는 분할구입이 가능하며, 이 경우 구입시기별로 이를 서면으로 계약상대자에게 통보하도록 하고 있다. 만약 공사이행 중 설계변경 등으로 당초 관급자재의 수량이 증가되어 발주관청이 수량을 적기에 지급할 수 없어 공사의 이행의 지연이 예상되는 경우에는 발주자가 계약상대자와 협의하여 증가되는 자재의 수량을 계약상대자가 직접 구매하여 현장에 투입할 수 있도록 하되, 이 경우에도 서면으로 계약상대자에게 통보할 수 있도록 하고 있다. 자재의 수급방법이 변경되면 계약담당공무원이 통보할 당시의 가격에 의해 실제 투입된 기성부분에 대한 대가로 정산하여 지급해야 한다. 또한 계약상대자의 대체사용승인 신청에 따라 자재를 대체 사용한 경우에는 계약상대자와의 합의된 사항으로 반환이 가능하다. 그런데 당초에 계약 시의 사급자재는 관급자재로의 변경은 어렵다. 그러나 원자재 값의 수급불균형이나 가격급등 등 사급자재를 관급자재로 변경하지 않으면 공사의 계속적 이행이 어렵다고 객관적으로 인정되는 경우에는 계약당사자 간의 합의에 의해 변경할 수도 있다. 만약 추가되는 관급자재를 사급자재로 변경하거나 사급자재를 불가피하게 관급자재로 변경한 경우에는 설계변경을 하게 되며, 이 경우 설계변경 당시의 단가에 낙찰률을 곱한 금액을 산출하고 이에 따른 계약금액을 조정해야 한다.

20-6. 설계변경에 따른 추가조치

제19조의 7(설계변경에 따른 추가조치) ① 계약담당공무원은 제19조제1항의 규정에 의하여 설계변경을 하는 경우 그 변경사항이 목적물의 구조변경 등으로 인하여 안전과 관련이 있을 때에는 하바발생 시 책임한계를 명확하게 하기 위하여 당초 설계자의 의견을 들어야 한다.

② 계약담당공무원은 제10조의 2, 제19조의 3 및 제19조의 5의 규정에 의하여 설계변경을 하는 경우, 계약상대자로 하여금 다음 각 호의 사항을 계약담당공무원과 공사감독관에게 동시에 제출하게 할 수 있으며, 이 경우 계약상대자는 이에 응하여야 한다.

1. 당해 공종의 수정공정예정표
2. 당해 공종의 수정도면 및 수정상세도면
3. 조정이 요구되는 계약금액 및 기간
4. 여타의 공정에 미치는 영향

③ 계약담당공무원은 제2항제2호의 규정에 의하여 당초의 설계도면 및 시공상세도면을 계약상대자가 수정하여 제출하는 경우에는 그 수정에 소요된 비용을 제23조의 규정에 의하여 계약상대자에게 지급하여야 한다.

(1) 설계자의 의견청취

다음과 같은 경우에 대한 설계변경을 실시한 경우, 그 변경사항이 목적물의 구조변경 등으로 인하여 안전과 관련이 있는 때에는 하자발생 시의 책임한계를 명확하게 하기 위하여 당초 설계자의 의견을 들어야 한다.

① 설계서의 내용이 불분명하거나 누락 · 오류 또는 상호 모순점이 있는 경우
② 새로운 기술 · 공법의 사용으로 공사비의 절감 및 공사기간 단축이 현저한 경우
③ 지질 · 용수 등 공사현장 상태가 설계서와 다른 경우
④ 발주기관이 필요하다고 인정하여 설계변경을 할 경우

(2) 설계변경 서류와 용역비

설계변경 시 계약상대자가 계약담당공무원 또는 공사감독관에게 제출해야 할 서류는 다음과 같다.

① 당해 공종의 수정공정예정표
② 당해 공종의 수정도면 및 수정상세도면
③ 조정이 요구되는 계약금액 및 공사기간
④ 기타 공정에 미치는 영향

21. 설계변경으로 인한 계약금액 조정

제20조(설계변경으로 인한 계약금액의 조정) ① 계약담당공무원은 설계변경으로 시공방법의 변경, 투입자재의 변경 등 공사량의 증감이 발생하는 경우에는 다음 각 호의 1의 기준에 의하여 계약금액을 조정하여야 한다.

1. 증감된 공사량의 단가는 계약단가로 한다. 다만 계약단가가 예정가격 단가보다 높은 경우로서 물량이 증가되는 경우, 그 증가된 물량에 적용되는 단가는 예정가격 단가로 한다.
2. 산출내역서에 없는 품목 또는 비목(동일한 품목이라도 성능, 규격 등이 다른 경우를 포함한다. 이하 "신규비목"이라 한다)의 단가는 설계변경 당시(설계변경을 요하는 경우에는 변경도면을 발주기관이 확정한 때, 설계도면의 변경을 요하지 않는 경우에는 계약당사자 간에 설계변경을 문서에 의하여 합의한 때, 제19조제3항에 의하여 우선시공을 한 경우에는 그 우선시공을 하게 한 때를 말한다. 이하 같다.)를 기준으로 산정한 단가에 낙찰률(예정가격에 대한 낙찰금액 또는 계약금액의 비율을 말한다. 이하 같다.)을 곱한 금액으로 한다.

② 발주기관이 설계변경을 요구한 경우(계약상대자의 책임 없는 사유로 인한 경우를 포함한다. 이하 같다.)에는 제1항의 규정에도 불구하고 증가된 물량 또는 신규비목의 단가는 설계변경 당시를 기준으로 하여 산정한 단가와 동 단가에 낙찰률을 곱한 금액의 범위 안에서 발주기관과 계약상대자가 서로 주장하는 각각의 단가기준에 대한 근거자료 제시 등을 통하여 성실히 협의(이하 "협의"라 한다)하여 결정한다. 다만, 계약당사자 간에 협의가 이루어지지 아니하는 경우에는 설계변경 당시를 기준으로 하여 산정한 단가와 동 단가에 낙찰률을 곱한 금액을 합한 금액의 100분의 50으로 한다.
③ 제19조의4의 규정에 의한 설계변경의 경우에는 당해 절감액의 100분의 30에 해당하는 금액을 감액한다.
④ 제1항 및 제2항의 규정에 의한 계약금액의 증감분에 대한 간접노무비, 산재보험료 및 산업안전보건관리비 등 승률비용과 일반관리비 및 이윤은 산출내역서상의 간접노무비율, 산재보험료율 및 산업안전보건관리비율 등의 승률비용과 일반관리비율 및 이윤율에 의하되 설계변경 당시의 관계법령 및 기획재정부장관 등이 정한 율을 초과할 수 없다.
⑤ 계약담당공무원은 예정가격의 100분의 86 미만으로 낙찰된 공사계약의 계약금액을 제1항에 따라 증액조정하고자 하는 경우로서 당해 증액조정금액(2차 이후의 계약금액 조정에 있어서는 그 전에 설계변경으로 인하여 감액 또는 증액조정된 금액과 증액조정하려는 금액을 모두 합한 금액을 말한다.)이 당초 계약서의 계약금액(장기계속공사의 경우에는 시행령 제69조제2항에 따라 부기된 총공사금액)의 100분의 10 이상인 경우에는 시행령 제94조에 따른 계약심의회 "국가재정법 시행령" 제49조에 따른 예산집행심의회 또는 "건설기술관리법 시행령" 제21조에 따른 설계자문위원회의 심의를 거쳐 소속 중앙관서의 장의 승인을 얻어야 한다.
⑥ 일부 공종의 단가가 세부공종별로 분류되어 작성되지 아니하고 총계방식으로 작성(이하 "1식단가"라 한다)되어 있는 경우에도 설계도면 또는 공사시방서가 변경되어 1식단가의 구성내용이 변경되는 때에는 제1항 내지 제5항의 규정에 의하여 계약금액을 조정하여야 한다.
⑦ 발주기관은 제1항 내지 제6항의 규정에 의하여 계약금액을 조정하는 경우에는 계약상대자의 계약금액조정 청구를 받은 날로부터 30일 이내에 계약금액을 조정하여야 한다. 이 경우 예산배정의 지연 등 불가피한 경우에는 계약상대자와 협의하여 그 조정기한을 연장할 수 있으며, 계약금액을 조정할 수 있는 예산이 없는 때에는 공사량 등을 조정하여 그 대가를 지급할 수 있다.
⑧ 계약담당공무원은 제7항의 규정에 의한 계약상대자의 계약금액조정 청구내용이 부당함을 발견한 때에는 지체 없이 필요한 보완요구 등의 조치를 하여야 한다. 이 경우

> 계약상대자가 보완요구 등의 조치를 통보받은 날부터 발주기관이 그 보완을 완료한 사실을 통지받은 날까지의 기간은 제7항의 규정에 의한 기간에 산입하지 아니한다.
> ⑨ 제7항 전단의 규정에 의한 계약상대자의 계약금액조정 청구는 제40조의 규정에 의한 준공대가(장기계속계약의 경우에는 각 차수별 준공대가) 수령 전까지 하여야 조정금액을 지급받을 수 있다.

(1) 계약금액 조정대상 및 기준

설계변경에 의한 계약금액의 조정은 계약상대자, 즉 시공자가 설계변경을 요구하는 경우, 발주기관이 요구하는 경우, 신기술 및 신공법에 의한 설계변경의 경우 등이 있다. 이 조항에서는 설계변경에 대한 계약금액의 조정기준과 방법에 대하여 규정하고 있으며 계약금액의 조정기준은 다음과 같다.

① 공사수량이 증감되는 경우

본 사항은 산출내역서 작성 시 특정한 비목의 설계변경을 예상하여 미리 실제의 가격보다 높게 책정하는 것을 방지하기 위해 당초 계약한 공사수량이 증가되거나 감소되는 경우에는 계약상대자가 입찰 시 제출한 산출내역서상의 단가를 반영한 계약 시 단가를 적용한다. 그러나 계약단가(계약자가 제출한 산출내역서상 단가)가 예정가격 단가보다 높고 공사수량이 증가되는 경우 그 증가되는 부분에 한하여 예정가격 단가를 적용한다.

② 신규비목인 경우

신규비목은 계약 시 산출내역서에 없는 품목을 말하는데, 신규비목은 설계변경 시점을 기준으로 산정한 단가에 낙찰률을 곱한 금액을 단가로 한다. 여기에서 설계변경 시점이란 설계변경을 필요로 하는 경우에 계약상대자가 변경설계도면을 제출하여 발주기관이 이를 확정한 시점이나 또는 계약당사자 간에 설계변경을 문서에 의해 확정한 때이다.

③ 발주기관의 요구

본 사항은 계약상대자의 책임이 없는 사유로 발주기관이 설계변경을 요구하는 경우에 계약당사자 간의 협의에 의해 결정하는 경우이다. 즉, 이 경우는 기존의 공사비목이나 신규비목의 단가가 설계변경 시점을 기준으로 산정한 단가와 동 단가에 낙찰률을 곱하여 산정한 단가범위 안에서 발주기관과 계약상대자 간에 협의하여 결정하는 사항이다.

이 항은 계약단가가 있는 비목의 공사수량이 발주기관에 의해 설계변경이 요구되는 경우 그 계약단가가 이미 매우 낮은 가격으로 계약되어 있는 경우이거나, 계약단가는 적정히 산정되었더라도 발주기관의 예정단가 산정에 오류가 있어 동일한 예정가격 단가로 향후 증가되는 공사수량의 계약금액을 조정하게 되는 경우에 계약상대자가 예상치 못한 손실을 감수해야 하는 문제점을 방지하기 위한 것이다.

④ 신기술 · 신공법 적용

본 사항은 건설기술의 개발을 촉진하고 기업경쟁력 강화를 지원하기 위하여 법제화하여 운영되고 있는 건설신기술지정제도의 운영에 따라 지정받은 건설신기술과 신공법에 의한 설계변경은 계약상대자의 제안으로 설계변경이 수행되며, 이 경우 총절감액의 30%에 해당하는 금액을 감액하는 것이다.

⑤ 승률비용 등의 조정

국가기관이 체결한 건설공사의 계약은 설계변경으로 인한 계약금액을 조정할 경우, 계약금액 증가분에 대하여 적용하는 일반관리비와 이윤은 설계변경 당시의 국가계약법 시행규칙 및 원가계산에 의한 예정가격작성 준칙 등 관계법령이 정한 비율을 초과할 수 없다. 즉 계약상대자가 제출한 산출내역서상 총공사에 의해 계상된 비율은 재정경제부장관이 정한 율을 초과할 수 없다. 이러한 승률이 적용되는 사항은 직접비를 제외한 간접노무비와 산재보험료, 안전보건관리비, 일반관리비, 이윤 등이 해당된다.

⑥ 저가낙찰공사

정부발주 공사가 예정가격의 100분의 86 미만으로 낙찰된 경우의 공사금액을 증액조정하고자 하는 경우, 당해 증액조정금액이 당초 계약서 금액의 100분의 10 이상인 경우에는 국가계약법령 제94조나 국가재정법 시행령 제49조, 건설기술관리법 시행령 제21조에 따라 심의회를 거쳐 소속중앙관서의 장의 승인을 얻어야 한다.

⑦ 단가가 "1식"인 경우

계약 시 단위공종에 대한 세부단가가 분류되어 있지 않은 경우의 설계변경 시 계약금액의 조정은 계약상대자가 제출한 일위대가표나 단가산출서를 이용하고, 이러한 문서가 없는 경우에 발주처가 제시하는 일위대가표 등을 활용한다.

(2) 계약금액조정 예외사항

① 대안입찰공사

대안입찰에 의한 대안으로 채택된 설계 · 시공일괄입찰에 대하여는 설계변경으로 인한 계약금액의 조정을 행할 수 없다. 그러나 채택된 대안설계가 발주자의 요구나 성능에 하자가 없는 경우의 설계를 발주자의 요구로 변경하는 경우에는 설계변경의 책임이 발주관서에 있으므로 계약금액의 증액조정이 가능하다.

② 조정기간이 경과한 경우

발주기관은 계약상대자의 계약금액조정 청구를 받은 날로부터 30일 이내에 계약금액을 조정해야 한다. 그러나 발주기관의 예산배정지연 등의 사유로 인해 불가피하게 조정기간의 경과할 수밖에 없는 사유가 있는 경우, 계약상대자가 보완요구 등의 통지를 받은 날로부터 그 보완을 완료한 사실을 통지받은 날까지의 기간은 계약조정 기한에 반영하지 아니한다.

③ 기술개발보상비

국가계약법 시행령 제65조제4항의 규정에 따라 계약상대자가 발주자의 설계와 동등 이상의 기능 · 효과를 가진 새로운 기술이나 공법 등을 제시하여 공사비의 절감과 공기단축 등의 효과가 있다고 인정되어 설계변경을 한 경우로써, 이 경우는 설계변경에 의한 공사비의 감액요인이 있더라도 절감되는 공사비의 30%만 감액할 수 있다.

22. 설계변경으로 인한 계약금액조정 제한

제21조(설계변경으로 인한 계약금액조정의 제한 등) ① 다음 각 호의 어느 하나의 방법으로 체결된 공사계약에 있어서는 설계변경으로 계약내용을 변경하는 경우에도 정부에 책임 있는 사유 또는 천재 · 지변 등 불가항력의 사유로 인한 경우를 제외하고는 그 계약금액을 증액할 수 없다.

1. 시행령 제14조제6항제3호 단서에 따라 입찰을 할 때에 새로운 기술 · 공법 등에 의한 공사비 절감사유를 제출하여 체결된 공사계약(새로운 기술 · 공법 등이 채택된 부분에 한함)
2. 시행령 제78조에 따른 일괄입찰 및 대안입찰(대안이 채택된 부분에 한함)을 실시하여 체결된 공사계약

3. 시행령 제98조에 따른 설계공모 · 기술제안입찰 및 기술제안입찰(기술제안이 채택된 부분에 한함)을 실시하여 체결된 공사계약

② 각 중앙관서의 장 또는 계약담당공무원은 시행령 제78조에 따른 일괄입찰과 제98조에 따른 설계공모 · 기술제안입찰의 경우, 계약체결 이전에 실시설계 적격자에게 책임이 없는 다음 각 호의 어느 하나에 해당하는 사유로 실시설계를 변경한 경우에는 계약체결 이후 즉시 설계변경에 의한 계약금액조정을 하여야 한다.

1. 민원이나 환경 · 교통영향평가 또는 관련법령에 따른 인허가 조건 등과 관련하여 실시설계의 변경이 필요한 경우
2. 발주기관이 제시한 기본계획서 · 입찰안내서 또는 기본설계서에 명시 또는 반영되어 있지 아니한 사항에 대하여 해당 발주기관이 변경을 요구한 경우
3. 중앙건설심의위원회 또는 설계자문위원회가 실시설계심의과정에서 변경을 요구한 경우

③ 제1항 또는 제2항의 경우에 계약금액을 조정하고자 할 때에는 다음 각 호의 기준에 의한다.

1. 제1항제1호의 경우와 기술제안입찰은 시행령 제65조제3항에 의한다.
2. 제2항제2호의 경우와 설계공모 · 기술제안입찰은 시행령 제91조제3항에 의한다.

④ 제1항에 정한 정부의 책임 있는 사유 또는 불가항력의 사유란 다음 각 호의 1의 경우를 말한다. 다만, 설계 시 공사 관련법령 등에 정한 바에 따라 설계서가 작성된 경우에 한한다.

1. 사업계획 변경 등 발주기관의 필요에 의한 경우
2. 발주기관 이외에 당해 공사와 관련된 인허가기관 등의 요구가 있어 이를 발주기관이 수용하는 경우
3. 공사 관련법령(표준시방서, 전문시방서, 설계기준 및 지침 등 포함)의 제 · 개정으로 인한 경우
4. 공사 관련법령에 정한 바에 따라 시공하였음에도 불구하고 발생되는 민원에 의한 경우
5. 발주기관 또는 공사 관련기관이 교부한 지하매설지장물 도면과 현장 상태가 상이하거나 계약이후 신규로 매설된 지장물에 의한 경우
6. 토지 · 건물소유자의 반대, 지장물의 존치, 관련기관의 인허가 불허 등으로 지질조사가 불가능했던 부분의 경우
7. 제32조의 규정에 정한 사항 등 계약당사자 누구의 책임에도 속하지 않는 사유에 의한 경우

⑤ 제3항에 따라 계약금액을 증감조정하고자 하는 경우, 증감되는 공사물량은 수정 전의 설계도면과 수정 후의 설계도면을 비교하여 산출한다.
⑥ 제2항 각 호의 사유 및 제3항 각 호의 사유에 해당되지 않는 경우로서 현장 상태와 설계서의 상이 등으로 인하여 설계변경을 하는 경우에는 전체공사에 대하여 증감되는 금액을 합산하여 계약금액을 조정하되 계약금액을 증액할 수는 없다.
⑦ 계약담당공무원은 제6항에 따른 계약금액조정과 관련하여 연차계약별로 준공되는 장기계속공사의 경우에는 계약체결 시 전체공사에 대한 증감금액의 합산처리방법, 합산잔액의 다음 연차계약으로의 이월 등 필요한 사항을 운영하여야 한다.
⑧ 제1항 내지 제7항에 따른 계약금액조정의 경우에는 제20조제4항 및 제7항 내지 제9항의 규정을 준용한다.

(1) 계약금액조정의 제한대상

다음과 같은 방법에 의해 계약이 체결된 경우, 설계변경에 따른 계약변경이 되더라도 정부의 책임 있는 사유나 천재지변 등 불가항력적 사유가 아니면 계약금액의 증액이 어렵다.

① 새로운 기술이나 공법이 적용된 경우
② 일괄입찰 및 대안입찰
③ 설계공모 · 기술제안입찰 및 기술제안에 의해 체결된 공사

여기에서 위 ①항은 계약상대자가 건설신기술 또는 신공법으로, 적용되는 기술이 기존기술보다 현저히 공사비가 절감된다고 하여 공사비의 절감사유를 제출하여 계약이 체결된 경우이다. 또 ②항은 기존의 기술이나 공법의 적용을 대신하여 새로운 설계 및 공법에 의하거나, 또는 설계와 시공을 계약상대자의 책임으로 일괄 입찰에 응하여 공사계약이 이루어진 경우이다. 그 외에 ③항은 역시 계약상대자가 사전에 발주자의 요구조건에 부합되는 공사목적물을 완성하기 위하여 설계공모에 참여하거나 스스로 기술제안을 하여 입찰에 의해 채택되어 계약이 이루어진 경우이다. 이러한 경우에는 해당 부문에 대한 설계변경의 책임이 계약상대자에게 있으므로 그 이후에 설계변경이 이루어지더라도 계약금액의 증액은 어려운 것이다.

(2) 설계변경에 의한 계약금액조정 대상

일괄입찰이나 설계공모 · 기술제안 입찰에 의해 공사계약이 이루어진 경우라도 그 계

약의 체결이 이루어지기 전에 실제로 실시설계 적격자에게 책임이 없는 다음과 같은 경우에는 실시설계를 변경한 경우에도 설계변경에 의한 계약금액의 조정이 가능하다.

① 민원, 환경 · 교통영향평가 또는 관련법령에 따른 인허가조건인 경우(법적 요구사항)
② 계약체결 이전에 계약 요구사항에 없는 사항을 발주기관이 추가적으로 변경을 요구하는 경우(계약 요구사항 이외의 요구사항)
③ 중앙건설심의위원회 또는 설계자문위원회가 실시설계 심의과정에서 변경을 요구한 경우(전문가의 심의결과 변경 요구사항)

(3) 계약금액 조정기준

국가계약법 시행령 제65조제3항 및 일반조건 제21조제3항에 따라 건설신기술 · 신공법, 기술제안입찰에 의해 계약이 이루어지고 당초 계약된 수량보다 차이가 나는 경우, 공사수량이 증감된 부분의 단가는 계약체결 시 제출한 산출내역서상의 단가로 한다. 다만, 계약단가가 예정가격 단가보다 높은 경우로서 공사수량이 증가하게 될 때에는 그 증가된 수량에 대해서만 적용단가를 예정가격 단가로 한다. 그러나 계약단가가 없는 신규비목의 단가는 설계변경 시를 기준으로 한 단가에 낙찰률을 곱한 금액으로 한다.

그런데 이와 달리 계약상대자에게 책임이 없는 경우로서 발주기관이 설계변경을 요구한 경우에는 계약이후 증가된 공사수량 또는 신규비목의 단가는 설계변경 당시를 기준으로 하여 산정한 단가와 낙찰률을 곱한 금액의 범위 안에서 계약당사자 간에 협의하여 결정한다. 또한 계약당사자 간의 협의가 어려운 경우에는 설계변경 당시를 기준으로 하여 산정한 단가와 낙찰률을 곱한 금액을 합한 금액의 100분의 50으로 한다.

한편, 일괄입찰이나 대안입찰, 설계공모 · 기술제안입찰의 경우는 국가계약법 시행령 제91조제3항에 따라 감소된 공사량의 단가는 입찰 시 제출한 산출내역서상의 계약단가를 적용하고, 증가된 공사량의 단가는 설계변경 당시를 기준으로 산정한 단가와 산출내역서상의 계약단가의 범위 내에서 계약당사자 간에 협의하여 결정하도록 하고 있다. 이 경우에도 계약당사자 간의 협의가 이루어지지 않을 경우에는 설계변경 당시를 기준으로 산정한 단가와 산출내역서상의 단가를 합한 금액의 100분의 50으로 한다. 다만, 산출내역서상의 단가가 없는 신규비목의 단가는 설계변경 당시를 기준으로 산정한 단가를 적용하도록 하고 있다.

23. 물가변동에 따른 계약금액 조정

제22조(물가변동으로 인한 계약금액의 조정) ① 물가변동으로 인한 계약금액의 조정은 시행령 제64조 및 시행규칙 제74조의 규정에 정한 바에 의한다.

② 동일한 계약에 대한 계약금액의 조정 시 품목조정률 및 지수조정률을 동시에 적용하여서는 아니 되며, 계약을 체결할 때에 계약상대자가 지수조정률 방법을 원하는 경우 외에는 품목조정률 방법으로 계약금액을 조정하도록 계약서에 명시하여야 한다. 이 경우 계약이행 중 계약서에 명시된 계약금액의 조정방법을 임의로 변경하여서는 아니 된다. 다만, 시행령 제64조제6항에 따라 특정규격의 자재별 가격변동에 따른 계약금액을 조정할 경우에는 본문의 규정에 불구하고 품목조정률에 의한다.

③ 제1항의 규정에 의하여 계약금액을 증액하는 경우에는 상대자의 청구에 의하여야 하고, 계약상대자는 제40조의 규정에 의한 준공대가(장기계속계약의 경우에는 각 차수별 준공대가) 수령 전까지 조정신청을 하여야 조정금액을 지급받을 수 있으며, 조정된 계약금액은 직전의 물가변동으로 인한 계약금액 조정기준일로부터 90일 이내에 이를 다시 조정할 수 없다. 다만, 천재 · 지변 또는 원자재의 가격급등으로 당해 기간 내에 계약금액을 조정하지 아니하고는 계약이행이 곤란하다고 인정되는 경우에는 계약을 체결한 날 또는 직전조정기준일로부터 90일 이내에도 계약금액을 조정할 수 있다.

④ 계약상대자는 제3항의 규정에 의하여 계약금액의 증액을 청구하는 경우에는 계약금액조정내역서를 첨부하여야 한다.

⑤ 발주기관은 제1항 내지 제4항의 규정에 의하여 계약금액을 증액하는 경우에는 계약상대자의 청구를 받은 날로부터 30일 이내에 계약금액을 조정하여야 한다. 이 경우 예산배정의 지연 등 불가피한 경우에는 계약상대자와 협의하여 그 조정기한을 연장할 수 있으며, 계약금액을 증액할 수 있는 예산이 없는 때에는 공사량 등을 조정하여 그 대가를 지급할 수 있다.

⑥ 계약담당공무원은 제4항 및 제5항의 규정에 의한 계약금액조정 청구내용이 일부 미비하거나 분명하지 아니한 경우에는 지체 없이 필요한 보완요구를 하여야 하며, 이 경우 계약상대자가 보완요구를 통보받은 날부터 발주기관이 그 보완을 완료한 사실을 통지받은 날까지의 기간은 제5항의 규정에 의한 기간에 산입하지 아니한다. 다만, 계약상대자의 계약금액조정 청구내용이 계약금액 지정요건을 충족하지 않았거나 관련 증빙서류가 첨부되지 아니한 경우에는 그 사유를 명시하여 계약상대자에게 당해 청구서를 반송하여야 하며, 이 경우 계약상대자는 그 반송사유를 충족하여 계약금액 조정을 다시

청구하여야 한다.

⑦ 시행령 제64조제6항에 따른 계역금액 조정요건을 충족하였으나 계약상대자가 계약금액 조정신청을 하지 않을 경우 하수급인은 이러한 사실을 계약담당공무원에게 통보할 수 있으며, 통보받은 계약담당공무원은 이를 확인한 후 계약상대자에게 계약금액 조정신청과 관련된 필요한 조치 등을 하도록 하여야 한다.

(1) 개요

물가변동으로 인한 계약금액의 조정은 국가계약법 시행령 제64조에서 정한 조정요건이 충족되면 가능하다. 이 경우, 원칙적으로 물가변동에 의한 계약금액 조정은 신청서를 접수한 후 30일 이내에 처리하도록 명문화하여 계약이행의 지체에 따른 관련업체의 불이익을 방지하고 있다. 그러나 물가변동으로 인해 계약금액의 조정사유가 발생되어도 만약 계약금액을 증액하여 조정해야 할 경우로서 증액할 예산이 없는 경우에는 공사량을 조정하여 대가를 지급할 수 있도록 하고 있다(국가계약법 시행규칙 제74조제9항).

(2) 조정요건 및 절차

① 물가변동에 의한 계약금액감액 조정

계약체결한 날로부터 90일이 경과하고, 입찰일을 기준으로 계약조건에 명시된 물가조정률이 100분의 3 이상 등락이 있는 경우

물가변동에 의한 계약금액의 조정에 필요한 적용단가는 공사예정공정표상 조정기준일 이후에 이행되어야 할 금액을 의미한다. 이는 계약당사자 간 합의에 의하여 계약체결 시 작성된 공사예정공정표와 다르게 시공하고자 하는 경우에는 당초 예정공정표를 수정해야 하며, 이 경우에도 물가변동 적용단가는 변경된 공사예정공정표에 의해 산출되어야 한다.

② 품목 또는 지수조정률이 100분의 3 이상 증감 시 조정

계약체결 이후 물가변동에 따른 공사비의 증감조정은 그 품목이나 지수조정률이 적어도 100분의 3 이상의 등락이 있어야 가능하다. 또 입찰 후 계약체결 시까지 기간이 너무 길어 그 사이 원자재 값의 급등이 발생하여 계약금액의 조정이 어려운 경우가 발생함으로써 입찰일로부터 계약체결 시까지의 물가변동분이 반영되지 못하여 계약상대자에게 부담을 주게 되므로 물가변동률 산정의 기준시점을 입찰일을 기준으로 하고 있다.

또한 계약금액 지수조정률도 5%에서 3% 이내로 완화하고 있다.

(3) 품목 또는 지수조정률

보통 동일한 계약의 계약금액 조정은 품목조정과 지수조정방법 중 어느 한 개를 선택하고 있는데, 이 경우 계약금액의 조정방법은 계약상대자와 협의하여 조정하고 있다. 그러나 계약상대자가 계약서에 특별히 지수조정방법을 원하는 경우를 제외하고는 품목조정률에 의하는 방법으로 조정하는 것을 계약서에 명시하고 있다.

(4) 계약금액 조정신청

계약금액은 계약체결일로부터 일정한 기간이 경과함과 동시에 품목조정률이 일정한 비율 이상 증가함으로써 조정의 사유가 발생하나, 그 자체가 자동적으로 계약금액의 조정이 이루어지는 것은 아니다. 즉 계약금액이 증액되는 경우에는 계약상대자, 계약금액이 감액되는 경우에는 발주기관이 계약금액의 조정을 요청하여 청구권을 행사해야 한다.

(5) 계약금액 조정시기

계약금액의 조정청구는 계약상대자의 청구에 따라 “공사계약조건” 제40조의 규정에 의해 준공대가 수령 전까지 신청해야 한다(단, 장기계속공사의 경우는 차수별 준공대가 수령 전까지). 이때 발주기관은 계약상대자의 청구를 받은 날로부터 30일 이내에 계약금액을 조정해야 한다. 그런데 계약금액이 조정되면 천재지변에 의한 경우를 제외하고는 직전의 물가변동으로 인한 계약금액 조정기준일로부터 90일 이내에는 다시 조정할 수 없다.

(6) 조정금액의 산출

계약금액의 조정기준일은 계약상대자가 조정을 신청한 날이나 발주기관이 조정을 승인 날과는 무관하며, 계약당사자가 제출한 등록요건과 등락요건을 동시에 충족한 날로 본다. 또 물가변동 적용대가를 대상으로 한 계약금액의 조정률 계산은 총계약금액 중 조정기준일 이전에 이행이 완료되어야 할 부분을 제외한 금액을 대상으로 산정한다. 또한 공사공정예정표를 기준으로 할 경우에는 계약상대자가 공사착공 시 발주기관에 제출한 공사예정공정표를 기준으로 한다.

만약 조정기준일 이전에 계약변경으로 인하여 계약이행기간이 변경된 경우에는 수정된 공정표를 제출하게 되는데, 이때에는 승인된 수정공정표를 기준으로 물가변동 적용대가를 적용한다. 한편, 계약금액 중 조정기준일 이후에 이행될 대가에 조정기준일 현재 품목조정률이나, 지수조정률을 곱하여 조정금액을 산출하였으나 선금이 지급된 경우에는 그 상당액을 조정금액에서 제외한다. 그러나 기성의 대가는 공제하되 기성대가 지급신청 전에 물가변동으로 인한 계약금액 조정을 신청하거나 개산급으로 지급받은 경우에는 공제하지 아니한다.

(7) 금액조정의 방법

① 품목조정률에 의한 조정

이 방법은 계약금액을 구성하는 항목을 대상으로 등락률과 등락폭을 토대로 한 품목조정률에 물가변동 적용단가를 곱하여 계약금액을 조정하는 방법이다.

이 방법은 먼저 입찰 당시의 가격을 산정하고 다음으로 물가변동 당시의 가격을 산정한다. 이때 등락률은 물가변동 당시 특정품목의 가격이 입찰 시와 비교하여 상승 또는 하락되었는지를 나타내는 비율이며, 등락폭은 계약금액을 구성하고 있는 품목의 계약단가에 등락률을 곱하여 산정한 금액이다. 따라서 등락의 폭은 계약단가와 입찰 시 산정한 가격 및 물가변동 당시 산정한 가격의 수준에 따라 구분하여 비교될 수 있다. 또 조정금액의 산정은 계약단가와 계약금액을 기준으로 조정기준일 이후에 이행이 완료되어야 할 부분, 즉 물가변동 적용대가에 품목조정률을 곱하여 조정금액을 산정한다. 그리고 만약 선급이 지급된 경우에는 해당 분을 공제한 후 계약금액에 산정된 조정금액을 가감하여 계약금액 조정을 완료한다.

② 지수조정률에 의한 조정

이 방법은 원가계산에 의해 작성한 산출내역서를 첨부하여 체결한 계약의 경우, 계약금액의 각 유형별로 해당되는 재료비 · 노무비 및 경비의 합계액 비율을 산정하고 각 비목별로 적합한 지수를 적용하여 지수조정률을 산출하여 계약금액을 조정하는 방법이다. 이때 적용지수는 한국은행이 매년 조사하여 공표하는 물가지수, 국가나 지방자치단체 또는 정부기관이 결정하는 노임 · 가격 · 요금의 평균지수, 통계작성승인기관이 조사 · 공표한 해당 직종의 시중노임지수 등을 참고로 한다.

지수조정률의 산출은 해당 금액의 산출내역서 중 재료비, 노무비, 경비를 구성하는 비목군을 편성하고 각 비목군별 산출내역서상의 금액이 동 내역서상의 재료비, 노무비, 및 경비의 합계액에서 차지하는 비율로 표시한다. 또한 각 비목군별 가격변동 수준을 수치화한 지수의 산정과 기준시점 및 비교시점의 지수를 표시하고 지수조정률을 산출한다. 이때 지수의 조정률은 각 비목별 입찰 시의 가중치 계수에 지수변동률을 곱한 값에서 1을 뺀 것이며, 소수점 이하의 숫자가 있는 경우에는 소수점 다섯째 자리 이하는 절사하고 넷째 자리까지 산정한다.

24. 기타 계약내용 변경으로 인한 계약금액조정

제23조(기타 계약내용의 변경으로 인한 계약금액의 조정) ① 계약담당공무원은 공사계약에 있어서 제20조 및 제22조의 규정에 의한 경우 외에 공사기간 · 운반거리의 변경 등 계약내용의 변경으로 계약금액을 조정하여야 할 필요가 있는 경우에는 그 변경된 내용에 따라 실비를 초과하지 아니하는 범위 안에서 이를 조정한다.

② 제1항의 규정에 의한 계약내용의 변경은 변경되는 부분의 이행에 착수하기 전에 완료하여야 한다. 다만, 계약담당공무원은 계약이행의 지연으로 품질저하가 우려되는 등 긴급하게 계약을 이행하게 할 필요가 있는 때에는 계약상대자와 협의하여 계약내용변경의 시기 등을 명확히 정하고, 계약내용을 변경하기 전에 계약을 이행할 수 있다.

③ 제1항의 경우에는 제20조제4항을 준용한다.

④ 제1항의 경우 계약금액이 증액될 때에는 계약상대자의 신청에 의거 조정하여야 한다.

⑤ 제1항 내지 제4항의 규정에 의한 계약금액 조정의 경우에는 제20조제7항 내지 제9항의 규정을 준용한다.

(1) 기타 계약내용의 변경

이 항목에서 "기타 계약내용의 변경"은 물가변동과 설계변경을 제외한 계약내용의 변경을 말하는 것으로 계약금액의 조정을 수반하는 것이다. 이러한 계약내용의 변경도 변경되는 부분이 이행되기 전에 완료되어야 하며, 만약 계약금액이 증가될 경우에는 계약상대자의 신청에 의해 조정할 수 있다. 즉 모든 건설공사의 계약내용의 변경은 계약금액의 조정대상이 되지만 물가변동이나 설계변경에 의해 계약금액의 조정이 이루어지는 경우를 제외한 기타 변경내용에 대한 계약변경 사항을 명확히 하기 위해서다.

(2) 기타 계약내용 변경의 판단기준

① 규정된 계약사항의 변경

계약사항은 계약서에 규정하고 있다. 이 계약서에 규정된 모든 변경사항은 계약변경으로 볼 수 있다. 이에 해당되는 것은 계약서의 내용으로 간주되는 시방서 현장설명서, 작업지시서 등에 제시되고 있는 사항이 변경되는 경우에는 기타 계약변경으로 볼 수 있다.

② 설계변경이나 물가변동 사유가 아닌 사항

공사목적물의 수량이 증감되는 경우는 설계변경으로 보지만 동일한 수량의 다른 작업내용으로 변경하는 것은 기타 계약내용의 변경에 해당된다.

(3) 기타 계약금액조정방법과 절차

기타 계약금액의 조정은 당초 계약된 내용과 달리 변경된 내용에 따라 실비를 초과하지 않는 범위 내에서 계약금액을 조정하게 된다. 이 경우의 실비란 계약변경에 따라 실제로 집행되는 금액을 말하고, 이 금액은 시공 이후에도 정량적으로 계산이 가능한 것이어서 실제로는 원가계산의 개념으로 이해해야 한다.

이 경우에도 계약금액의 조정은 실비범위 내에서만 가능하며 계약자의 신청에 의한다. 또한 실비의 산정은 실제 변경된 사용에 투입된 비용을 객관적으로 인정할 수 있는 증빙자료와 "국가계약법 시행규칙" 제7조의 규정 및 회계예규에 정한 절차와 기준에 따라 가격을 산출한다. 한편, 발주자의 책임으로 공사기간이 연장되는 경우로 인해 발생하는 현장관리비 등의 증가는 발주자가 공기를 단축하여 급속한 공사기간 단축을 요구하는 경우 인건비 등 공사비의 증가요인이 된다.

이 경우의 정산방법은 아래와 같다.

① 변경되는 공사로 인한 간접노무비의 증가
② 변경되는 공사로 인한 가설공사비, 경비, 손료 등의 증가
③ 공기연장으로 인한 사용료, 보관료 등의 증가
④ 기타 직접계상이 가능한 보험료, 고지서, 영수증
⑤ 기타 운반비의 증가, 보증료 발급 수수료의 증가

이와 같은 계약내용의 변경과 금액의 조정은 그 계약이행이 착수되기 전에 완료되어야 한다. 그러나 건설공사의 계약이행 지연으로 품질저하 우려가 예상되는 경우 계약상대자와 협의하여 사전에 변경사항을 먼저 이행할 수 있도록 하고 있다.

24-1. 설계변경 등에 따른 통보

제23조의 2 (설계변경 등에 따른 통보) 제20조 내지 제23조에 의거하여 계약금액을 조정한 경우에는 계약담당공무원은 건설산업기본법 관련규정에 의거 계약금액의 조정사유와 내용을 하수급인에게 통보하여야 한다.

(1) 해설

건설산업기본법 제36조(설계변경에 따른 하도급대금의 조정)에는 "수급인이 하도급한 후 발주자로부터 설계변경이나 경제상황의 변동에 따라 공사금액을 증액하여 지급받은 경우에는 동일한 사유로 목적물의 완성에 따른 추가적인 비용이 소요되는 때에는 원도급자가 증액하여 받은 공사금액의 내용과 비율에 따라 하도급인에게 비용을 증액하여 지급하여야 한다."라고 규정하고 있다. 또한 "이 경우 공사금액이 감소된 때에도 이에 준하여 감액하여 지급한다."라고 규정하고 있다. 일반적으로 건설공사의 하도급계약은 원도급자가 우월적인 지위에서 계약이 이루어지지만, 발주자로부터 지급받은 물가상승분 등이 원도급자 자신에게 유리하게 임의로 적용함으로써 하도급자가 불이익을 받을 수 있다. 이러한 경우를 방지하기 위하여 공공발주기관은 설계변경 등 계약금액조정내용을 하도급인에게 통보하도록 의무화하여 원하도급 간 불공정한 거래관행을 방지하도록 하고 있다.

24-2. 건설폐기물량 초과발생에 따른 계약금액조정

제23조의 3 (건설폐기물량의 초과발생에 따른 계약금액의 조정) 시행령 제78조에 따라 체결된 계약에 있어서「건설폐기물의 재활용 촉진에 관한 법률」제15조에 따라 건설공사와 건설폐기물처리 용역을 분리 발주한 경우로서 공사 수행과정에서 건설폐기물이 계약상대자가 설계 시 산출한 물량을 초과하여 발생한 때에는 당해 초과물량에 대하여 발주기관이 실제 폐기물처리업체에 지급한 처리 비용 만큼 계약금액에서 감액 조정한다.

(1) 개요

건설폐기물 재활용 촉진에 관한 법률 제2조(정의)에서 건설폐기물이란 건설산업기본법 제2조제4호에 해당하는 5톤 이상의 폐기물로 대통령령으로 정하는 것을 말한다.

또한 다른 법률관계에서 건설폐기물의 친환경적인 처리와 재활용 촉진에 관한 사항은 이 법을 다른 법률에 우선하여 적용하고, 이 법에 규정하지 아니하는 사항은 관계법령의 규정을 적용하도록 하고 있다. 일반적으로 건설공사 시 발생하는 폐기물량의 증가가 예상되어 발주기관이 본 건설공사와 무관하게 별도로 건설공사의 폐기물 처리를 분리하여 발주한 경우, 또는 건설공사 시 예상하는 건설폐기물이 발생량을 초과하여 발생하는 경우에는 이 초과발생 폐기물의 처리에 소요되는 비용은 계약변경을 통하여 금액을 조정하도록 규정하고 있다. 건설공사는 기존건축물을 철거할 때 발생하는 산업폐기물이나 신축과정에서 가설재의 사용 등으로 폐기물이 발생한다.

건축계획 시 기존시설물을 철거하는 과정에서 발생한 폐기물을 재활용하기 위한 계획도 수립된다. 따라서 건설공사의 특성이나 공사여건에 따라 발생하는 폐기물의 양이 달라질 수 있으므로 공사계획 수립 시 철저한 사전조사에 의한 폐기물량의 산정이 필요하다.

25. 응급조치

제24(응급조치) ① 계약상대자는 시공기간 중 재해방지를 위하여 필요하다고 인정할 때는 미리 공사감독관의 의견을 들어 필요한 조치를 취하여야 한다.

② 공사감독관은 재해방지 기타 시공상 부득이할 때에는 계약상대자에게 필요한 응급조치를 취할 것을 구두 또는 서면으로 요구할 수 있다. 이 경우 구두로 응급조치를 요구한 때에는 추후 서면으로 보완하여야 한다.

③ 계약상대자는 제2항의 규정에 의한 요구를 받은 때에는 즉시 이에 응하여야 한다. 다만, 계약상대자가 요구에 응하지 아니할 때에는 계약담당공무원은 일방적으로 계약상대자 부담으로 제3자로 하여금 응급조치하게 할 수 있다.

④ 제1항 내지 제3항의 조치에 소요된 경비 중에서 계약상대자가 계약금액의 범위 내에서 부담하는 것이 부당하다고 인정되는 때에는 제23조의 규정에 의하여 실비의 범위 안에서 계약금액을 조정할 수 있다.

(1) 해설

일반적으로 건설공사의 도급자는 공사에 사용되는 재료, 장비와 인력을 활용하여 공사목적물을 완성하게 된다. 그러나 건설공사는 특성상 옥외에서 이루어지고 대부분이 단일공사로 그` 규모가 크며, 또한 현장에 동원되는 인력이나 장비가 수시로 변동될 수 있을 뿐 아니라 공사목적물도 동일하지 않아 이를 완성하는 데에는 건설 기술적, 관리적인 노력이 수반된다. 따라서 이러한 공사목적물을 실현하는 과정에서 얘기치 못한 불가항력적 또는 제3자에 의한 피해가 수반되는 위험이 나타날 수 있다.

이러한 경우를 대비하여 본 조항에서는 계약상대자가 필요하다고 인정하는 경우 임의로 응급조치를 취할 수 있도록 하고, 또한 공사감독관이 필요에 의해 응급조치를 계약상대자에게 요구할 수 있도록 규정하고 있다. 이러한 조치의 요구는 구두 또는 서면으로 해야 하며, 만약 긴급하여 구두로 한 경우에는 사후비용 등의 분쟁을 예방하기 위하여 추후에 서면으로 보완하도록 하고 있다. 그런데 이러한 응급조치의 방법은 필요시에는 공사를 중단하게 하거나 철거 후 재시공 등 재해안전상의 조치가 필요하다. 특히 이 조항은 공사 중 중대한 재해안전상의 영향 또는 비용을 필요로 하는 경우에는 특별히 긴급한 경우를 제외하고는 사전에 반드시 감독원의 의견을 들어야 하는 것과 이후의 비용부담방법에 대하여 규정하고 있다. 만약 도급자가 응급조치를 취한 경우, 이러한 조치가 공설공사의 목적물 실현과정에서 도급자가 일반적인 관리의 범위에 속하는 경우라면 이는 도급자의 부담이 원칙이지만, 이러한 조치내용이 계약상대자의 계약범위를 벗어난 것이어서 도급자가 부담하는 것이 부당할 경우에는 이 규정에 따라 실제 투입된 비용의 범위 내에서 계약금액을 조정하도록 하고 있다.

26. 지체상금

제25(지체상금) ① 계약상대자는 계약서에 정한 준공기한(계약서상 준공신고서 제출기일을 말한다. 이하 같다) 내에 공사를 완성하지 아니한 때에는 매 지체일수마다 계약서에 정한 지체상금률을 계약금액(장기계속공사계약의 경우에는 연차별 계약금액)에 곱하여 산출한 금액(이하 "지체상금"이라 한다)을 현금으로 납부하여야 한다.

② 계약담당공무원은 제1항의 경우에 제2조의 규정에 의하여 기성부분에 대하여 검사를 거쳐 이를 인수(인수하지 아니하고 관리 · 사용하고 있는 경우를 포함한다. 이하 이 조에서 같다.)한 때에는 그 부분에 상당하는 금액을 계약금액에서 공제한다. 이 경우

기성부분의 인수는 그 성질상 분할할 수 있는 공사에 대한 완성부분으로 인수하는 것에 한한다.

③ 계약담당공무원은 다음 각 호의 1에 해당되어 공사가 지체되었다고 인정할 때에는 그 해당 일수를 제1항의 지체일수에 산입하지 아니한다.

1. 제32조에서 규정한 불가항력의 사유에 의한 경우
2. 계약상대자가 대체 사용할 수 없는 중요 관급자재 등의 공급이 지연되어 공사의 진행이 불가능하였을 경우
3. 발주기관의 책임으로 착공이 지연되거나 시공이 중단되었을 경우
4. 계약상대자의 부도 등으로 연대보증인이 보증시공을 할 경우
5. 계약상대자의 부도 등으로 보증기관이 보증이행업체를 지정하여 보증시공할 경우
6. 제19조의 규정에 의한 설계변경으로 인하여 준공기한 내에 계약을 이행할 수 없을 경우
7. 원자재의 수급불균형으로 인하여 해당 관급자재의 조달지연 또는 사급자재(관급자재에서 전환된 사급자재를 포함한다)의 구입 곤란 등 기타 계약상대자의 책임에 속하지 아니하는 사유로 인하여 지체된 경우

④ 제3항제4호의 규정에 의하여 지체일수에 산입하지 아니하는 기간은 부도 등이 확정된 날(부도 · 파산 · 해산 등의 사유로 사실상 공사이행을 할 수 없었던 날을 의미한다)부터 보증시공을 지시한 날까지로 한다. 다만, 공동계약에 있어 공동이행방식에 의하는 경우는 공동수급체 구성원 중 마지막으로 남은 구성원의 부도 등이 확정된 날을 기준으로 한다.

⑤ 제3항제5호의 규정에 의하여 지체일수에 산입하지 아니하는 기간은 발주기관으로부터 보증채무이행 청구서를 접수한 날부터 보증이행 개시일 전일까지(단, 30일 이내에 한다)로 한다.

⑥ 계약담당공무원은 제1항의 규정에 의한 지체일수를 다음 각 호에 따라 산정하여야 한다.

1. 준공기간 내에 준공신고서를 제출한 때에는 제27조의 규정에 의한 준공검사에 소요된 기간은 지체일수에 산입하지 아니한다. 다만, 준공기한 이후에 제27조제3항의 규정에 의한 시정조치를 한 때에는 시정조치를 한 날로부터 최종 준공검사에 합격한 날까지의 기간(검사기간이 제27조의 규정에 정한 기간을 초과한 경우에는 동조에 정한 기간에 한한다. 이하 같다.)을 지체 수에 산입한다.
2. 준공기한을 경과하여 준공신고서를 제출한 때에는 준공기한 익일부터 준공검사(시정조치를 한 때에는 최종 준공검사)에 합격한 날까지의 기간을 지체일수에 산입한다.

3. 준공기한의 말일이 공휴일(관련법령의 규정에 의하여 발주기관의 휴무일인 경우를 포함한다)인 경우 지체일수는 공휴일의 익일 다음날부터 기산한다.

⑦ 계약담당공무원은 제1항 내지 제3항의 규정에 의한 지체상금은 계약상대자에게 지급될 대가, 대가지연에 대한 이자 또는 기타 예치금 등과 상계할 수 있다.

(1) 이행 지체

계약은 본질적으로 그 자체의 구속력을 가지며, 당사자에게는 계약을 준수할 것을 강제하고 있다. 따라서 만약 계약을 이행하지 않는 경우에는 당사자에게 그에 상응하는 제재가 가해지는 것이다. 계약 불이행의 경우에는 이행을 지체하는 것과 이행이 불가능한 것, 그리고 이행을 하더라도 불완전하게 이행하는 것이 있다. 이행이 지체되는 경우는 채무의 이행기간이 도래하였으나 그 채무의 이행을 하지 못하는 상태를 말한다. 따라서 지체상금은 채무를 이행하지 못하는 원인이 발주자가 아닌 채무자에게 있는 경우 이에 따른 일정한 비용을 채무자에게 부담시키는 것이다.

(2) 지체상금

지체상금이란 "계약상대방이 정당한 이유 없이 계약의 이행을 지체한 경우, 각 중앙관서의 장 또는 계약담당공무원이 이행 지체자에 대하여 청구하는 손해배상액"을 말한다.

(3) 예외사항

이행 지체의 책임이 계약상대자에게 없는 아래의 경우에는 면책 지체로 간주하여 시공자에게 책임을 전가시키기 어렵다.

① 계약상대자가 대체할 수 없는 관급자재 등의 공급이 지연되어 공사의 계속적 진행이 불가능한 경우
② 제32조에서 규정한 지진, 화재, 태풍, 홍수, 자연재해, 전쟁, 폭동, 대규모 노동파업 등과 같이 불가항력 또는 예외적 위험 등의 사유에 해당되는 경우
③ 발주기관의 책임으로 착공이 지연되거나 공사가 중단되었을 경우
④ 계약상대자의 부도 등으로 연대보증인이 보증시공을 할 경우나 보증기관이 보증이행업체를 지정하여 보증시공을 할 경우
⑤ 제19조의 규정에 의한 설계변경으로 준공기한 내에 계약을 이행할 수 없는 경우

⑥ 원자재 수급불균형으로 관급자재 조달이 지연되거나 사급자재의 구입이 곤란하게 되는 등 기타 계약상대자의 책임에 속하지 아니한 사유로 지체되는 경우

(4) 지체일수와 지체상금 계산

계약일반조건 제25조제6항에 따라 계약담당공무원은 제1항의 규정에 의한 지체일수를 다음의 각 호에 따라 산정한다.

① 준공기간 내에 준공신고서를 제출한 때에는 제27조의 규정에 의한 준공검사에 소요된 기간은 지체일수에 산입하지 아니한다. 다만, 준공기한 이후에 제27조제3항의 규정에 의한 시정조치를 한 때에는 시정조치를 한 날로부터 최종 준공검사에 합격한 날까지의 기간을 지체일수에 산입한다.

② 준공기간을 경과하여 준공신고서를 제출한 때에는 준공기한 익일부터 준공검사에 합격한 날까지의 기간은 지체일수에 산입한다.

③ 준공기한의 말일이 공휴일인 경우(관련법령의 규정에 의거 발주기관의 휴무일인 경우를 포함한다.) 지체일수는 공휴일의 익일 다음날부터 기산한다.

지체상금은 국가계약법 시행규칙 제75조에 규정된 지체상금률에 지체일수를 곱하여 산정한다.

27. 계약기간의 연장

제26조(계약기간의 연장) ① 계약상대자는 제25조제3항 각 호의 사유가 계약기간 내에 발생한 경우에는 계약기간 종료 전에 지체 없이 제17조제1항제2호에 대한 수정공정표를 첨부하여 계약담당공무원과 공사감독관에게 서면으로 계약기간의 연장신청과 제4항의 규정에 의한 계약금액조정신청을 함께 하여야 한다. 다만, 연장사유가 계약기간 내에 발생하여 계약기간 경과 후 종료된 경우에는 동 사유가 종료된 후 즉시 계약기간의 연장신청과 제4항의 규정에 의한 계약금액조정신청을 함께 하여야 한다.

② 계약담당공무원은 제1항의 규정에 의한 계약기간 연장신청이 접수된 때에는 즉시 그 사실을 조사 확인하고 공사가 적절히 이행될 수 있도록 계약기간의 연장 등 필요한 조치를 하여야 한다.

③ 계약담당공무원은 제1항에서 규정한 연장청구를 승인하였을 경우 동 연장기간에 대하여는 제25조의 규정에 의한 지체상금을 부과하여서는 아니 된다.
④ 제2항의 규정에 의하여 계약기간을 연장한 경우에는 제23조의 규정에 의하여 그 변경된 내용에 따라 실비를 초과하지 아니하는 범위 안에서 계약금액을 조정한다. 다만, 제25조제3항제4호 및 제5호의 사유에 의한 경우에는 그러하지 아니한다.
⑤ 계약담당공무원은 제1항 내지 제4항의 규정에 불구하고 계약상대자의 의무불이행으로 인하여 발생한 지체상금이 시행령 제50조제1항의 규정에 의한 계약보증금 상당액에 달한 경우로서 계약목적물이 국가정책사업 대상이거나 계약의 이행이 노사분규 등 불가피한 사유로 인하여 지연된 때에는 계약기간을 연장할 수 있다.
⑥ 제5항의 규정에 의한 계약기간의 연장은 지체상금이 계약보증금 상당액에 달한 때에 하여야 하며, 연장된 계약기간에 대하여는 제25조의 규정에 불구하고 지체상금을 부과하여서는 아니 된다.

(1) 개요

본 조항은 계약기간 중에 계약의 연장사유가 발생하는 경우, 계약의 종료 이전에 지체 없이 당초 계약 시 제시된 공정표를 수정하여 계약담당공무원과 공사감독관에게 서면으로 제출하여 계약기간의 연장신청과 계약금액의 조정신청을 함께 하도록 하고 있다. 이러한 경우 발주자는 계약상대자에게 정당한 사유가 있다고 판단되면 공사기간의 지체에 따른 지체상금을 면제하거나 공사기간을 연장하는 등의 조치를 취할 수 있도록 하고 있다.

(2) 계약 연장신청 사유

계약상대자의 계약 연장신청 사유는 다음과 같다.

① 천재지변 등 불가항력적 사유에 의해 공사 수행이 어려운 경우
② 발주자에 의한 주요 관급자재의 공급이 지연되는 경우
③ 발주기관 사유의 착공 및 시공이 지연되는 경우
④ 계약상대자의 부도 등으로 연대보증인이 보증시공을 하는 경우
⑤ 보증기관이 보증이행업체를 지정하여 보증시공할 경우
⑥ 설계변경으로 인해 당초 계약기간 내에 준공할 수 없는 경우
⑦ 원자재 수급불균형으로 관급자재의 조달이 지연되는 경우

(3) 계약기간 연장

계약상대자에 의해 계약기간 연장신청이 접수되는 경우 계약담당공무원은 즉시 그 사실을 조사하고 후속적인 공사가 즉시에 수행될 수 있도록 계약기간 연장 조치를 취한다. 그리고 계약상대자가 신청한 계약연장 사유가 합당한 경우 계약기간을 연장하고 관련규정에 따라 지체상금을 부과하지 않아야 한다. 또한 계약의 목적물이 중대한 국가정책사업 대상이거나 계약상대자의 계약 미이행 및 이의 사유가 노사분규 등 불가피한 경우에도 지연된 계약기간을 연장할 수 있도록 규정하고 있다.

28. 검사

제27조(검사) ① 계약상대자는 공사를 완성하였을 때에는 그 사실을 준공신고서 등 서면으로 계약담당공무원(「건설기술관리법」 제27조의 규정에 의하여 책임감리를 하는 공사에 있어서는 당해 공사의 감리전문회사를 말한다. 이하 이 조 제2항, 제3항 및 제6항에서 같다)에게 통지하고 필요한 검사를 받아야 한다.

② 계약담당공무원은 제1항의 통지를 받은 때에는 계약서, 설계서, 준공신고서 기타 관계서류에 의하여 그날로부터 14일 이내에 계약상대자의 입회하에 그 이행을 확인하기 위한 검사를 하여야 한다. 다만, 천재 · 지변 등 불가항력적인 사유로 인하여 검사를 완료하지 못한 경우에는 당해 사유가 존속되는 기간과 당해 사유가 소멸된 날로부터 3일까지는 이를 연장할 수 있으며, 공사계약금액(관급자재가 있는 경우에는 관급자재 대가를 포함한다)이 100억 원 이상이거나 기술적 특수성 등으로 인하여 14일 이내에 검사를 완료할 수 없는 특별한 사유가 있는 경우에는 7일 범위 내에서 검사기간을 연장할 수 있다.

③ 계약담당공무원은 제2항의 검사에 있어서 계약상대자의 계약이행 내용의 전부 또는 일부가 계약에 위반되거나 부당함을 발견한 때에는 필요한 시정조치를 하여야 한다. 이 경우에는 계약상대자로부터 그 시정을 완료한 사실을 통지받은 날로부터 제2항의 기간을 계산한다.

④ 제3항의 경우에 계약이행기간이 연장될 때에는 계약담당공무원은 제25조의 규정에 의한 지체상금을 부과하여야 한다.

⑤ 계약상대자는 제2항의 규정에 의한 검사에 입회 · 협력하여야 한다. 계약상대자가 입회를 거부하거나 검사에 협력하지 아니함으로써 발생하는 지체에 대하여는 제3항 및 제4항의 규정을 준용한다.

⑥ 계약담당공무원은 검사를 완료한 때에는 그 결과를 지체 없이 계약상대자에게 통지하여야 한다. 이 경우 계약상대자는 검사에 대한 이의가 있을 때에는 재검사를 요청할 수 있으며 계약담당공무원은 필요한 조치를 하여야 한다.
⑦ 계약상대자는 제6항의 규정에 의한 검사완료 통지를 받은 때에는 모든 공사시설, 잉여자재, 폐기물 및 가설물을 공사장으로부터 즉시 철거 반출하여야 하며 공사장을 정돈하여야 한다.
⑧ 제39조의 규정에 의한 기성대가지급 시의 기성검사는 공사감독관이 작성한 감독조서의 확인으로 갈음할 수 있다. 다만, 동 검사 3회마다 1회는 제1항의 규정에 의한 검사를 실시하여야 한다.
⑨ 제8항의 규정에 의한 기성검사 시 검사에 합격된 자재라도 단순히 공사현장에 반입된 것만으로는 기성부분으로 인정할 수 없다. 다만, 계약상대자가 직접 또는 제3자에게 위탁하여 가공 · 조립 또는 제작된 자재인 때에는 당해 자재의 특성, 용도 및 시장거래 상황 등을 고려하여 반입(당해 자재를 계약목적물에 투입하는 과정의 특수성으로 인하여 가공 · 조립 또는 제작하는 공장에서 기성검사를 실시, 동 검사에 합격한 경우를 포함)된 자재의 100분의 50 범위 내에서 기성부분으로 인정할 수 있다.

(1) 개요

계약에 의해 건설공사가 실현되면 발주자는 공사목적물의 검사를 하게 된다.

검사란 발주자의 요구 및 기대에 맞게 공사목적물이 완성되었는지 확인하는 행위로, 검사결과 만족하지 못할 경우 규정된 요구사항에 맞게 보완해야 하는 의미가 있다. 즉 검사는 계약상대방에 의한 급부 실현을 확인하는 행위로써 계약서와 계약내역서, 설계도서, 시방서 등에 명시된 내용대로 건축물의 구조나 품질 또는 수량과 규격 등이 적합한가를 확인하는 행위이다. 건설산업기본법 제22조제2항, 동법 시행령 제25조제1항에는 공사의 완성검사 시기 및 방법과 함께 인도하는 시기를 계약서에 미리 정하도록 규정하고 있다. 계약상대자는 당해 공사목적물의 실현이 완료될 경우 계약담당공무원(건설기술관리법 제27조에 의한 책임감리대상은 감리전문회사를 말한다.)에게 준공신고서류 등을 작성하여 서면으로 통지하고 적절한 검사를 받도록 규정하고 있다. 검사절차는 다음과 같다.

① 공사목적물의 실현이 완료되면 계약상대자가 완성사실을 증명하는 관계서류 작성
② 작성된 서류를 서면으로 계약담당공무원에게 통지

③ 계약담당공무원은 준공서류를 통지받은 날로부터 14일 이내에 계약의 이행 확인검사 실시

④ 관급자재를 포함하여 공사비가 100억 원 이상인 경우나 당해 공사목적물의 기술적인 특성 때문에 14일 이내에 검사가 어려운 경우 7일 범위 내에서 검사기간 연장 가능

(2) 검사방법

국가계약법 제14조제2항에 의하면 공사목적물의 검사가 완료된 때, 검사원은 그 검사결과를 기재한 검사조서를 작성하도록 하고 있다. 그러나 국가계약법 시행령 제56조에 의하면, 계약금액이 3천만 원 이하인 경우나 매각계약의 경우 또는 전기 · 가스 · 상수도의 공급계약 등 그 성질상 검사조서가 필요하지 않은 경우에는 생략할 수 있도록 규정하고 있다. 일반적으로 국제적인 기준에 의하면 검사는 3가지로 구분된다. 첫째는 공사목적물을 구현하기 위해 공사현장에 반입되는 재료나 사용자재의 적합성 여부를 확인하는 반입검사가 있으며, 둘째는 공사 중의 검사로서 단위공종의 작업이 진행되는 도중에 품질관리를 위해 계약서, 설계도서 및 시방서대로 시공되는지 여부를 확인하는 검사가 있고, 셋째로는 공사목적물이 계약내용에 따라 적합하게 완성되었는지 여부를 검사하는 완성단계의 검사가 있다.

(3) 기성검사

기성검사란 당해 공사계약에 의해 공사가 실현된 부분에 대한 검사를 말한다.

공사계약일반조건 제39조의 규정에 의하면, 기성검사는 공사대금을 정확하게 지급하고 수령하기 위하여 필요한 것으로서 공사감독관이 작성한 감독조서의 확인으로 기성검사가 가능하다. 그런데 기성이라 함은 당해 현장의 사용자재나 재료의 반입이나 구조물에 실현된 것만으로 기성으로 인정되기는 어렵다. 즉 기성은 적합한 자재가 현장에 반입되어 감독관에 의해 반입검사가 이루어지고 해당 목적물의 부위에 적합하게 시공되어 최종적으로 감독관이 그 시공의 정도가 적합함을 인정했을 때 기성으로 볼 수 있다. 또한 계약상대자가 직접 또는 제3자에게 위탁한 가공 · 조립 또는 제작된 자재인 경우에는 사용자재의 특성과 용도 및 시장의 거래 상황을 고려하여 반입된 자재의 100분의 50의 범위 내에서 기성부분으로 인정할 수 있다.

29. 인수

제28조(인수) ① 계약담당공무원은 제27조제6항의 규정에 의하여 검사완료 통지를 한 후 계약상대자가 서면으로 인수를 요청하였을 때에는 즉시 현장인수증명서를 발급하고 당해 공사목적물을 인수하여야 한다.

② 계약담당공무원은 제1항의 규정에 의하여 인수를 요청할 경우 공사규모 등을 고려하여 필요하다고 인정할 때에는 계약상대자로 하여금 다음 각 호의 사항이 첨부된 준공명세서를 제출하여야 한다.

1. 완성된 공사목적물의 전면 · 후면 · 측면사진(10″×15″) 각 5매 및 필름
2. 제27조의 주요 검사과정을 촬영한 비디오테이프(VHS) 5본
3. 착공에서 준공까지의 행정처리 과정, 참여기술자, 관련 참여업체 등의 내용을 포함하는 「건설기술관리법 시행령」 제38조의16의 규정에 의한 준공보고서

③ 계약담당공무원은 계약상대자가 검사완료 통지를 받은 날부터 7일 이내에 제1항의 규정에 의한 인수요청을 아니할 때에는 계약상대자에게 현장인수증명서를 발급하고 당해 공사목적물을 인수할 수 있다. 이 경우 계약상대자는 지체 없이 제2항의 규정에 의한 준공명세서를 제출하여야 한다.

④ 계약담당공무원은 공사목적물을 인수한 때에는 다음 사항을 기재한 표찰을 부착하여 공시하여야 한다.

1. 공사명 및 발주기관(관리청)
2. 착공 및 준공 연월일
3. 공사금액
4. 계약상대자
5. 공사감독관 및 검사관
6. 하자발생 시 신고처
7. 기타 필요한 사항

⑤ 발주관서는 제3항의 규정에 의하여 인수된 공사목적물을 계약상대자에게 유지관리를 요구하는 경우에는 이에 필요한 비용을 지급하여야 한다.

(1) 개요

계약담당공무원은 공사목적물에 대한 준공검사가 완료되면 계약상대자에게 검사완료 통지를 하게 되고, 그 이후에는 계약상대자가 인수해줄 것을 요청하거나 발주자가 직접

공사목적물을 인수할 수 있다. 공사목적물의 검사와 인도는 발주자와 계약상대자 모두 중요한 의미를 갖게 된다. 즉 발주자는 공사목적물이 계획대로 완성되었는지 검사하여 부족한 부분이 있는 경우에 보수 요구와 재검사를 요청할 수 있고, 적합하게 완성된 경우에는 이를 인수받아 당초 계획대로 이용할 수 있다. 계약상대자는 완성된 공사목적물을 인도하여 유지관리의 책임을 면하고 공사대금 잔액을 수령할 수 있다.

(2) 공사목적물의 인수

일반조건 제28조제1항에 의하면 계약담당공무원이 공사목적물에 대한 검사완료 통지를 한 후 계약상대자가 서면으로 인수를 요청하였을 경우에는 즉시 인수증명서를 발급하고 당해 목적물을 인수하도록 규정하고 있다. 이때 계약상대자는 다음 사항이 첨부된 준공명세서를 제출하여야 한다.

① 완성된 공사목적물의 사진 및 필름
② 주요 검사과정을 촬영한 테이프
③ 착공에서 준공까지 행정 처리과정, 참여기술자, 관련 참여업체 포함
④ 준공도서
⑤ 품질기록
⑥ 구조계산서
⑦ 시설물 유지관리에 관한 사항
⑧ 신공법, 특수공법 평가보고서
⑨ 시운전 평가결과서

30. 기성부분의 인수

제29조(기성부분의 인수) ① 계약담당공무원은 전체 공사목적물이 아닌 기성부분(성질상 분할할 수 있는 공사에 대한 완성부분에 한한다)에 대하여 이를 인수할 수 있다.
② 제28조의 규정은 제1항의 경우에 이를 준용한다.

(1) 개요

건설공사는 착공단계부터 완성단계까지 공사에 소요되는 기간이 길다. 따라서 발주자 입장에서는 건설공사의 시공과정상의 장애가 되지 않을 경우 부분적으로라도 준공을 하

여 인수할 수 있다. 특히 인수 시 이용가치를 극대화할 수 있는 상업용 시설이나 공장 등과 같이 생산설비를 조기에 라인업할 수 있는 경우에는 더욱 그러하다. 기성부분에 대한 인수는 일반공사의 인수방법 및 절차와 동일하다. 그러나 기성부분을 조기에 인수하기 위해서는 공사목적물의 성질상 분할할 수 있는 목적물의 완성부분이어야 한다. 다시 말해, 여러 개의 건축물로 구분되어 있는 경우 그중 부분적인 공사목적물의 완성이 이루어진 때에는 현장 기성인수가 가능하도록 규정하고 있다. 즉 계약담당공무원의 검사완료 통지를 받게 되면 계약상대자는 발주자에게 서면으로 기성부분에 대하여 인수를 요청할 수 있고, 이때 즉시 현장인수증명서를 발급하고 당해 공사목적물을 인수해야 한다. 계약담당공무원은 만약 계약상대자가 검사완료 통지를 받은 날로부터 7일 이내에 인수요청을 하지 않는 경우에는 계약상대자에게 현장인수증명서를 발급하고 당해 목적물의 기성부분에 대하여 인수할 수 있다. 이에 따라 기성부분이 인수된 경우에는 공사명과 발주기관 등을 기재한 표찰을 부착하여 공시하도록 규정하고 있다.

31. 부분사용 및 부가공사

제30조(부분사용 및 부가공사) ① 발주기관은 계약목적물의 인수 전에 기성부분이나 미완성부분을 사용할 수 있으며 동 부분에 대하여는 당해 구조물 안전에 지장을 주지 아니하는 부가공사를 할 수 있다.

② 제1항의 경우 계약상대자와 부가공사에 대한 계약상대자는 계약담당공무원의 지시에 따라 공사를 진행하여야 한다.

③ 계약담당공무원은 제1항의 규정에 의한 부분사용 또는 부가공사로 인하여 계약상대자에게 손해가 발생한 경우 또는 추가공사비가 필요한 경우로서 계약상대자의 청구가 있는 때에는 제23조의 규정에 의하여 실비의 범위 안에서 보상하거나 계약금액을 조정하여야 한다.

(1) 개요

본 조항에서 부분사용이란 발주자가 공사의 전부 또는 일부분이 완성되기 전에 사용하도록 하는 것이다. 그러나 이러한 경우에는 본 공사의 후속적인 공사공정에 영향을 미치게 하거나 공사목적물이 인도되기 전에 다른 공사목적물에 손상을 발생케 하는 경우가 생겨 상호간 그 책임의 소재가 불명확해질 우려가 있다. 따라서 발주자에 의한 준공

전에 부분사용을 위해서는 계약상대자의 사전 동의를 얻어 공사목적물의 전부 또는 일부를 사용하는 것으로 규정하는 것이다.

(2) 부분사용이란

부분사용이란 계약목적물의 발주자에게 인수되기 전에 기성부분 또는 완성되지 않은 부분을 발주기관이 사용할 수 있음을 의미한다. 다만 이 경우에는 당해 구조물의 안전에 지장을 주지 아니하는 부가적인 공사를 할 수 있도록 규정하고 있다.

그런데 여기서 말하는 부분사용의 의미는 발주자에 의해 부분사용되는 부분에 발생한 기성금의 지급을 전제조건화하는 것과는 무관하다. 즉 부분적인 공사목적물의 인도가 공사의 부분적인 완료와 병행하여 이루어진 것인 만큼 공사대금의 지급이 이루어져야 한다는 것과는 다른 성격을 지닌다. 따라서 발주자가 시공자에게 부분사용을 청구할 경우 계약상대자가 이에 응해야 하는 것인지는 자유에 속한다. 일반적으로 발주자가 계약상대자에게 부분사용 승낙을 요청하는 경우에는 특별한 사정이 없는 한 발주자의 요청을 거절하기 어려운 것이 현실이다.

(3) 부가공사란

부가공사란 공사목적물 중 부분사용이 용인된 구조물에 대하여 일정한 부분의 인테리어공사 등 추가되는 공사를 말한다. 이는 발주기관에 의해 계약목적물의 인수 전에 기성부분 또는 미완성된 부분의 부분사용이 이루어질 경우로서 특별히 구조안전상 지장이 없는 경우에는 부가적인 공사를 할 수 있도록 규정하고 있다. 따라서 이 경우에도 계약상대자는 담당공무원의 지시에 따라 공사를 진행해야 한다. 그런데 만약 발주자에 의해 공사목적물의 부분사용 또는 부가공사로 인해 계약상대자에게 손해가 발생할 시에는 추가공사에 해당되는 경우로, 계약상대자의 청구에 의해 실제 공사에 투입된 비용범위 안에서 보상하거나 계약금액을 조정할 수 있다.

32. 일반적인 손해

제31조(일반적 손해) ① 계약상대자는 계약의 이행 중 공사목적물, 관급자재, 대여품 및 제3자에 대한 손해를 부담하여야 한다. 다만, 계약상대자의 책임 없는 사유로 인하여 발생한 경우에는 발주기관의 부담으로 한다.

② 제10조의 규정에 의하여 손해보험에 가입한 공사계약의 경우 제1항의 규정에 의한 계약상대자 및 발주기관의 부담은 보험에 의하여 보전되는 금액을 초과하는 부분으로 한다.
③ 제28조 및 제29조의 규정에 의하여 인수한 공사목적물에 대한 손해는 발주기관이 부담하여야 한다.

(1) 개요

일반적으로 건설사업은 옥외산업으로 공사에 소요되는 기간이 길고 공사현장 작업자의 빈번한 이동이 생기는 특성이 있으며, 이로 인해 공사의 표준화가 어렵고 공사 중에도 얘기치 못한 위험과 손해가 발생할 우려가 있다. 그런데 공사 중 발생한 위험과 손해에 대해서는 그 귀책사유가 발주자인 경우를 제외하고는 시공자가 부담하여야 한다.

(2) 손해의 대상과 부담

일반적으로 손해는 공사목적물 실현을 위해 계약이행 중에 발생하는 손해로 규정한다. 이는 공사의 목적물 전체 또는 부분사용 등을 위해 발주자에게 인수하기 전에 발생하는 것으로 간주된다. 즉 공사가 준공된 이후에 발생한 손해에 대해서는 도급자가 부담하지 않는 것이 원칙이다. 그런데 공사 중 얘기치 못한 우발적 사고로 인한 손해를 전가하기 위해 현재 국내에서는 건설공사보험이나 각종 공제보험이 활용되고 있고, 일정규모 이상인 경우 반드시 의무적으로 보험 등에 가입하도록 규정하고 있다.

33. 불가항력

제32조(불가항력) ① 불가항력이라 함은 태풍 · 홍수 기타 악천후, 전쟁 또는 사변, 지진, 화재, 전염병, 폭동 기타 계약당사자의 통제범위를 초월하는 사태의 발생 등의 사유(이하 "불가항력의 사유"라 한다)로 인하여 계약당사자 누구의 책임에도 속하지 아니하는 경우를 말한다. 다만, 이는 대한민국 국내에서 발생하여 공사이행에 직접적인 영향을 미친 경우에 한한다.
② 제1항에서 규정한 불가항력의 사유로 인하여 다음 각 호에 발생한 손해는 발주기관이 부담하여야 한다.
1. 제27조의 규정에 의하여 검사를 필한 기성부분

2. 검사를 필하지 아니한 부분 중 객관적인 자료(감독일지, 사진 또는 비디오테이프 등)에 의하여 이미 수행되었음이 판명된 부분
3. 제31조제1항 단서 및 동조 제3항의 규정에 의한 손해

③ 계약상대자는 계약이행기간 중 제2항의 손해가 발생하였을 때에는 지체 없이 그 사실을 계약담당공무원에게 통지하여야 하며, 계약담당공무원은 통지를 받았을 때에는 즉시 그 사실을 조사하고 그 손해의 상황을 확인한 후 그 결과를 계약상대자에게 통지하여야 한다. 이 경우 공사감독관의 의견을 참작할 수 있다.

④ 계약담당공무원은 제3항의 규정에 의하여 손해의 상황을 확인하였을 때에는 별도의 약정이 없는 한 공사금액의 변경 또는 손해액의 부담 등 필요한 조치를 계약상대자와 협의하여 이를 결정한다. 다만, 협의가 성립되지 않을 때에는 제51조의 규정에 의해서 처리한다.

(1) 불가항력이란

일반적으로 사전적 의미의 불가항력(force majeure)이란 외부로부터 발생한 일로써 보통 필요하다고 인정되는 모든 수단을 다하여도 피할 수 없었던 것을 의미한다. 이는 태풍이나 홍수, 전쟁, 지진, 화재, 전염병 등과 같이 도급자의 통제범위를 벗어나는 상황 등의 사유로 인해 누구의 책임에도 속하지 않는 경우를 말한다. 불가항력이 성립되기 위해서는 천재 또는 지변을 당하거나 계약당사자의 힘으로는 방수할 수 없는 상황이거나 또는 누구의 책임으로도 돌릴 수 없는 상황일 경우에 해당된다.

(2) 공사계약의 요건

일반적으로 "일괄입찰 등 공사계약특수조건 제33조(불가항력)에는 공사계약상의 특수요건에 불가항력적 상황에서 계약상대자의 의무와 해당 요건을 규정하고 있으며, 불가항력의 미인정 사항은 다음과 같다. 첫째, 불가항력 사태의 발생을 대비하여 '적절한 예방조치'를 취해야 하며, 사태가 발생한 경우에는 피해를 최소화하기 위하여 관리자로서의 의무를 다해야 한 경우, 둘째, 계약상대자가 통제 가능한 경우이거나 계약상대자가 미리 예측하여 적절히 대비를 할 수 있는 경우 또는 사태발생 후 대피하거나 극복할 수 있는 경우, 셋째, 계약상대자의 귀책사유에 기인한 경우로서 계약상대자가 고의 또는 중대한 과실로 이행하지 않는 경우이다.

(3) 불가항력의 사례

불가항력의 정도는 그 적용환경과 여건에 따라 내용 및 인정의 범위가 달라진다. 우리나라에서의 불가항력에 대한 인정 사례는 다음 표와 같다.

표 15-9 불가항력 사례

구분	사례
태풍	해당 건설현장이 재난이나 안전관리기본법에 의한 재난위험지역 또는 특별재난지역으로 지정 발령된 경우로서 사전예방조치의 한계를 벗어난 경우
지진	해당 지역에서 리이트 지진규모 6.0 이상의 지진이 발생하여 피해가 발생하였을 경우
전쟁	국가비상사태의 발령으로 현장출입제약 또는 현장유지가 곤란한 경우로서 제3자에 의한 피해가 발생되었을 경우
홍수	현장주변 하천이 범람하여 공사장 주변이 침수되거나 유실된 경우로서 계약상대자의 예방조치한계를 벗어난 경우
전염병	제1종 전염병으로서 당해 지역이 법에 의해 금지되는 명령이 발행한 날로부터 해지 시까지의 기간

(4) 불가항력에 따른 조치

공사 중 얘기치 못한 불가항력적 상황이 발생한 경우 계약상대자는 지체 없이 그 사실을 발주자에게 통지해야 한다. 이때 발주자는 통지를 받은 즉시 그 사실에 대하여 조사하고 그 손해의 상황을 확인한 결과를 계약상대자에게 통지해야 한다. 또 이러한 손해 상황을 확인하였을 때에는 공사금액의 변경이나 손해액의 부담 등 필요한 조치를 계약상대자와 협의하여 결정해야 한다.

34. 하자보수

제33조(하자보수) ① 계약상대자는 전체목적물을 인수한 날과 준공검사를 완료한 날 중에서 먼저 도래한 날부터 시행령 제60조의 규정에 의하여 계약서에 정한 기간(이하 "하자담보책임기간"이라 한다) 동안 공사목적물의 하자(계약상대자의 시공상의 잘못으로 인하여 발생한 하자에 한함)에 대한 보수책임이 있다.

② 하자담보책임기간은 시행규칙 제70조 관련 별표 1에 정해진 바에 따라 공종을 구분(하자책임을 구분할 수 없는 복합공사의 경우에는 주된 공종)하여 설정하여야 한다.

③ 제2항의 규정에 불구하고 하자담보책임기간을 공종 구분 없이 일률적으로 정하였거나 시행규칙 제70조 관련 별표 1에 정해진 기간과 다르게 정하여 계약이행중인 경우에는 동 시행규칙에서 정한 대로 계약서상 하자담보책임기간을 조정하여야 한다.
④ 계약상대자는 하자보수 통지를 받은 때에는 즉시 보수작업을 하여야 하며, 당해 하자의 발생원인 및 기타 조치사항을 명시하여 발주기관에 제출하여야 한다.

(1) 개요

본 조항에서는 계약상대자로부터 공사목적물을 인수받았으나 하자가 발생하였을 경우 도급자의 하자보수의 책임과 처리절차 및 방법에 관하여 규정하고 있다. 하자담보의 책임존속기간과 담보책임 및 하자보수책임 승계 등에 대하여는 민법 제670조, 국가계약법 제17조, 조달청 공사계약특수조건 제14조 등에 규정되어 있다.

(2) 하자란

본 조항에서 하자란 사용상 결함이 있는 것으로서, 공사목적물이 당초의 설계도서에 따라 시공되지 않아 그 사용가치가 감소하는 품질 및 성능상의 결함(Defect)을 말한다. 일반적으로 공사계약자는 완공일로부터 일정기간 내에 발생한 하자에 대하여 보수할 책임이 있다. 건설공사의 하자담보책임이란 공사목적물의 인도 후에 계약서에 정한 내용과 달리 사용상 불안전한 상태가 있는 경우에 도급자가 부담해야 할 책임이다. 이러한 책임에 대하여 발주자 입장에서는 하자보수청구권과 손해배상청구권이 있으나 도급자의 하자담보책임에 대한 해제청구권은 없다. 여기에서 하자의 범위를 살펴보면, 하자의 영역은 공사목적물 인도 후의 개념으로만 인식되나 실제로는 완성된 목적물 또는 완성하기 전에 실현된 부분, 즉 기성부분에 대해서도 계약상대자의 책임이 있다 할 수 있다.

(3) 하자담보책임기간

일반적으로 하자담보책임기간은 하자보수기간을 의미하는데 이 기간은 공사의 완성일로부터 시작하여 계약서에 정하는 기간이다. 그런데 이같이 하자담보책임기간은 민법과 국가계약법, 건설산업기본법 등에 규정되어 있다. 국가계약법 시행령 제60조에 따르면, "중앙관서의 장이 공사도급계약 체결 시 전체 공사목적물을 인수한 날과 준공검사를 완료한 날 중 먼저 도래한 날로부터 1년 이상 10년 이하의 범위 내에서 기획재정부령이 정하는 기간 동안 당해 공사의 하자보수를 보증하기 위한 하자담보기간을 정하여야 한다."라고 정하고 있다. 또 민법 제670조 등에는 일반적인 공사목적물의 인도일로부터 1년, 인도를 필요로 하지 아니한 경우는 작업을 종료한 날로부터 1년이다. 또 건설산업기본법에서는 건설공사의 목적물의 공종별로 공사완공일로부터 담보책임기간을 달리 정하고 있다.

(4) 하자보수청구권과 하자보수

하자보수청구권이란 완성된 공사목적물이나 완성 이전에 실현된 구조물에 하자가 발생할 때 도급인이 수급인에게 하자보수를 청구할 수 있도록 규정한(민법 제670조 및 동 조 제1항) 것을 말한다. 즉 하자보수 청구권은 실현된 공사목적물이 본래의 품질과 성능을 회복하도록 청구하는 권리이다. 따라서 하자보수를 위한 청구권의 성립요건은 다음과 같다.

① 공사목적물이 규정된 사용에서 벗어나는 결함이 발생해야 한다.
② 하자가 구조적으로 또는 사용용도상 중요하지 않고 재시공에 의하지 아니하며 보수가 용이하여 소요되는 비용이 크지 않아야 한다.
③ 하자발생에 따른 시공자의 보수준비 및 보수기간 등을 고려하여 상당한 기간의 경과가 필요하다. 따라서 계약상대자가 발주자로부터 하자보수를 요청받을 경우 가능한 빠른 기간 안에 원인분석에 의한 보수작업을 실행해야 하며, 이후의 시정 및 예방조치 상황을 발주자에게 피드백해야 한다.

(5) 민법상의 손해배상

민법 제667조제1항에 의하면, 완성되어 인도된 공사목적물에 하자가 발생할 경우 발주자는 수급인에게 상당한 기간을 정하여 하자보수를 청구할 수 있다. 그러나 하자의 내용이 구조안전상 또는 사용상 중요하지 않은데도 보수에 소요되는 비용이 과다한 경우에는 이를 청구할 수 없다. 즉 이러한 경우에는 하자보수 대신 손해배상을 청구할 수 있다. 이는 발주자의 하자보수청구권 이외에 손해배상청구도 할 수 있다는 의미이며, 하자보수가 이루어진다 하더라도 손해의 정도를 충족시킬 수 없는 정도인 경우에 그 손해액에 대한 배상을 청구할 수 있다는 것이다.

35. 하자보수보증금

제34조(하자보수보증금) ① 계약상대자는 공사의 하자보수를 보증하기 위하여 계약서에서 정한 하자보수보증금률을 계약금액(당초 계약금액이 조정된 경우에는 조정된 계약금액을 말한다)에 곱하여 산출한 금액(이하 "하자보수보증금"이라 한다)을 시행령 제62조 및 시행규칙 제72조의 규정에 정한 바에 따라 납부하여야 한다.

② 계약상대자 제33조제1항의 규정에 의한 하자담보책임기간 중 계약담당공무원으로부터 하자보수 요구를 받고 이에 불응한 경우에는 제1항의 규정에 의한 하자보수보증금을 국고에 귀속한다.

③ 계약담당공무원은 제35조제2항의 규정에 의한 하자보수완료확인서의 발급일까지 하자보수보증금을 계약상대자에게 반환하여야 한다. 다만, 하자담보책임기간이 서로 다른 공종이 복합된 건설공사에 있어서는 시행규칙 제70조의 규정에 의한 공종별 하자담보책임기간이 만료되어 보증목적이 달성된 공종의 하자보수보증금은 계약상대자의 요청이 있을 경우 즉시 반환하여야 한다.

(1) 개요

국가계약법 제16조 및 동법 시행령 제62조, 동법 시행규칙 제72조 등에는 건설공사의 하자보수를 보증하기 위한 보증금의 납부와 처리방법에 대하여 규정하고 있다. 즉 계약상대자가 건설공사의 하자보수를 보증하기 위해서는 계약서에 정한 계약보증금률을 계약금액으로 곱하여 산출한 급액을 동법 시행령 및 시행규칙에 정한 바에 따라 납부하도록 하고 있다. 또 하자보증금은 입찰보증금과 마찬가지로 현금이나 지급보증서, 보증보험증권, 각종 공제조합에서 발행하는 보증서, 유가증권, 수익증권 등이 있다.

(2) 하자보수 보증금률의 산출

하자보증금률의 결정은 국가계약법 시행령 제62조제1항에 따라 계약금액의 100분의 2 이상 100분의 10 이하로 정하도록 규정되어 있으나, 동법 시행규칙 제72조에는 건설공사를 공종별로 구분하여 구체화하여 정하고 있다. 그러나 하자보증금률을 정할 수 있는 공종이 단일공종이 아니라 여러 개의 복합적인 공종인 경우에는 그중 주된 공종의 보증금률을 정하도록 하고 있다.(국가계약법 시행규칙 제72조) 하자보수보증금의 산출방식은 다음과 같다.

하자보수보증금 = 계약금액 × 당해 공사공종의 하자보수보증금률 (2%~5%)

또한 건설공사가 장기적으로 계속되는 공사인 경우에는 건설공사가 계약이 되는 연차별로 하자보수보증금을 납부하게 되지만, 연차별 공사의 내용상 하자담보의 책임을 구분하기가 곤란한 경우에는 총공사의 준공검사가 완료된 후에 하자보수보증금을 납부한다. 그리고 건설공사의 준공검사가 완료된 후에는 공사계약금액의 2%~5%범위 내에서 공종별로 정한 금액의 하자보수보증금을 납부한다. 물론 공종의 구분이 되는 장기계속공사는 연차별로, 구분이 되지 않는 공사는 전체공사의 준공검사 후에 하자보수보증금을 납부하게 된다.

(3) 하자보수이행과 보증금의 반환

계약담당자는 발주자로부터 하자담보책임기간 내에 하자보수 요청을 받은 경우 즉시 하자보수를 해야 한다. 이때 하자발생의 원인과 기타 조치사항을 명시하여 발주기관에 제출한다(법 제33조제1항 및 계약일반조건 제33조제4항). 또한 발주자에 의한 하자보수보증금이 하자보수의 목적이 달성된 때에는 즉시 계약상대자(시공자)에게 이를 반환해야 하는데, 이 보증금은 시공자에 의해 하자보수가 완료되어 발주자의 하자보수완료확인서가 발급된 경우에 한한다. 물론 이 경우에도 여러 개의 공사공종 중 하자보수기간이 서로 다른 경우의 하자보수가 완료된 공종에 대하여는 발주자가 보증목적이 실현되었으므로 계약상대자의 요청에 의해 하자보증금을 즉시 반환한다. 한편, 건설공사가 완료되어 준공이 된 이후에 하자가 발생하여 발주자가 이에 대한 보수를 요청하였음에도 이에 불응한 경우에는 국가계약법 시행규칙 제73조에 따라 하자보증금이 국고에 귀속되며, 이 비용으로 하자보수가 가능하다.

36. 하자검사

제35조(하자검사) ① 계약담당공무원은 제33조제1항에서 규정한 하자담보책임기간 중 연 2회 이상 정기적으로 하자를 검사하여야 한다.

② 계약담당공무원은 하자담보책임기간의 만료일부터 14일 이내에 따로 최종 검사를 하여야 하며, 최종검사를 완료하였을 때에는 즉시 하자보수완료 확인서를 계약상대자에게 발급하여야 한다. 이 경우 최종 검사에서 발견되는 하자사항은 이 확인서가 발급

되기 전까지 계약상대자가 자신의 부담으로 보수하여야 한다.
③ 계약상대자는 제1항 및 제2항의 검사에 입회하여야 한다. 다만, 계약상대자가 입회를 거부하는 경우에는 계약담당공무원은 일방적으로 검사를 할 수 있으며 검사결과에 대하여 계약상대자가 동의한 것으로 간주한다.
④ 계약상대자의 책임과 의무는 제2항의 규정에 의한 하자보수완료 확인서의 발급일부터 소멸한다.

(1) 개요

국가계약법 시행령 제61조제1항에 의하면, "각 중앙관서의 장 또는 계약담당공무원이 하자담보책임기간 중에는 연 2회 이상 정기적으로 건축물의 하자를 검사하거나 소속공무원에게 그 사무를 위임하여 검사하게 하여야 한다."라고 규정하고 있다. 하자검사 결과 하자의 책임은 하자보증기간에서 정한 기간 내에서는 계약상대자에 의해 책임이 있으며 하자보수가 완료되어 발주관서에 의해 최종적으로 하자완료 확인서의 발급이 이루어진 이후에 대하여는 계약상대자의 하자책임은 없어진다.

(2) 하자검사

국가계약법 시행규칙 제21조제1항에 의하면, "계약담당공무원은 하자담보책임기간 중 연 2회 이상 정기적으로 직접 또는 소속공무원에게 그 사무를 위임하여 준공된 건축물의 하자검사를 하여야 한다."라고 규정하고 있으며, 하자담보책임기간 내에 최종 검사가 완료된 경우에는 발주자가 하자보수완료 확인서를 계약상대자에게 발급해야 하고, 이때 계약상대자는 하자의 책임과 의무는 소멸하게 되는 것으로 규정하고 있다. 그런데 발주자 입장에서는 하자담보책임기간이 경과할 경우 그 이후에 발생할지도 모를 하자에 대비하여 국가계약법 시행규칙 제21조제1항에 의하여 별도로 하자검사를 하도록 하고 있다.

하자검사를 별도로 정기적으로 전문업체에 의뢰하여 수행하는 경우는 그 시설물의 상태가 특히 전문적인 지식이나 기술을 필요로 하거나 또는 공사예정가격의 86% 미만으로 낙찰된 공사로서 "시설물의 안전관리에 관한 특별법 제2조의 규정"에 의한 시설물인 경우, 또는 수행된 공사가 부실시공이 우려되며 공공의 안전에 미치는 영향이 큰 시설물인 경우에는 중앙관서의 장 또는 계약담당공무원이 전문기관에 의뢰하여 감사하도록 규정되어 있다.

37. 특별책임

제36조(특별책임) 계약담당공무원은 제35조제2항의 규정에 의한 하자보수완료 확인서의 발급에 불구하고 당해 공사의 특성 및 관련법령에서 정한 바에 따라 필요하다고 인정하는 경우, 제27조 및 제35조의 규정에 의한 검사과정에서 발견되지 아니한 시공상의 하자에 대하여는 계약상대자의 책임으로 하는 특약을 정할 수 있다.

(1) 개요

이 조항은 발주자가 공사목적물에 대하여 하자보수를 완료하고 계약상대자에게 하자보수완료 확인서를 발급하였음에도 불구하고 당해 공사의 특성이나 관련법에서 정한 바에 따라 필요시 기성 또는 준공검사나 하자보수가 완료될 때까지 발견되지 못한 건축물의 시공상의 하자에 대하여, 그 이후에 발생할 경우에 대비하여 계약상대자의 책임으로 계약서상 특약을 정할 수 있도록 한 규정이다. 이것은 당해 공사의 특성이나 관계법령에서 정한 경우여야 하는데, 이러한 조항은 발주관청이 임의적 판단에 의해 지정되는 것은 아니며, 대부분 공공의 용도에 이용되는 시설물과 다중이용시설 등이 대상으로서 유사시 인적 또는 물적 손실의 규모가 크게 예상되는 시설물 등으로 제한되어 있다.

38. 특허권 등의 사용

제37조(특허권 등의 사용) 공사의 이행에 특허권 기타 제3자의 권리의 대상으로 되어 있는 시공방법을 사용할 때에는 계약상대자는 그 사용에 관한 일체의 책임을 져야 한다. 그러나 발주기관이 제3조의 계약문서에 시공방법을 지정하지 아니하고 그 시공을 요구할 때에는 계약상대자에 대하여 제반편의를 제공 · 알선하거나 소요된 비용을 지급할 수 있다.

(1) 개요

이 조항에서는 특허권이나 기타 제3자의 권리가 있는 기술이나 공법을 건축물의 실현에 적용할 때의 책임부담에 관한 내용을 규정하는 것으로서, 법적 · 기술적인 문제가 발생할 경우 계약상대자의 책임으로 규정하는 것이다. “특허”란 산업상 이용할 수 있는 자연법칙을 이용한 기술적 사상의 고도한 창작으로써 특허 출원 전에 국내에 공지되거나 공연히 실시된 것이 아니라, 국내 · 외에서 발표된 간행물에 기재된 것이 아니어야 받을 수 있다. "특허권(Patent)"이란 특허법에 의해 결정된 발명을 독점적으로 사용할 수 있는 권리로써 넓은 의미에서는 특허법, 실용신안법, 의장법, 상표법에 의하여 발명, 실용신안 · 의장 및 상표를 독점적으로 사용할 수 있는 권리이다. 이러한 권리를 가진 자는 그 물건을 생산하거나 사용, 양도 · 대여 · 수입하는 권리를 독점할 수 있으며, 특허권자는 그 권리를 법 제99조에 의해 양도할 수 있으며, 특허법 제100조 및 제102조에 의해 타인에게 전용실시권이나 통상실시권을 허락할 수 있다.

(2) 특허권의 사용과 그 책임

"건설공사 시 사용되는 특허권이나 신기술, 신공법 또는 배타적인 권리인 재료, 기술, 공법 등을 대상으로 한 시공방법을 사용할 경우 계약상대자가 그 사용에 대한 일체의 책임을 져야 한다."라고 규정하고 있다. 이러한 경우, 통상적으로 건설공사의 입찰 시나 신기술, 신공법 적용을 위한 타당성 검토를 하게 되는데, 이때 새로운 기술이나 공법의 활용을 위해서는 유사 기술 또는 선행기술과의 비교 검토나 적용 시의 문제점들에 대한 사전계획의 수립과 활용이 필요하다. 그런데 만약 발주기관이 계약문서에 특별히 시공법을 지정하지 아니하고 특정한 신기술이나 특허기술 등의 시공을 요구할 경우에는 발주자가 시공자에게 이러한 기술이 적용될 수 있도록 제반 기술정보를 제공하거나 알선 또는 활용된 비용을 지급할 수 있다. 특별히 발주자가 건축공사계약 시 시방서나 설계도서에 적용재료나 시공방법을 명시한 경우로서 그 기술의 사용상 특허권이나 제3자 권리대상인 것을 명시하지 아니하고 사용해야 할 경우에는 해당 기술의 사용으로 인한 권리에 소요되는 비용은 발주자의 몫이다.

39. 발굴물의 처리

제38조(발굴물의 처리) ① 공사현장에서 발견한 모든 가치 있는 화석 · 금전 · 보물 기타 지질학 및 고고학상의 유물 또는 물품은 관계법규에서 정하는 바에 의하여 처리한다.
② 계약상대자는 제1항의 물품이나 유물을 발견하였을 때에는 즉시 계약담당공무원에게 통지하고 그 지시에 따라야 하며, 이를 취급할 때에는 파손이 없도록 적절한 예방조치를 하여야 한다.

(1) 개요

이 항은 건설공사 시 현장에서 발견되는 "모든 가치 있는 발굴물은 관련법규에서 정하는 바에 따라 발견 즉시 현장감독원에게 보고하여 그의 지시에 따라 도난이나 훼손됨이 없도록 적절한 예방조치를 취해야 한다."라고 규정하고 있다. 현장에서 발굴되는 발굴물, 즉 화석 · 금전, 보물 기타 지질학적 · 고고학적 유물 또는 물품의 발굴처리와 관계되는 법규는 문화재보호법이다. 따라서 이러한 문화재들은 국가적 · 민족적인 유산으로 역사적 · 예술적 · 학술적 가치를 지니는 것으로서 다음과 같은 절차에 의해 보호되고 있다.

건축공사 중 토지나 해저 · 건조물 등에 포장된 문화재를 발견할 경우 그 발견자 또는 토지나 해저 · 건조물의 소유자, 점유자, 관리자는 그 형상을 변경하지 말고 대통령령이 정하는 바에 따라 발견된 사실을 발견일로부터 7일 이내에 문화재청장에게 신고해야 한다. 매장된 문화재의 발견 신고는 시 · 도지사, 시장 · 군수 · 구청장, 경찰관서의 장 등 각 기관에 신고할 수 있으며, 신고를 받은 기관은 지체 없이 이를 문화재청장에게 보고해야 한다. 발굴되는 문화재 중 옛무덤이나 고생물 자료, 천연동굴, 그 밖의 매장문화재가 포함된 토지와 해저에 대하여는 그것이 연구의 목적이거나 건설공사의 형질변경 등 부득이하게 원형을 변형해야 하는 경우에는 문화재청장의 허가를 받아야만 발굴이 가능하다.

40. 기성대가의 지급

제39조(기성대가의 지급) ① 계약상대자는 적어도 30일마다 제27조제8항에 의한 검사를 완료하는 날까지 기성부분에 대한 대가지급청구서(하수급인 및 자재 · 장비업자에 대한 대금지급계획을 첨부하여야 한다)를 계약담당공무원과 공사감독관에게 동시에 제출할 수 있다.

② 계약담당공무원은 검사완료일부터 5일 이내에 검사된 내용에 따라 기성대가를 확정하여 계약상대자에게 지급하여야 한다. 다만, 계약상대자가 검사완료일 후에 대가의 지급을 청구한 때에는 그 청구를 받은 날부터 5일 이내에 지급하여야 한다.

③ 계약담당공무원은 제2항에 따른 기성대가지급 시 제1항의 대금지급계획상의 하수급인 및 자재 · 장비업자에게 기성대가지급 사실을 통보하고 대금 수령내역(수령자, 수령액, 수령일 등) 및 증빙서류를 제출(「전자서명법」 제2조에 따른 전자문서에 의한 제출을 포함한다. 이하 제40조제3항 및 제43조의2 제1항에 따른 제출 및 통보에 있어 같

다)하게 하여야 한다.
④ 계약담당공무원은 제27조제9항 단서의 규정에 의한 자재에 대하여 기성대가를 지급하는 경우에는 계약상대자로 하여금 그 지급대가에 상당하는 보증서(시행령 제37조제2항에 규정된 증권 또는 보증서 등을 말한다)를 제출하게 하여야 한다.
⑤ 계약담당공무원은 제1항의 규정에 의한 청구서의 기재사항이 검사된 내용과 일치하지 아니할 때에는 그 사유를 명시하여 계약상대자에게 이의 시정을 요구하여야 한다. 이 경우 시정에 소요되는 기간은 제2항에서 규정한 기간에 산입하지 아니한다.
⑥ 기성대가는 계약단가에 의하여 산정 · 지급한다. 다만, 계약단가가 없을 경우에는 제20조제1항제2호 및 제2항의 규정에 의하여 산정된 단가에 의한다.
⑦ 제40조제4항의 규정은 기성대가 지급의 경우에 이를 준용한다.

(1) 개요

건설공사의 대가지급에 관한 사항은 국가계약법 제5조 및 동법 시행령 제58조에서, 하도급대금의 지급에 관하여는 건설산업기본법 제34조에 규정되어 있다.

이 규정에 의하면, 건설공사 완료 후 공사비의 지급시기와 방법은 도급자가 공사완공 후 검사에 합격한 경우에 한하여 도급금액의 지급을 발주자에게 청구하고, 발주자는 공사비의 청구를 받은 날로부터 5일 이내에 지급하도록 규정되어 있다.

(2) 기성의 청구

건설공사가 완료된 경우, 시공자는 계약담당공무원에게 그 사실을 통지하고 필요한 검사를 받아야 한다. 이때 시공자는 매 30일마다 검사를 완료하는 날까지 기 수행된 기성부분에 대한 공사비청구서를 작성하여 담당공무원 또는 감독관에게 동시에 제출한다. 이때 이미 수령한 기성금이 있는 경우에는 기성대가를 하수급인에게 지급하여 증명하는 서류를 첨부해야 한다(건설산업기본법 제34조제1항).

(3) 기성의 지급

각 중앙관서의 장 또는 계약담당공무원은 시공자로부터 접수받은 기성부분 청구서가 접수되면 해당 기성부분에 대한 검사 및 검사조서를 작성한 후 그 대가를 지급한다. 다만, 부득이한 경우에는 검사 및 검사조서가 필요 없을 수도 있으나 통상 검사조서는 기성부분에 대한 상세한 내역이 기술되어야 한다.

40-1. 계약금액조정 전 기성대가 지급

제39조의 2 (계약금액조정 전의 기성대가 지급) ① 계약담당공무원은 물가변동, 설계변경 및 기타 계약내용의 변경으로 인하여 계약금액이 당초 계약금액보다 증감될 것이 예상되는 경우로서, 기성대가를 지급하고자 하는 경우에는 「국고금관리법 시행규칙」 제72조의 규정에 의하여 당초 산출내역서를 기준으로 산출한 기성대가를 개산급으로 지급할 수 있다. 다만, 감액이 예상되는 경우에는 예상되는 감액금액을 제외하고 지급하여야 한다.

② 계약상대자는 제1항의 규정에 의하여 기성대가를 개산급으로 지급받고자 하는 경우에는 기성대가신청 시 개산급 신청사유를 서면으로 작성하여 첨부하여야 한다.

(1) 개요

이 규정은 건설공사 중 물가변동이나 설계변경 또는 기타 계약변경으로 인하여 계약금액이 당초 금액보다 증감될 것이 예상되는 경우, 기성대가를 미리 개산하여 지급할 수 있는 규정이다. 개산금액이란 이후에 나타날 수 있는 채무에 대하여 그 확정 전에 그 금액을 개략적으로 산정하여 사전에 지급하는 것이다. 따라서 이후에 그 채무금액이 확정된 때에는 이를 정산해야 한다. 이러한 개산급의 지급은 국고금관리법 제26조에 의해 지급하는 것으로서, 그 성질상 개산급을 미리 지급하지 않으면 이후 사무 또는 사업에 지장을 가져올 우려가 있는 경우에만 이를 미리 개산하여 지급하는 것인 바, 이러한 경우에 해당되는 것은 다음과 같다.

① 국가기관에 대하여 지급하는 경비
② 국제연합기구에 지급하는 경비
③ 재해구호 및 복구에 소요되는 경비
④ 보조금 · 부담금 및 교부금이나 그 밖의 기획재정부령이 정하는 경비

41. 준공대가의 지급

제40조(준공대가의 지급) ① 계약상대자는 공사를 완성한 후 제27조의 규정에 의한 검사에 합격한 때에는 대가지급청구서(하수급인 및 자재 · 장비업자에 대한 대금지급계획을 첨부하여야 한다)를 제출하는 등 소정절차에 따라 대가지급을 청구할 수 있다.

② 계약담당공무원은 제1항의 청구를 받은 때에는 그 청구를 받은 날로부터 5일(공휴일 및 토요일은 제외한다. 이하 이조에서 같다) 이내에 그 대가를 지급하여야 하며, 동 대가지급기한에도 불구하고 자금사정 등 불가피한 사유가 없는 한 최대한 신속히 대가를 지급하여야 한다. 다만, 계약당사자와의 합의에 의하여 5일을 초과하지 아니하는 범위 안에서 대가의 지급기간을 연장할 수 있는 특약을 정할 수 있다.
③ 계약담당공무원은 제2항에 따른 대가지급 시 제1항의 대금지급계획상의 하수급인 및 자재·장비업자에게 대가지급 사실을 통보하고 대금 수령내역(수령자, 수령액, 수령일 등) 및 증빙서류를 제출하게 하여야 한다.
④ 천재·지변 등 불가항력의 사유로 인하여 대가를 지급할 수 없게 된 경우에는 당해 사유가 존속되는 기간과 당해 사유가 소멸된 날로부터 3일까지는 대가의 지급을 연장할 수 있다.
⑤ 계약담당공무원은 제1항의 청구를 받은 후 그 청구내용의 전부 또는 일부가 부당함을 발견한 때에는 그 사유를 명시하여 계약상대자에게 당해 청구서를 반송할 수 있다. 이 경우에는 반송한 날로부터 재청구를 받은 날까지의 기간은 제2항의 지급기간에 이를 산입하지 아니한다.

(1) 개요

상기 조항은 시공자가 공사목적물을 완성한 후 발주자에게 준공대가의 신청과 지급에 관한 사항을 규정한 것이다. 즉 공사에 대한 대가 신청과 지급은 그 시기를 명확히 함으로써 지급시기의 지연에 따른 회사의 불이익이 감소하도록 하기 위한 법적장치이다. 건설공사의 도급비용의 지급시기와 방법에 대해서는 건설산업기본법 제22조 및 동법 시행령 제25조제1항, 국가계약법 시행령 제15조제2항 및 동법 시행령 제58조에 의해 공사대급의 지급방법 등에 대하여 계약서에 명시하도록 규정되어 있다. 이에 따라 시공자는 공사를 완성하여 검사에 합격한 경우에는 소정의 절차에 따라 발주자에게 대가의 지급을 청구할 수 있으며, 발주자는 이러한 청구를 받은 날로부터 5일 이내에 그 대가를 지급해야 한다. 그러나 이러한 대가지급기간의 결정에도 불구하고 발주자의 자금사정이 불가피한 사유가 있는 경우에는 그러하지 않을 수 있으며, 계약당사자와의 합의에 의해 5일을 초과하지 않는 범위 내에서 대가지급기간을 연장 특약을 정할 수도 있다(국가계약법 시행령 제58조제1항).

한편, 계약담당공무원은 계약상대자로부터 준공대가지급을 청구받아 그 내용의 전부나 일부가 부적합함을 발견하였을 경우 그 사유를 명시하여 계약상대자에게 당해 청구서를 반송할 수 있다. 이 경우에는 반송한 날로부터 재청구를 받은 날까지의 기간은 지급기간에 산입하지 아니한다.

41-1. 건강보험료 및 연금보험료의 사후정산

제40조의 2 (국민건강보험료 및 국민연금보험료의 사후정산) 계약담당공무원은 「정부입찰 · 계약 집행기준」 제93조의 규정에 의하여 국민건강보험료 및 국민연금보험료를 사후정산하기로 한 계약에 대하여는 제39조 및 제40조의 규정에 의한 대가지급 시 회계예규 「정부입찰 · 계약 집행기준」 제94조의 규정에 정한 바에 따라 정산하여야 한다.

(1) 개요

상기 조항은 보험료가 그 본래의 목적 이외의 부당한 곳에 대한 사용을 방지하고 근로자의 보험가입 촉진을 위해 건설공사계약의 기성대가지급 시 보험료의 사후정산을 의무화하는 제도로, 지난 2006년부터 도입하여 정부입찰 · 계약 집행기준에 반영한 것이다. 즉 법률상 가입이 의무화 된 4대 보험(고용보험, 산재보험, 국민건강보험, 국민연금보험)에 소요되는 비용을 공사원가에 반영하기 위해 도급계약 산출내역서에 소요비용을 미리 명시하도록 한 것이다.

보험의 가입에 필요한 비용을 각각의 보험별로 정확하게 소요비용 및 원가를 산정하여 공사비에 산정하지 않고 일반관리비와 공과잡비 등에 개략적으로 반영한 것은 정확성이 떨어질 뿐 아니라, 원도급자도부터 하도급받은 전문업체의 경우 최저가낙찰제나 저가하도급 등으로 인해 법정보험료의 확보가 어려워지는 문제점이 있고, 실제로는 당해 건설현장에 투입되는 작업자의 비중이 높음에도 불구하고 작업자의 보험가입을 기피하고 있어 이를 보완하기 위함이다. 따라서 국가 공사는 기획재정부장관이 결정 고시한 원가계산에 의한 예정가격 작성 준칙에 따라 4대 보험의 각 소요비용을 도급금액 산출내역서에 반영하고 있다.

(2) 보험료의 명시와 정산

건설산업기본법 제22조제5항에 의하면, "건설공사의 도급계약당사자는 그 건설공사와 관련하여 건설업자가 의무적으로 부담해야 하는 비용의 소요금액을 대통령령이 정하는 바에 의하여 당해 건설공사의 도급계약서에 명시하여야 한다."라고 규정하고 있다. 이에 따라 발주자는 건설공사를 도급받은 건설회사가 보험료 등을 부담하였는지 여부를 확인할 수 있다. 건설산업기본법 시행령 제26조제2의 제2항에는 발주자는 보험료 부담을 확인하기 위해 필요시 그 건설업체에 보험료 등을 납부한 확인서의 제출을 요구할 수 있으며, 확인결과 건설공사의 도급금액 산출내역서에 명시된 금액이 실제로 지출된 보험료보다 많을 때에는 정산하도록 하고 있으며, 그 정산에 관한 사항은 법 제22조제5항에 의해 대통령령으로 정하고 있다.

한편, 건설산업기본법 시행령 제26조의 2에 의하면, 보험료는 국토해양부장관이 기준을 정하여 고시하게 되는데, 이 고시에서는 법률에 따라 정산근거를 둔 취지에 따라 공사낙찰률과 무관하게 보험료를 별도로 공사비에 계상하고 발주자는 실제 적용된 보험료를 확인하여 사후에 정산하도록 하고 있다.

(3) 보험료의 정산절차

보험료의 정산은 "정부입찰 · 계약 집행기준" 제93조의 규정에 따라, 건강보험료나 연금보험료를 사후정산하기로 한 계약에 대해서는 기성 및 준공대가지급 시 회계예규 "정부입찰 · 계약 집행기준" 제94조의 규정에 정한 바에 따라 정산하게 된다. 이때 발주자는 시공자의 기성대가지급 시 보험료 등의 납부확인서와 전회분 기성대가에 포함하여 지급된 보험료 등의 지급액 중 해당 부분을 하수급인에게 지급하였음을 입증하는 증빙서류 등을 첨부하도록 하고 있다.

42. 대가지급지연에 대한 이자

제41조(대가지급지연에 대한 이자) ① 계약담당공무원은 대가지급청구를 받은 경우에 제39조 및 제40조의 규정에 의한 대가지급기한(국고채무부담행위에 의한 계약의 경우에는 다음 회계연도 개시 후 「예산회계법」에 의하여 당해 예산이 배정된 날부터 20일)까지 대가를 지급하지 못하는 경우에는 지급기한의 다음날부터 지급하는 날까지의 일수(이하 "대가지급지연일수"라 한다)에 당해 미지급금액에 대하여 지연발생 시점의 금융기관 대출평균금리(한국은행 통계월보상의 금융기관 대출평균금리를 말한다)를 곱하여 산출한 금액을 이자로 지급하여야 한다.

② 천재 · 지변 등 불가항력적인 사유로 인하여 검사 또는 대가지급이 지연된 경우에 제27조제2항 단서 및 제40조제3항의 규정에 의한 연장기간은 대가지급 지연일수에 산입하지 아니한다.

(1) 개요

건설공사의 계약은 계약당사자 쌍방 중 하나인 시공자가 공사목적물을 실현할 것과 발주자가 그 실현의 대가를 지급하는 관계의 협약이다. 만약 건축시공자의 귀책사유에 의해 계약 이후 건설공사가 당초 계약일정보다 지체되는 경우 그 귀책에 대하여는 지체상금을 부담하게 되듯이, 본 조항은 발주자가 계약 이후 시공자에 의해 공사 기성이 발생한 이후에도 당초 지불하기로 한 공사비의 지불이 지연되는 경우, 이에 대한 대금지급 지연이자의 지급과 그 방법 등에 대하여 규정하고 있다.

대가지급의 지연이란 채권액에 대한 일정 비율로 지연된 기간에 따라 지급해야 하는 이자이다. 이는 채무불이행으로 인한 손해배상의 의미이며 법률에 의한 법정이자로써 그 법률상의 성질은 이자가 아니며 손해배상이다. 따라서 손해배상의 법정이율을 원칙으로 한 지연이자라고 한다.

(2) 지연이자의 청구와 지급

채권자인 시공자는 발주자의 금전채무의 이행 지체 시, 이를 통해 실제로 입은 손해의 유무를 불문하고 지연이자를 청구할 수 있다. 그러나 실제로는 그 지연이자 이상의 손해가 있음을 입증할 수 있더라도 그에 대해서는 배상을 청구하지는 못한다. 다만, 법률에 특별한 규정이 있는 경우나 당사자가 지연이자 이외에 실제로 입은 손해를 배상할 것을 특약한 경우, 또는 손해배상의 예정 또는 위약금의 특약이 있는 경우에는 예외적일 수 있다. 따라서 지연이자란 이자가 아니라 손해배상의 성격을 지니므로 대금지급을 지연하면 지연이자에 대하여 다시 지연이자가 생기게 되며, 이 지연이자에 관해서는 채권자의 손해의 증명을 요하지 않으며 채무자 또한 과실이 없음을 항변할 수 없다.

국가계약법 시행령 제59조에 따르면, 계약담당공무원이 계약상대자로부터 대가지급청구를 받아 기성 및 준공금의 지급규정에 의한 대가지급기간까지 대가를 지급하지 못할 경우에는 지급기한의 다음날부터 지급하는 날까지 일수는 대가지급 지연일수에 미지급금액에 대하여 지연발생 시점의 금융기관 대출평균금리를 곱하여 산출한 금액을 이자로 지급해야 한다.

43. 하도급의 승인 등

제42조(하도급의 승인 등) ① 계약상대자가 계약된 공사의 일부를 제3자에게 하도급하고자 하는 경우에는 「건설산업기본법」등 관련법령에 정한 바에 의하여야 한다.
② 계약담당공무원은 제1항의 규정에 의하여 계약상대자로부터 하도급계약을 통보받은 때에는 국토해양부장관이 고시한 건설공사하도급심사기준에 정한 바에 따라 하도급금액의 적정성을 심사하여야 한다.

(1) 개요

일반적인 건설공사의 수행은 원도급자와 하도급자에 의해 이루어진다. 건설공사의 하도급은 건설산업기본법과 하도급법에 의해 적용되고 있다. 상기의 조항에서는 건설공사의 계약당사자인 원도급자가 계약된 공사에 대하여 그 일부를 제3자에게 하도급하고자 할 경우, 이에 관계되는 건설산업기본법령상의 하도급제도 운영에 대한 이해가 먼저 필요하다. 건설산업기본법상의 하도급은 원도급을 받은 건설회사가 그 전부 또는 일부를 전문건설업체에게 도급하기 위하여 수급인인 제3자와 체결하는 계약행위이다. 여기에서 수급인은 발주자로부터 건설공사의 도급을 받은 건설업자를 말하며 하도급인은 건설공사의 하도급을 받는 자를 말한다.

(2) 하도급의 제한과 승인

건설산업기본법 제29조의 제1항에는 건설공사의 하도급에 대한 규정을 두고 있다. 즉 "건설업체는 그가 도급받은 공사의 전부 또는 대통령령이 정하는 주요 부분의 대부분을 다른 건설업자에게 하도급할 수 없다. 다만, 건설업자가 도급받은 공사가 대통령령이 정하는 바에 의하여 계획되거나 관리 및 조정하는 경우로서, 도급받은 공사 중 영 제21조제1항의 규정에 의한 부대공사에 해당하는 부분을 제외한 주된 공사의 전부를 도급하는 경우이거나 도급받은 공사가 여러 개 동의 건축공사인 경우에는 각 동의 건축공사 중 제21조제1항의 규정에 의한 부대공사에 해당하는 부분을 제외한 주된 공사의 전부를 도급하는 경우는 예외로 하고 있다.

한편, 건설산업기본법 제29조제2항에 의하면, 건설공사의 하도급은 종합건설업체나 전문건설업체 모두 가능하다. 그러나 도급받은 건설공사 중 전문적인 공종의 공사를 하도급하고자 하는 경우 그 전문공종의 업종에 등록한 전문건설업체에 반드시 하도급하도록 규정하고 있다. 또 수급인은 자신이 도급받은 공사의 일부를 동일한 업종에 해당하는 건설업자에게 다음의 경우를 제외하고는 하도급할 수 없다.

① 발주자의 사전 서면승인이 있는 경우
② 서면승인은 공사품질이나 시공상 능률 제고를 위해 필요한 경우에만 한할 것
③ 부분하도급이어야 함.

또한 건설산업기본법에는 원도급자로부터 도급받은 하수급인이 그가 하도급받은 건설공사의 전부 또는 일부를 타인에게 다시 재하도급하는 것은 원칙적으로 금지된다. 다만, 발주자의 입장에서 공사의 품질이나 시공상 능률을 향상시키기 위하여 필요하다고 인정하여 서면으로 승인하는 경우로서 건설공사에 관한 설계를 포함하여 건설공사를 도급받은 건설업자가 하도급하는 경우와 종합건설업체로부터 하도급받은 경우로서, 그가 하도급한 공사 중 일부가 전문공사에 해당하는 업종에 등록한 다른 건설업체에게 다시 하도급하는 경우는 예외적으로 인정된다.

44. 하도급대가의 직접지급 등

제43조(하도급대가의 직접지급 등) ① 계약담당공무원은 계약상대자가 다음 각 호의 1에 해당하는 경우 「건설산업기본법령」 등 관련법령의 규정에 의하여 체결한 하도급계약 중 하수급인이 시공한 부분에 상당하는 금액에 대하여는 계약상대자가 하수급인에게 제39조 및 제40조의 규정에 의한 대가지급을 의뢰한 것으로 보아 당해 하수급인에게 직접 지급하여야 한다.

1. 하수급인이 계약상대자를 상대로 하여 받은 판결로서 그가 시공한 분에 대한 하도급대금 지급을 명하는 확정판결이 있는 경우
2. 계약상대자가 파산, 부도, 영업정지 및 면허취소 등으로 하도급 대금을 하수급인에게 지급할 수 없게 된 경우
3. 「하도급거래 공정화에 관한 법률」 또는 「건설산업기본법」에 규정한 내용에 따라 계약상대자가 하수급인에 대한 하도급대금 지급보증서를 제출하여야 할 대상 중 그 지급보증서를 제출하지 아니한 경우

② 계약담당공무원은 제1항의 규정에 불구하고 하수급인이 당해 하도급계약과 관련하여 노임, 중기사용료, 자재대 등을 체불한 사실을 계약상대자가 객관적으로 입증할 수

있는 서류를 첨부하여 당해 하도급대가의 직접지급 중지를 요청한 때에는 당해 하도급대가를 직접 지급하지 아니할 수 있다.

③ 계약상대자는 제27조제1항의 규정에 의한 준공신고 또는 제39조의 규정에 의한 기성대가의 지급청구를 위한 검사를 신청하고자 할 경우에는 하수급인이 시공한 부분에 대한 내역을 구분하여 신청하여야 하며, 제39조 및 제40조의 규정에 의하여 제1항의 하도급대가가 포함된 대가지급을 청구할 때에는 당해 하도급대가를 분리하여 청구하여야 한다.

(1) 개요

본 조항은 계약상대자의 하도급업체 중 그 하도급업체가 시공한 부분에 대한 기성금 또는 준공금을 발주자가 하수급인에게 직접 지급할 수 있도록 한 규정이다. 이를 하도급 직불제라고도 하며, 이 제도는 경제적으로 열악한 상황에 있는 하도급업체로 하여금 안심하고 시공에 전념할 수 있도록 함으로써 원·하도급자의 균형적인 협력을 기하고자 1989년에 도입되었다. 이는 원도급자가 하수급인에게 지급해야 할 것을 즉시에 지급하지 않고 중간에서 활용하는 것을 방지하고 건설공사의 덤핑수주나 하도급 부조리를 예방하기 위해 마련된 것이다. 이 하도급 직불제에 관해서는 하도급법 제14조와 동법 시행령 제4조에 건설산업기본법에서와 같은 내용이 규정되어 있으며, 실제로 발주자에 의해 하도급 직불제를 선택할 수 있는 경우는 다음과 같다.

① 국가·지방자치단체 또는 정부투자기간이 발주한 건설공사가 수급인에 의해 그 하도급대금의 지급을 1회 이상 지체하거나 공사예정가격 대비 100분의 82에 미달하는 금액으로 도급계약을 체결한 경우(건설산업기본법 제35조제1항제3호)

② 하도급자가 원도급자를 상대로 그가 시공한 분에 대한 하도급대금 지급을 명하는 확정판결을 받은 경우(건설산업기본법 제35조제1항제2호)

③ 발주자와 수급자 간 하도급대금을 하수급인에게 직접 지급할 수 있다는 뜻과 그 지급의 방법 및 절차를 명확히 합의한 경우(건설산업기본법 제35조제1항제1호)

④ 원도급자의 파산 등으로 수급인이 하도급대금을 지급할 수 없는 명백한 사유가 있고 발주자가 인정하는 경우(건설산업기본법 제35조제1항제4호)

44-1. 하도급대금 등 지급 확인

제43조의 2 (하도급대금 등 지급 확인) ① 계약상대자는 제39조 및 제40조의 규정에 의한 대가를 지급받은 경우 15일 이내에 하수급인 및 자재 · 장비업자가 시공 · 제작 · 대여한 분에 상당한 금액(이하 "하도급대금 등"이라 한다)을 하수급인 및 자재 · 장비업자에게 현금으로 지급하여야 하며, 하도급대금 등의 지급내역(수령자, 지급액, 지급일 등)을 5일(공휴일 및 토요일은 제외한다) 이내에 발주기관 및 공사감독관에게 통보하여야 한다.

② 계약담당공무원은 제1항에 의한 대금 지급내역을 제39조제3항 또는 제40조제3항에 따라 하수급인 및 자재 · 장비업자로부터 제출받은 대금 수령내역과 비교 · 확인하여야 한다.

(1) 개요

본 조항은 발주자로부터 공사대금을 지급받은 건설회사가 해당 공사목적물에 하도급업체로 활용된 건설업체나 자재 생산업체에게 그가 발주자로부터 지급받은 공사비 중 하도급체에 의해 실현된 양에 해당하는 대금을 적정 시기에 지급하도록 하는 데 그 목적이 있다. 따라서 원도급자는 공사대금을 지급받은 날로부터 15일 이내에 그 하수급인 또는 활용된 자재 · 장비업체에게 실행된 공사비 또는 제작비를 지불해야 하며, 지불된 내역을 발주기관이 5일 이내에 통보하도록 한 것이다.

이때 담당공무원은 원도급자가 제시한 대급지급 내용이 실제로 그 하수급인에게 적정하게 지급되었는지 여부를 확인해야 한다.

45. 계약상대자의 책임 있는 사유로 인한 계약의 해제 및 해지

제44조(계약상대자의 책임 있는 사유로 인한 계약의 해제 및 해지) ① 계약담당공무원은 계약상대자가 다음 각 호의 1에 해당하는 경우에는 당해 계약의 전부 또는 일부를 해제 또는 해지할 수 있다. 다만, 제3호의 경우 계약상대자의 계약이행 가능성이 있고 계약을 유지할 필요가 있다고 인정되는 경우로서 계약상대자가 계약이행이 완료되지 아니한 부분에 상당하는 계약보증금을 추가 납부하는 때에는 계약을 유지한다.

1. 정당한 이유 없이 약정한 착공시일을 경과하고도 공사에 착수하지 아니할 경우

2. 계약상대자의 책임 있는 사유로 인하여 준공기한까지 공사를 완공하지 못하거나 완성할 가능성이 없다고 인정될 경우
3. 제25조제1항의 규정에 의한 지체상금이 시행령 제50조제1항의 규정에 의한 당해 계약(장기계속공사계약인 경우에는 차수별 계약)의 계약보증금상당액에 달한 경우
4. 장기계속공사의 계약에 있어서 제2차 공사 이후의 계약을 체결하지 아니하는 경우
5. 계약의 수행 중 뇌물수수 또는 정상적인 계약관리를 방해하는 불법 · 부정행위가 있는 경우
6. 기타 계약조건을 위반하고 그 위반으로 인하여 계약의 목적을 달성할 수 없다고 인정될 경우

② 계약담당공무원은 제1항의 규정에 의하여 계약을 해제 또는 해지한 때에는 그 사실을 계약상대자 및 제42조의 규정에 의한 하수급자에게 통지하여야 한다.

③ 제2항의 규정에 의한 통지를 받은 계약상대자는 다음 각 호의 사항을 준수하여야 한다.

1. 당해 공사를 즉시 중지하고 모든 공사자재 및 기구 등을 공사장으로부터 철거하여야 한다.
2. 제13조의 규정에 의한 대여품이 있을 때에는 지체 없이 발주기관에 반환하여야 한다. 이 경우 당해 대여품이 계약상대자의 고의 또는 과실로 인하여 멸실 또는 파손되었을 때에는 원상회복 또는 그 손해배상을 하여야 한다.
3. 제13조의 규정에 의한 관급재료 중 공사의 기성부분으로서 인수된 부분에 사용한 것을 제외한 잔여재료는 발주관서에 반환하여야 한다. 이 경우 당해 재료가 계약상대자의 고의 또는 과실로 인하여 멸실 또는 파손되었을 때, 또는 공사의 기성부분으로서 인수되지 아니하는 부분에 사용된 때에는 원상회복 또는 그 손해배상을 하여야 한다.
4. 발주기관이 요구하는 공사장의 모든 재료, 정보 및 편의를 발주기관에 제공하여야 한다.

④ 계약담당공무원은 제1항의 규정에 의하여 계약을 해제 또는 해지한 경우 및 제48조의 규정에 의하여 보증기관이 보증이행을 하는 경우에 기성부분을 검사하여 인수한 때에는 당해 부분에 상당하는 대가를 계약상대자에게 지급하여야 한다.

⑤ 제1항의 규정에 의하여 계약이 해제 또는 해지된 경우 계약상대자는 지급받은 선금에 대하여 미정산 잔액이 있는 경우에는 그 잔액에 대한 약정이자상당액 [사유발생 시점의 금융기관 대출평균금리(한국은행 통계월보상의 대출평균금리를 말한다)에 의하여 산출한 금액을 가산하여 발주기관에 상환하여야 한다.

⑥ 제5항의 경우 계약담당공무원은 선금잔액과 기성부분에 대한 미지급액을 상계하여야 한다. 다만, 「건설산업기본법」 및 「하도급거래공정화에 관한 법률」에 의하여 하도급대금 지급보증이 되어 있지 않은 경우로서 제43조제1항의 규정에 의하여 하도급대가를 직접 지급하여야 하는 때에는 우선적으로 하도급대가를 지급한 후 기성부분에 대한 미지급액의 잔액이 있을 경우 선금잔액과 상계할 수 있다.

(1) 개요

일반적으로 계약이란 계약자 쌍방이 계약서의 내용에 따라 이행되도록 노력하는 것이 정당하다. 그러나 어느 한쪽의 채무자가 계약내용에 따른 채무의 이행을 하지 않을 때에 채권자는 법률이 정해진 절차에 따라 이를 강제로 실현시킬 수 있는 것이다. 그렇지만 어느 일방의 채무가 사후적으로 이행불능 상태가 되었을 때 그 채무를 강제로 이행하도록 하여도 원래의 계약목적을 달성할 수 없을 때에는 계약이 없었던 상태로 원상회복시키거나, 이미 이행된 부분을 그대로 두고 앞으로 이행할 부분에 대하여만 그 이행의무를 면제시켜 줌으로써 쌍방이 모두 계약의 구속력으로부터 벗어날 수 있게 하기 위해 마련된 제도이다.

건설공사계약의 해제와 해지의 유형은 계약상대자의 책임 있는 사유로 인한 계약의 해제 및 해지의 경우와 사정변경에 의한 해제 또는 해지되는 경우, 그리고 계약상대자에 의한 계약해제 또는 해지되는 경우가 있다. 계약의 해제란 계약이 체결된 후 계약상대자 중 어느 일방의 의사표시에 의하여 계약의 효력을 계약체결 시점부터 소멸시키는 것으로 소급의 효과가 있다. 따라서 계약이 해제되면 미이행 채무에 대하여는 변제의무가 소멸하게 되고 이미 이행한 채무에 대하여는 원상회복의 의무가 있다.

그러나 건설공사의 계약은 시공자가 수행한 공사부분이 해제되었다 하더라도 현실적으로 원상회복하기가 어렵고 경제적으로도 원상회복에 대한 실제적인 이익은 없다. 그러므로 건설계약은 매우 제한적인 경우(착수 전 계약의 해제)를 제외하고는 실제적인 의미에서 계약의 해제는 해지를 뜻한다.

(2) 계약 해제사유

공사계약일반조건 및 용역계약일반조건에 따라 계약의 해제사유 중 계약상대자의 책임 있는 사유로 인한 계약의 해제 및 해지의 경우로, 다음의 경우에는 당해 계약의 전부 또는 일부를 해제 또는 해지할 수 있다.

① 정당한 사유 없이 약정한 착공시일을 경과하고도 공사를 착수하지 아니하는 경우
② 계약상대자의 책임 있는 사유로 인해 준공기간까지 공사를 완공하지 못하거나 완성할 가능성이 없다고 인정되는 경우
③ 공사계약일반조건 제25조제1항의 규정에 의한 지체상금이 시행령 제50조제1항의 규정에 의한 당해 계약의 계약보증금상당액에 달한 경우
④ 장기계속공사의 계약에서 제2차 공사 이후의 계약을 체결하지 아니하는 경우
⑤ 계약의 수행 중 뇌물수수 또는 정상적인 계약관리를 방해하는 불법 · 부정행위가 있는 경우
⑥ 기타 계약조건을 위반하고 그 위반으로 인해 계약의 목적을 달성할 수 없다고 인정될 경우

(3) 계약해제 또는 해지에 따른 정산

계약담당공무원은 계약상대자의 책임 있는 사유로 인해 계약을 해제 또는 해지한 경우 및 공사계약일반조건 제48조의 규정에 의하여 보대보증인 또는 보증기관이 보증이행을 하는 경우에 기성부분을 검사하여 인수한 때에는 당해 부분에 상당하는 대가를 계약상대자에게 지급해야 한다. 또한 계약이 해제 또는 해지된 경우, 계약상대자는 지급받은 선금에 대하여 미정산액이 있을 때 그 잔액에 대한 약정이자상당액을 가산하여 발주기관에 상환해야 한다.

여기에서 약정액의 상당액이란 해당 사유 발생시점의 금융기관 대출평균금리에 의하여 산출된 금액을 말한다. 그런데 계약이 해제 또는 해지된 경우 계약상대자는 기 지급받은 선금에 대하여 미정산 잔액이 있을 시에 계약담당공무원은 선금잔액과 기송부분에 대한 미지급금액을 상계해야 한다. 다만, 건설산업기본법 및 하도급거래공정화에 관한 법률에 의하여 하도급대금 지급보증이 되어 있지 않는 경우로서 공사계약일반조건 제43조에 의해 하도급대금을 직접 지급해야 하는 때에는, 우선적으로 하도급대가를 지급한 후 기성부분에 대한 미지급잔액이 있는 경우에는 선금잔액과 상계할 수 있다.

46. 사정변경에 의한 계약의 해제 또는 해지

제45조(사정변경에 의한 계약의 해제 또는 해지) ① 발주기관은 제44조제1항 각 호의 경우 외에 객관적으로 명백한 발주기관의 불가피한 사정이 발생한 때에는 계약을 해제 또는 해지할 수 있다.

② 제44조제2항 본문 및 제3항의 규정은 제1항의 규정에 의하여 계약을 해제 또는 해지하는 경우에 이를 준용한다.

③ 발주기관은 제1항의 규정에 의하여 계약을 해제 또는 해지하는 경우에는 다음 각 호에 해당하는 금액을 제44조제3항 각 호의 수행을 완료한 날부터 14일 이내에 계약상대자에게 지급하여야 한다. 이 경우 제7조의 규정에 의한 계약보증금을 동시에 반환하여야 한다.

1. 제32조제2항제1호 및 제2호에 해당하는 시공부분의 대가 중 지급하지 아니한 금액
2. 전체공사의 완성을 위하여 계약의 해제 또는 해지일 이전에 투입된 계약상대자의 인력 · 자재 및 장비의 철수비용

④ 계약상대자는 선금에 대한 미정산 잔액이 있는 경우에는 이를 발주기관에 상환하여야 한다. 이 경우 미정산 잔액에 대한 이자는 가산하지 아니한다.

(1) 개요

계약의 해제 또는 해지사유 중 시공자의 책임 있는 사유 이외에도 발주자의 불가피한 사정이 발생하였을 때에는 계약을 해제 또는 해지할 수 있다. 즉 계약상대자는 완전한 계약의 이행에 따르고 있음에도 시공자와의 계약을 해제시키는 발주자의 계약상 권리로서 상당한 이유로 인하여 행사될 수 있다. 이는 발주자에 의한 임의 해제되는 경우로서 발주자는 시공자에게 보상해야 할 의무가 있고 시공자에게 서면으로 통지하여야 한다.

(2) 계약해제사유

발주기관은 객관적으로 명백하고도 불가피한 사정이 있는 경우 계약을 해제하거나 해지할 수 있다. 이때 명백하고도 불가피한 사정이란 발주기관의 임의적 판단에 치우칠 우려가 있으므로 보다 객관적인 사정변경을 인정할 수 있는지에 따라 계약해제 또는 해지여부가 결정되도록 해야 한다.

(3) 계약해제 시의 조치

발주기관이 계약을 해제 또는 해지한 때에는 그 사실을 계약상대자 및 그 하수급자에게 통지하고 계약상대자는 다음의 절차에 따른다.

① 당해 공사를 즉시 중단하고 모든 공사용 자재나 기구 등은 공사장으로 철거해야 한다.
② 대여품이 있는 경우에는 즉시 발주기관에 반환해야 한다.
③ 관급재료는 기성부분으로 인수된 부분에 사용한 것을 제외한 잔여재료는 발주관서에 반환해야 한다.
④ 발주기관이 요구하는 모든 공사장의 재료, 정보 및 편의를 발주기관에 제공한다.

발주기관은 계약의 해제 또는 해지하는 경우, 계약상대자에 의해 수행발주자의 해지가 결정되어 계약상대자의 조치가 완료된 날로부터 14일 이내에 정산한 잔금을 계약상대자에게 지급해야 한다. 이 경우에는 시공부분의 대가 중 지급하지 않은 금액과 전체 공사의 완성을 위하여 계약의 해제 또는 해지 이전에 투입된 계약상대자의 인력 · 자재 및 장비의 철수비용 등이 모두 포함된다.

47. 계약상대자에 의한 계약해제 또는 해지

제46조(계약상대자에 의한 계약해제 또는 해지) ① 계약상대자는 다음 각 호의 1에 해당하는 사유가 발생한 경우에는 당해 계약을 해제 또는 해지할 수 있다.
1. 제19조의 규정에 의하여 공사내용을 변경함으로써 계약금액이 100분의 40 이상 감소되었을 때
2. 제47조의 규정에 의한 공사정지기간이 공기의 100분의 50을 초과하였을 경우

② 제45조제2항 내지 제4항의 규정은 제1항의 규정에 의하여 계약이 해제 또는 해지되었을 경우에 이를 준용한다.

(1) 개요

계약상대자에 의한 계약의 해제 또는 해지는 국가계약법이나 관련법상의 조항이라기보다 개별적 계약조건하에서 채택되는 해제조항이다. 계약상대자는 발주자와의 계약이 체결된 이후 계약의 이행과정에서 설계변경 등에 의하여 공사내용을 변경함으로써 계약금액이 100분의 40 이상 감소되었거나 공사감독관에 의한 공사정지기간이 전체공기의

100분의 50을 초과하였을 경우에는 당해 계약을 해지할 수 있다.

(2) 계약해지 및 정산

계약상대자에 의해 계약이 해제되거나 해지된 경우에도 발주기관에 의해 해제 또는 해지되는 경우의 절차와 다르며, 이 경우에 마찬가지로 계약해지 또는 해제된 날을 통보하여 전산처리가 완료된 날로부터 14일 이내에 발주자는 정산잔액을 지급해야 한다. 또한 이 경우에도 계약보증금을 동시에 반환해야 하며, 시공부분의 대가 중 지급하지 않은 금액과 계약해제 이전에 투입된 비용 등에 대한 미정산액이 있는 경우에는 발주기관이 지급해야 하며, 이때 미정산 잔액에 대한 이자는 가산하지 않는다.

48. 공사의 일시정지

제47조(공사의 일시정지) ① 공사감독관은 다음 각 호의 경우에는 공사의 전부 또는 일부의 이행을 정지시킬 수 있다. 이 경우 계약상대자는 정지기간 중 선량한 관리자의 주의의무를 태만히 하여서는 아니 된다.

1. 공사의 이행이 계약내용과 일치하지 아니하는 경우
2. 공사의 전부 또는 일부의 안전을 위하여 공사의 정지가 필요한 경우
3. 제24조의 규정에 의한 응급조치의 경우
4. 기타 발주기관의 필요에 의하여 계약담당공무원이 지시한 경우

② 공사감독관은 제1항의 규정에 의하여 공사를 정지시킨 경우에는 지체 없이 계약상대자 및 계약담당공무원에게 정지사유 및 정지기간을 통지하여야 한다.

③ 제1항의 규정에 의하여 공사를 정지시킨 경우 계약상대자는 계약기간의 연장 또는 추가금액을 청구할 수 없다. 다만, 계약상대자의 책임 있는 사유로 인한 정지가 아닌 때에는 그러하지 아니한다.

④ 발주기관의 책임 있는 사유에 의한 공사정지기간(각각의 사유로 인한 정지기간을 합산하며, 장기계속계약의 경우에는 당해 차수 내의 정지기간을 말함)이 60일을 초과한 경우 발주기관은 그 초과된 기간에 대하여 잔여계약금액(공사중지기간이 60일을 초과하는 날 현재의 잔여계약금액을 말하며, 장기계속공사계약의 경우에는 차수별 계약금액을 기준으로 함)에 초과일수 매 1일마다 지연발생 시점의 금융기관 대출평균금리(한국은행 통계월보상의 금융기관 대출평균금리를 말한다)를 곱하여 산출한 금액을 준공대가 지급 시 계약상대자에게 지급하여야 한다.

(1) 개요

계약상대자에 의한 공사의 전부 또는 일시중지 사유는 다음과 같다.

① 공사의 내용이 계약내용과 상이하게 진행되는 경우
② 공사 중 현장안전을 위하여 정지가 필요한 경우
③ 제24조(응급조치)에 의한 응급조치가 필요한 경우

(2) 처리방법

현장공사감독관은 당해 공사의 정지사유 중 하나에 해당되는 경우에는 공사를 정지시킨 후에 지체 없이 계약상대자와 계약담당공무원에게 정지사유 등을 통지해야 한다. 그런데 공사정지의 경우 계약상대자는 이러한 이유 때문에 계약기간의 연장이나 추가금액을 청구할 수 없다. 그러나 공사의 중지가 계약상대자의 책임 있는 사유가 아닌 때에는 그러하지 아니한다. 즉 발주기간의 책임이 있는 사유로써 공사의 정지기간이 60일을 초과한 경우는 그 초과된 기간에 대하여 잔여 계약금액에 초과일수 매 1일마다 지연발생 시점의 금융기관 대출평균금리를 곱하여 산출한 금액을 준공대가 지급 시 계약상대자에게 지급해야 한다.

48-1. 계약상대자의 공사정지 등

제47조의 2 (계약상대자의 공사정지 등) ① 계약상대자는 발주기관이 「국가를 당사자로 하는 계약에 관한 법령」과 계약문서 등에서 정하고 있는 계약상의 의무를 이행하지 아니하는 때에는 발주기관에 계약상의 의무이행을 서면으로 요청할 수 있다.
② 계약담당공무원은 계약상대자로부터 제1항의 규정에 의한 요청을 받은 날부터 14일 이내에 이행계획을 서면으로 계약상대자에게 통지하여야 한다.
③ 계약상대자는 계약담당공무원이 제2항에 규정한 기한 내에 통지를 하지 아니하거나 계약상의 의무이행을 거부하는 때에는 당해 기간이 경과한 날 또는 의무이행을 거부한 날부터 공사의 전부 또는 일부의 시공을 정지할 수 있다.
④ 계약담당공무원은 제3항의 규정에 의하여 정지된 기간에 대하여는 제26조의 규정에 의하여 공사기간을 연장하여야 한다.

(1) 개요

본 장은 발주기관의 사유에 의한 공사가 정지되는 사유로 계약상대자가 발주자에 대하여 계약의 이행을 촉구하고 이를 거부할 때에는 공사를 일시적으로 정지시킬 수 있도록 한 것이다. 즉 계약상대자 입장에서는 국가기관인 발주자가 "국가를 당사자로 하는 계약에 관한 법령" 등의 계약문서에서 정한 계약사항의 의무를 이행하지 않을 때에는 해당되는 발주기관에 계약의 의무이행을 서면으로 요청할 수 있다. 이 경우의 근거규정은 "국가계약법 시행령" 제55조에 의한 검사기한, 제58조의 대가지급, 제59조 대가지급 지연에 대한 이자지급, 제66조 물가변동으로 인한 계약금액의 조정, 제65조 설계변경으로 인한 계약금액의 조정, 제66조 기타 계약내용의 변경으로 인한 계약금액의 조정 등이 있고 "국가계약법 시행규칙" 제63조 보증금의 반환 등이 있다.

(2) 처리방법

만약 계약담당공무원이 이와 같은 사유로 인해 계약상대자로부터 계약의무이행에 대한 요청을 받은 경우에는 14일 이내에 이행계획을 서면으로 계약상대자에게 통보하고, 또한 공사가 정지된 경우에는 본 규정 제26조(계약기간연장) 조항에 따라 공사기간을 연장해야 한다.

49. 공사계약의 이행보증

제48조(공사계약의 이행보증) ① 계약담당공무원은 계약상대자가 제44조제1항 각 호의 1에 해당하는 경우로서 시행령 제52조제1항제3호의 규정에 의한 공사이행보증서가 제출되어 있는 경우에는 계약을 해제 또는 해지하지 아니하고 제9조의 규정에 의한 보증기관에 대하여 공사를 완성할 것을 청구하여야 한다.

② 제1항의 청구가 있을 때에는 보증기관은 지체 없이 그 보증의무를 이행하여야 한다. 이 경우 보증의무를 이행한 보증기관은 계속공사에 있어서 계약상대자가 가지는 계약체결상의 이익을 가진다. 다만, 보증기관은 보증이행업체를 지정하여 보증의무를 이행하는 대신 공사이행보증서에 정한 금액을 현금으로 발주기관에 납부함으로써 보증의무이행에 갈음할 수 있다.

③ 제2항의 규정에 의하여 당해 계약을 이행하는 보증기관은 계약금액 중 보증이행부분에 상당하는 금액을 발주관서에 직접 청구할 수 있는 권리를 가지며, 계약상대자는

보증기관의 보증이행부분에 상당하는 금액을 청구할 수 있는 권리를 상실한다.

④ 〈삭제〉

⑤ 제1항 내지 제3항의 규정 외에 공사이행보증서 제출에 따른 보증의무이행에 대하여는 회계예규 「정부입찰 · 계약 집행기준」 제10장(공사의 이행보증제도 운용)에 정한 바에 의한다.

(1) 개요

계약의 이행보증은 공사계약의 원활한 이행을 위하여 규정되어 있다. 이 보증은 계약상대자의 책임 있는 사유 때문에 계약이 해제 또는 해지되는 경우에도 계약체결 시 연대보증인에게 공사를 완성하도록 청구하거나, 만약 공사이행보증서가 보증기관에 제출되어 있는 경우에는 그 연대보증인 또는 보증기관에 대하여 공사를 완수할 것을 청구하도록 규정한 것이다.

(2) 계약이행보증이란

넓은 의미의 이행보증은 발주자에 대한 시공자의 모든 채무의 이행을 보증하는 것이다. 이는 계약이행보증, 선수금 상환, 하자보수, 근로자에 대한 임금지급의무 등을 포함하고 있다. 또한 좁은 의미의 이행보증은 계약의 이행보증을 의미한다. 이 경우에는 시공자가 계약조건에 따라 계약상의 책임과 의무를 성실하게 수행할 것을 보증하는 것이다. 따라서 계약의 이행보증은 그 방법에 따라 “국가계약법 시행령 제52조에서 규정한 공사계약 체결 시의 계약상대자가 중앙관서의 장이나 계약담당공무원이 특성상 필요하다고 인정되는 계약이행보증의 한 방법을 하나의 방법으로 정할 수 있다. 계약이행보증의 방법은 다음과 같다.

① 국가계약법 시행령에 제50조제1항 등에 규정한 계약보증금을 납부하고, 당해 공사의 계약상 시공의무이행을 보증하는 1인 이상의 연대보증인을 세우는 방법

② 위 (1)항과 같은 연대보증인을 세우지 아니하고 계약보증금을 계약금액의 100분의 20 이상 납부하는 방법

③ 계약금액의 40% 이상의 공사이행보증서를 보증기관에서 발행받아 제하는 방법이 있다.

그런데 계약이행보증의 범위와 보증요율은 물론 계약이행보증 자체가 계약의 이행과 완성을 보증하는 것이긴 하나, 그렇다고 하여 보증의 범위를 계약금액 전체로 하는 것은 현실적으로 어렵다. 일반적으로 국내의 경우, 보통 입찰금액 또는 계약금액의 5에서 10% 정도 수준이 적정한 것으로 인식된다.

50. 부정당업자의 입찰참가자격 제한

제49조(부정당업자의 입찰참가자격 제한) ① 계약상대자가 시행령 제76조의 규정에 해당하는 경우에는 해당 중앙관서의 장으로부터 일정기간 동안 입찰참가자격 제한조치를 받게 된다.

② 계약상대자는 지방자치단체 또는 정부투자기관에서 입찰참가자격제한을 받은 경우 시행령 제76조제8항의 규정에 의하여 그 제한사유가 시행령 제76조제1항제1호 내지 제5호, 제7호 내지 제8호에 의한 것은 반드시 그 제한을 받게 된다.

(1) 개요

부정당업자란 입찰경쟁의 공정한 집행 또는 계약의 적정한 이행을 해칠 우려가 있거나 기타 입찰참가에 부적합하다고 인정되는 자를 말한다. 이러한 자에 대해서는 2년 이내의 범위에서 대통령령이 정하는 바에 따라 입찰참가자격을 제한하며 즉시에 다른 중앙관서의 장에게 통보하여야 한다. 이러한 경우, 국가계약법 제27조제1항에서는 해당관서의 장이 해당자의 입찰참가자격을 제한해야 한다.

(2) 부정당업자

국가계약법 시행령 제76조제1항에 의한 부정당업자는 다음과 같다.

① 계약이행 시 부실 · 조잡 또는 부당하게 하거나 부정한 행위를 한 자

② 건설산업기본법 기타 다른 법령에 의한 하도급의 제한규정에 위반하여 하도급한 자 및 발주관서의 승인 없이 하도급하거나 하도급 조건을 변경한 자

③ 독점규제 및 공정거래에 관한 법률 또는 하도급 공정화에 관한 법률의 규정을 위반하여 공정거래위원회로부터 입찰참가자격 제한요청이 있는 자

④ 중소기업청장으로부터 입찰참가자격 제한의 요청을 받은 자

⑤ 조사설계용역계약 또는 원가계산용역계약에 있어서 고의 또는 중대한 과실로 조사설계금액이나 원가계산금액을 적정하게 산정하지 아니한 자
⑥ 건설기술관리법 제2조에 따른 타당성용역계약에 있어서 고의 또는 중대한 과실로 조사설계금액이나 원가계산금액이 적정하게 산정하지 아니한 자
⑦ 계약이행 시 안전대책을 소홀히 하여 공중에게 위해를 가한 자 또는 사업장에서 산업안전보건법에 의한 안전 · 보건조치를 소홀히 하여 근로자 등에게 사망 등 중대한 위해를 가한 자
⑧ 정당한 이유 없이 계약의 체결 또는 이행하지 아니한 자
⑨ 입찰 또는 계약에 관한 서류를 위조 · 변조하거나 부정하게 행사한 자
⑩ 고의로 무효의 입찰을 한 자
⑪ 입찰참가신청서 또는 입찰참가 승낙서를 제출하고도 정당한 이유 없이 당해 회계연도 중 3회 이상 입찰에 참가하지 아니한 자
⑫ 입찰 · 낙찰 또는 계약의 체결 · 이행과 관련하여 관계공무원에게 뇌물을 준 자
⑬ 경쟁입찰 시 입찰자 간에 서로 상의하여 미리 입찰가격을 협정하거나 특정인의 낙찰을 위하여 담합한 자
⑭ 입찰참가를 방해하거나 낙찰자의 계약체결 또는 그 이행을 방해한 자
⑮ 감독 또는 검사 시 그 직무수행을 방해한 자
⑯ 입찰금액의 적정성 심사의 대상자로 선정된 후 정당한 이유 없이 심사에 필요한 서류의 전부 또는 일부를 제출하지 아니하거나 서류제출 후 낙찰자 결정 전에 심사를 포기한 자
⑰ 일괄입찰의 낙찰자를 결정하는 경우에 실시설계 적격자로 선정된 후 정당한 이유 없이 기한 내에 실시설계서를 제출하지 아니한 자
⑱ 감리용역계약 시 감리원 교체사유 및 절차에 의하지 아니하고 감리원을 교체한 자

51. 기술지식의 이용 및 비밀엄수의무

제50조(기술지식의 이용 및 비밀엄수의무) ① 발주기관은 계약서상의 규정에 의하여 계약상대자가 제출하는 각종 보고서, 정보 기타 자료 및 이에 의하여 얻은 기술지식의 전부 또는 일부를 계약상대자의 승인을 얻어 발주기관의 이익을 위하여 복사 · 이용 또는

공개할 수 있다.
② 계약상대자는 당해 계약을 통하여 얻은 정보 또는 국가의 비밀사항을 계약이행의 전후를 막론하고 외부에 누설할 수 없다.

(1) 개요

이 조항에서는 발주기관이 계약규정에 따라 공사수행 과정에서 알게 된 각종 정보와 기술지식들에 대하여 발주기관의 이익을 위하여 계약상대자의 승인을 얻어 복사 · 이용 또는 공개할 수 있도록 규정하고 있다. 또 계약상대자의 경우, 해당되는 계약을 통하여 알게 된 정보나 국가적인 기밀사항에 대하여 계약이행의 전후를 막론하고 일체 비밀을 준수할 것이며 외부에 누설할 수 없다는 규정이다.

52. 분쟁의 해결

제51조(분쟁의 해결) ① 계약의 수행 중 계약당사자 간에 발생하는 분쟁은 협의에 의하여 해결한다.
② 제1항의 규정에 의한 협의가 이루어지지 아니할 때에는 법원의 판결 또는 「중재법」에 의한 중재에 의하여 해결한다. 다만 「국가를 당사자로 하는 계약에 관한 법률」(이하 "국가계약법"이라 한다) 제4조의 규정에 의한 국제입찰의 경우에는 국가계약법 제28조 내지 제31조에 규정한 절차에 의할 수 있다.
③ 계약상대자는 제1항 및 제2항의 규정에 의한 분쟁처리절차 수행기간 중 공사의 수행을 중지하여서는 아니 된다.

(1) 개요

이 조항은 계약당사자 간의 계약이행 과정에서 발생하는 분쟁의 해결방법과 절차에 관하여 규정하고 있다. 분쟁의 해결방법으로 먼저 당사자 간에 협의를 하는데, 협의가 되지 않을 때에는 법원의 판결 또는 중재법에 의한 중재에 의해 해결할 수 있다. 그러나 국제입찰의 경우에는 국가계약법에서 정한 절차에 따를 수 있다. 계약당사자 간에 분쟁이 발생하는 중에도 계약의 이행을 중단하지는 못한다. 여기에서 분쟁(Dispute)이란, 계약당사자 간 당초의 계약 이후에 변경된 사항에 대하여 상호간에 이견이 발생하여 협의에 의해 해결하지 못하고 제3자의 조정이나 또는 소송으로 진행되는 것이다. 우리나라의 경우 분쟁의 해결은 국가계약법이나 그 이외의 민법, 건설산업기본법 등에 규정되어 있다. 특히 공사계약일반조건 제51조 및 용역계약일반조건 제36조에서는 분쟁해결에 관한 규정이 있다.

(2) 분쟁의 해결

계약에 의해 이루어지는 건설공사나 용역의 수행 중 변경된 상황의 발생으로 계약당사자 간에 발생하는 분쟁을 해결하는 방법은 협상 · 조정 · 중재 · 소송의 방법이 있다. 협상은 당사자 간에 해결하는 것이고, 조정은 당사자 간에 해결이 어려울 경우 제3자의 개입에 의하여 분쟁을 해결하는 수단 중 하나이다. 대부분의 분쟁들은 당사자 간의 협의에 의해 해결되지만, 이러한 협의만으로 분쟁이 해결되지 않는 경우에는 중재 및 조정 또는 소송 등 제3자를 통한 해결이 필요하다. 이러한 분쟁의 해결방법과 절차는 다음과 같다.

① 중재법에 의해 중재기관의 중재
② 국제입찰의 경우, 국제계약분쟁조정위원회의 조정
③ 발주기관의 소재지를 관할하는 법원의 판결에 의한 분쟁의 해결

53. 공사 관련자료의 제출

제52조(공사 관련자료의 제출) 계약담당공무원은 필요하다고 인정할 경우 계약상대자에게 산출내역서의 기초가 되는 단가산출서 또는 일위대가표의 제출을 요구할 수 있으며, 이 경우 계약상대자는 이에 응하여야 한다.

(1) 개요

본 규정은 공사계약 관련자료로써 계약체결 시 계약상대자가 제시한 계약서, 설계도면, 시방서, 내역서 및 수량산출서 등이 첨부된다. 그런데 계약체결 이후 공사 수행 시에는 실제 투입되는 공사수량과 기성량 등 공사내용 파악과 유사시 분쟁에 대비한 기초자료로써 단가산출서나 일위대가표의 제출을 요구할 수 있다.

일위대가표는 공사비의 단가산출의 근거가 되는 단위공종에 대한 재료비, 노무비, 경비를 품목별 · 계량단위별로 산출한 비용명세서이며, 단가산출서는 이를 근거로 각 공종

별 세부적인 공사항목별 설계와 시방기준에 따라 단가를 산출한 표이다. 보통 단가를 산출할 때에는 기획재정부 “회계예규의 예정가격 작성기준”과 대한건설협회 등에서 발행한 “표준품셈” 등을 기준으로 단위공종별 공사의 세부항목별 공사비를 산출하게 된다.

54. 적격심사 관련사항 이행

제53조(적격심사 관련사항 이행) ① 시행령 제42조제1항 본문의 규정에 의한 공사를 수행함에 있어 계약상대자는 회계예규「적격심사기준」 별표의 심사항목에 규정된 사항에 대하여 적격심사 당시 제출한 내용대로 철저하게 이행하여야 한다.

② 계약담당공무원(조달사업법 제3조에 따라 조달청에 의뢰하여 계약한 공사로서 수요기관이 공사관리를 하는 경우에는 수요기관)은 제1항에 규정한 이행상황을 수시로 확인하여야 하며, 제출된 내용대로 이행이 되지 않고 있을 때에는 즉시 시정토록 조치하여야 한다.

(1) 개요

적격심사에 관한 사항은 기획재정부 회계예규에 규정되어 있으며, 이 예규는 적격심사기준을 정한 것으로서 국가를 당사자로 하는 계약에 관한 법률 제10조제2항 및 동법 시행령 제42조의 규정에 따르면, 국고의 부담이 되는 경쟁입찰에 있어서 예정가격 이하로 최저가격으로 입찰한 자의 순으로 계약이행능력을 심사하여 낙찰자를 결정하며, 계약이행능력심사는 입찰참여자의 공사 수행실적, 기술능력, 재무상태, 신인도, 자재 및 인력조달가격의 적정성, 계약질서의 준수성, 입찰가격 등을 종합적으로 고려하여 재정경재부장관이나 재정경재부장관과 협의를 거친 중앙관서의 장이 정하는 심사기준에 따라 세부적인 심사기준을 정하여 적격여부를 심사하도록 규정하고 있다.

55. 유효기한

제54조(유효기한) 이 예규는 「훈령 · 예규 등의 발령 및 관리에 관한 규정」(대통령훈령 제248호)에 따라 이 예규 발령 후의 법령이나 현실여건의 변화 등을 검토하여야 하는 2012년 9월 21일까지 효력을 가진다.

(1) 개요

이 규정은 훈령이나 예규 등의 발령과 관리에 관한 사항으로, 만약 훈령이나 예규가 법령에 적합하지 않거나 현실적으로 부적합할 때를 대비하여 주기적으로 검토, 정비하여 실효성과 국민편익 증진에 이바지하도록 하는 것을 목적으로 2009년도에 제정되었다. 훈령이나 예규는 법령집행의 통일성을 확보하기 위해 필요한 경우에만 발령하고 법률에 근거 없이 국민의 권리의무에 관한 사항을 규정하거나 법령의 내용과 다른 사항을 규정하지 않아야 하며, 또한 행정기관이 쉽게 확보할 수 있는 서류를 국민에게 제출하도록 하게 하거나 현실에 맞지 않는 사항을 규정하지 말아야 한다. 또 훈령이나 예규는 다른 훈령이나 예규 등과 조화와 균형이 유지되어 서로 중복되거나 상충되지 않도록 하며 누구든지 알기 쉬운 용어와 표현으로 사용되어야 한다.

부 록

예정가격 작성기준

1. 예정가격 작성기준

회계예규 제2200.04-160-8호 (2010.10.22)

제1장 총칙

제1조(목적)

이 예규는 「국가를 당사자로 하는 계약에 관한 법률시행령」(이하 "시행령"이라 한다) 제9조제1항제2호 및 「국가를 당사자로 하는 계약에 관한 법률시행규칙」(이하 "시행규칙"이라 한다) 제6조의 규정에 의한 원가계산에 의한 예정가격 작성, 시행령 제9조제1항제3호 및 시행규칙 제5조제2항의 규정에 의한 실적공사비에 의한 예정가격 작성 및 시행규칙 제5조의 규정에 의한 전문가격조사기관(이하 "조사기관"이라 한다.)의 등록 등에 있어 적용하여야 할 기준을 정함을 목적으로 한다.

제2조(계약담당공무원의 주의사항)

① 계약담당공무원(각 중앙관서의 장이 계약에 관한 사무를 그 소속공무원에게 위임하지 아니하고 직접 처리하는 경우에는 이를 계약담당공무원으로 본다. 이하 같다)은 예정가격 작성 등과 관련하여 이 예규에 정한 사항에 따라 업무를 처리한다.
② 계약담당공무원은 이 예규에 의거, 예정가격 작성 시 부당하게 감액하거나 과잉 계산되지 않도록 하여야 하며 불가피하게 원가계산 등에 의하여 산정된 금액과 다르게 예정가격을 결정한 때에는 그 조정사유를 예정가격 조서에 명시하여야 한다.

제2장 원가계산에 의한 예정가격 작성

제1절 총칙

제3조(원가계산의 구분)

원가계산은 제조원가계산과 공사원가계산 및 용역원가계산으로 구분하되, 용역원가계산에 관하여는 제4절 및 제5절의 규정에 의한다.

제4조(원가계산의 비목)

원가계산은 재료비, 노무비, 경비, 일반관리비 및 이윤으로 구분 작성한다.

제5조(비목별 가격결정의 원칙)

① 재료비, 노무비, 경비는 각각 아래에서 정한 산식에 의함을 원칙으로 한다.

○ 재료비 = 재료량 × 단위당 가격

○ 노무비 = 노무량 × 단위당 가격

○ 경　비 = 소요(소비)량 × 단위당 가격

② 재료비, 노무비, 경비의 각 세비목별 단위당 가격은 시행규칙 제7조의 규정에 의하여 계산한다.

③ 재료비, 노무비, 경비의 각 세비목 및 그 물량(재료량, 노무량, 소요량) 산출은 계약목적물에 대한 규격서, 설계서 등에 의하거나 제34조의 규정에 의한 원가계산자료를 근거로 하여 산정하여야 한다.

④ 제3항의 각 세비목 및 그 물량산출에 있어서는 계약목적물의 내용 및 특성 등을 고려하여 그 완성에 적합하다고 인정되는 합리적인 방법이어야 한다.

제6조(원가계산에 의한 예정가격 작성 시 주의사항)

계약담당공무원은 원가계산방법으로 예정가격을 작성함에 있어서는 계약수량, 이행의 전망, 이행기간, 수급상황, 계약조건 기타 제반여건을 참작하여야 한다.

제2절 제조원가계산

제7조(제조원가)

제조비용라 함은 제조과정에서 발생한 재료비, 노무비, 경비의 합계액을 말한다.

제8조(작성방법)

제조비용계산을 하고자 할 때에는 별표 1의 제조원가계산서를 작성하고 비목별 산출근거를 명시한 기초계산서를 첨부하여야 한다. 이 경우 재료비, 노무비, 경비 중 일부를 별표 1의 제조원가계산서상 일반관리비 또는 이윤 다음 비목으로 계상하여서는 아니 된다.

제9조(재료비)

재료비는 제조원가를 구성하는 다음 내용의 직접재료비, 간접재료비로 한다.

① 직접재료비는 계약목적물의 실체를 형성하는 물품의 가치로서 다음 각 호를 말한다.

1. 주요 재료비
   계약목적물의 기본적 구성형태를 이루는 물품의 가치
2. 부분품비
   계약목적물에 원형대로 부착되어 그 조성부분이 되는 매입부품 · 수입부품 · 외장재료 및 제11조제3항제13호 규정에 의한 경비로 계상되는 것을 제외한 외주품의 가치

② 간접재료비는 계약목적물의 실체를 형성하지는 않으나 제조에 보조적으로 소비되는 물품의 가치로서 다음 각 호를 말한다.

1. 소모재료비
   기계오일, 접착제, 용접가스, 장갑, 연마재 등 소모성 물품의 가치
2. 소모공구 · 기구 · 비품비
   내용연수 1년 미만으로서 구입단가가 「법인세법」 또는 「소득세법」 규정에 의한 상당금액 이하인 감가상각 대상에서 제외되는 소모성 공구 · 기구 · 비품의 가치
3. 포장재료비
   제품포장에 소요되는 재료의 가치

③ 재료의 구입과정에서 당해 재료에 직접 관련되어 발생하는 운임, 보험료, 보관비 등의 부대비용은 재료비로서 계산한다. 다만, 재료구입 후 발생되는 부대비용은 경비의 각 비목으로 계산한다.

④ 계약목적물의 제조 중에 발생되는 작업설, 부산품, 연산품 등은 그 매각액 또는 이용가치를 추산하여 재료비로부터 공제하여야 한다.

제10조(노무비)

노무비는 제조원가를 구성하는 다음 내용의 직접노무비, 간접노무비를 말한다.

① 직접노무비는 제조현장에서 계약목적물을 완성하기 위하여 직접 작업에 종사하는 종업원 및 노무자에 의하여 제공되는 노동력의 대가로서 다음 각 호의 합계액으로 한다. 다만, 상여금은 기본급의 연 400%, 제수당, 퇴직급여충당금은 「근로기

준법」상 인정되는 범위를 초과하여 계상할 수 없다.

1. 기본급(「통계법」 제4조의 규정에 의한 지정기관이 조사·공표한 단위당 가격 또는 기획재정부장관이 결정·고시하는 단위당 가격으로서 동 단가에는 기본급의 성격을 갖는 정근수당·가족수당·위험수당 등이 포함된다)
2. 제수당(기본급의 성격을 가지지 않는 시간외 수당·야간수당·휴일수당 등 작업상 통상적으로 지급되는 금액을 말한다)
3. 상여금
4. 퇴직급여충당금

② 간접노무비는 직접 제조작업에 종사하지는 않으나, 작업현장에서 보조작업에 종사하는 노무자, 종업원과 현장감독자 등의 기본급과 제수당, 상여금, 퇴직급여충당금의 합계액으로 한다. 다만, 제1항 각 호 및 단서의 규정은 이를 준용한다.

③ 제1항의 직접노무비는 제조공정별로 작업인원, 작업시간, 제조수량을 기준으로 계약목적물의 제조에 소요되는 노무량을 산정하고 노무비 단가를 곱하여 계산한다.

④ 제2항의 간접노무비는 제34조의 규정에 의한 원가계산 자료를 활용하여 직접노무비에 대하여 간접노무비율(간접노무비/직접노무비)을 곱하여 계산한다.

⑤ 제4항의 간접노무비는 제3항의 직접노무비를 초과하여 계상할 수 없다. 다만, 작업현장의 기계화, 자동화 등으로 인하여 불가피하게 간접노무비가 직접노무비를 초과하는 경우에는 증빙자료에 의하여 초과 계상할 수 있다.

제11조(경비)

① 경비는 제품의 제조를 위하여 소비된 제조원가 중 재료비, 노무비를 제외한 원가를 말하며, 기업의 유지를 위한 관리활동 부문에서 발생하는 일반관리비와 구분된다.

② 경비는 당해 계약목적물 제조기간의 소요(소비)량을 측정하거나 제34조의 규정에 의한 원가계산 자료나 계약서, 영수증 등을 근거로 하여 예정하여야 한다.

③ 경비의 세비목은 다음 각 호의 것으로 한다.

1. 전력비, 수도광열비는 계약목적물을 제조하는 데 직접 소요되는 당해 비용을 말한다.
2. 운반비는 재료비에 포함되지 않는 운반비로서 원재료 또는 완제품의 운송비, 하역비, 상하차비, 조작비 등을 말한다.

3. 감가상각비는 제품생산에 직접 사용되는 건물, 기계장치 등 유형고정자산에 대하여 세법에서 정한 감가상각방식에 따라 계산한다. 다만, 세법에서 정한 내용연수의 적용이 불합리하다고 인정된 때에는 당해 계약목적물에 직접 사용되는 전용기기에 한하여 그 내용연수를 별도로 정하거나 특별상각할 수 있다.
4. 수리수선비는 계약목적물을 제조하는 데 직접 사용되거나 제공되고 있는 건물, 기계장치, 구축물, 선박차량 등 운반구, 내구성 공구, 기구제품의 수리수선비로서, 당해 목적물 제조과정에서 그 원인이 발생할 것으로 예견되는 것에 한한다. 다만, 자본적 지출에 해당하는 대수리 수선비는 제외한다.
5. 특허권사용료는 계약목적물이 특허품이거나 또는 그 제조과정의 일부가 특허의 대상이 되는 때로, 특허권 사용계약에 의하여 제조하고 있는 경우의 사용료로써 그 사용비례에 따라 계산한다.
6. 기술료는 당해 계약목적물을 제조하는 데 직접 필요한 노우 · 하우비(Know-how비) 및 동 부대비용으로서 외부에 지급되는 비용을 말하며, 세법(「법인세법」상의 시험연구비)에서 정한 바에 따라 계상하여 사업연도로부터 이연 상각하되 그 적용비례를 기준하여 배분 계산한다.
7. 연구개발비는 당해 계약목적물을 제조하는 데 직접 필요한 기술개발 및 연구비로써, 시험 및 시범제작에 소요된 비용 또는 연구기관에 의뢰한 기술개발용역비와 법령에 의한 기술개발촉진비 및 직업훈련비를 말하며, 세법(「법인세법」상의 시험연구비)에서 정한 바에 따라 이연 상각하되 그 생산수량에 비례하여 배분 계산한다. 다만, 연구개발비 중 장래계속생산으로의 연결이 불확실하여 미래수익의 증가와 관련이 없는 비용은 특별상각할 수 있다.
8. 시험검사비는 당해 계약의 이행을 위한 직접적인 시험검사비로 외부에 이를 의뢰하는 경우의 비용을 말한다. 다만, 자체시험검사비는 법령이나 계약조건에 의하여 내부검사가 요구되는 경우에 계상할 수 있다.
9. 지급임차료는 계약목적물을 제조하는 데 직접 사용되거나 제공되는 토지, 건물, 기술, 기구 등의 사용료로 당해 계약물품의 생산기간에 따라 계산한다.
10. 보험료는 산업재해보험, 고용보험, 국민건강보험 및 국민연금보험 등 법령이나 계약조건에 의하여 의무적으로 가입이 요구되는 보험의 보험료를 말하며 재료비에 계상되는 것은 제외한다.
11. 복리후생비는 계약목적물의 제조작업에 종사하고 있는 노무자, 종업원 등의

의료위생약품대, 공상치료비, 지급피복비, 건강진단비, 급식비("중식 및 간식제공을 위한 비용을 말한다." 이하 같다) 등 작업조건 유지에 직접 관련되는 복리후생비를 말한다.

12. 보관비는 계약목적물의 제조에 소요되는 재료, 기자재 등의 창고 사용료로서 외부에 지급되는 경우의 비용만을 계상하여야 하며, 이 중에서 재료비에 계상되는 것을 제외한다.
13. 외주가공비는 재료를 외부에 가공시키는 실가공비용을 말하며 부분품의 가치로 재료비에 계상되는 것은 제외한다.
14. 산업안전보건관리비는 작업현장에서 산업재해 및 건강장해예방을 위하여 법령에 의거 요구되는 비용을 말한다.
15. 소모품비는 작업현장에서 발생되는 문방구, 장부대 등 소모품을 말하며 보조재료로 재료비에 계상되는 것은 제외한다.
16. 여비 · 교통비 · 통신비는 작업현장에서 직접 소요되는 여비 및 차량유지비와 전신전화사용료, 우편료를 말한다.
17. 세금과 공과는 공장이 당해 제조와 직접 관련되어 부담하여야 할 재산세, 차량세 등의 세금 및 공공단체에 납부하는 공과금을 말한다.
18. 폐기물처리비는 계약목적물의 제조와 관련하여 발생되는 오물, 잔재물, 폐유, 폐알칼리, 폐고무, 폐합성수지 등 공해유발 물질을 법령에 의거 처리하기 위하여 소요되는 비용을 말한다.
19. 도서인쇄비는 계약목적물의 제조를 위한 참고서적 구입비, 각종 인쇄비, 사진제작비(VTR제작비를 포함한다) 등을 말한다.
20. 지급수수료는 법률로 규정되어 있거나 의무 지워진 수수료에 한하며, 다른 비목에 계상되지 않는 수수료를 말한다.
21. 기타 법정경비는 위에서 열거한 이외의 것으로서 법령으로 규정되어 있거나 의무 지워진 경비를 말한다.

제12조(일반관리비의 내용)

일반관리비는 기업의 유지를 위한 관리활동 부문에서 발생하는 제비용으로서 제조원가에 속하지 아니하는 모든 영업비용 중 판매비 등을 제외한 다음의 비용, 즉 임원급료, 사무실직원의 급료, 제수당, 퇴직급여충당금, 복리후생비, 여비, 교통 ·

통신비, 수도광열비, 세금과공과, 지급임차료, 감가상각비, 운반비, 차량비, 경상시험연구개발비, 보험료 등을 말하며 기업손익계산서를 기준하여 산정한다.

第13조(일반관리비의 계상방법)

제12조의 규정에 의한 일반관리비는 제조원가에 별표 3에서 정한 일반관리비율(일반관리비가 매출원가에서 차지하는 비율)을 초과하여 계상할 수 없다.

第14조(이윤)

이윤은 영업이익(비영리법인의 경우에는 목적사업 이외의 수익사업에서 발생하는 이익을 말한다. 이하 같다.)을 말하며, 제조원가 중 노무비, 경비와 일반관리비의 합계액(이 경우 기술료 및 외주가공비는 제외한다)에 이윤을 25%를 초과하여 계상할 수 없다.

제3절 공사원가계산

第15조(공사원가)

공사원가라 함은 공사시공 과정에서 발생한 재료비, 노무비, 경비의 합계액을 말한다.

第16조(작성방법)

공사원가계산을 하고자 할 때에는 별표 2의 공사원가계산서를 작성하고 비목별 산출근거를 명시한 기초계산서를 첨부하여야 한다. 이 경우 재료비, 노무비, 경비 중 일부를 별표 2의 공사원가계산서상 일반관리비 또는 이윤 다음 비목으로 계상하여서는 아니 된다.

第17조(재료비)

재료비는 공사원가를 구성하는 다음 내용의 직접재료비 및 간접재료비로 한다.

① 직접재료비는 공사목적물의 실체를 형성하는 물품의 가치로서 다음 각 호를 말한다.

1. 주요 재료비

   공사목적물의 기본적 구성형태를 이루는 물품의 가치

2. 부분품비

공사목적물에 원형대로 부착되어 그 조성부분이 되는 매입부품, 수입부품, 외장재료 및 제19조제3항제13호 규정에 의한 경비로 계상되는 것을 제외한 외주품의 가치

② 간접재료비는 공사목적물의 실체를 형성하지는 않으나 공사에 보조적으로 소비되는 물품의 가치로서 다음 각 호를 말한다.

1. 소모재료비

기계오일 · 접착제 · 용접가스 · 장갑 등 소모성 물품의 가치

2. 소모공구 · 기구 · 비품비

내용연수 1년 미만으로서 구입단가가 「법인세법」 또는 「소득세법」 규정에 의한 상당금액 이하인 감가상각 대상에서 제외되는 소모성 공구 · 기구 · 비품의 가치

3. 가설재료비

비계, 거푸집, 동바리 등 공사목적물의 실체를 형성하는 것은 아니나 동 시공을 위하여 필요한 가설재의 가치

③ 재료의 구입과정에서 당해 재료에 직접 관련되어 발생하는 운임, 보험료, 보관비 등의 부대비용은 재료비로 계산한다. 다만 재료구입 후 발생하는 부대비용은 경비의 각 비목으로 계산한다.

④ 계약목적물의 시공 중에 발생하는 작업부산물 등은 그 매각액 또는 이용가치를 추산하여 재료비로부터 공제하여야 한다.

제18조(노무비)

노무비의 내용 및 산정방식은 제5조와 제10조의 규정을 준용하며, 간접노무비의 구체적 계산방법 등에 대하여는 별표 2-1을 참고하여 계산한다.

제19조(경비)

① 경비는 공사의 시공을 위하여 소요되는 공사원가 중 재료비, 노무비를 제외한 원가를 말하며, 기업의 유지를 위한 관리활동 부문에서 발생하는 일반관리비와 구분된다.

② 경비는 당해 계약목적물 시공기간의 소요(소비)량을 측정하거나 제34조의 규정에 의한 원가계산 자료나 계약서, 영수증 등을 근거로 산정하여야 한다.

③ 경비의 세비목은 다음 각 호의 것으로 한다.

1. 전력비, 수도광열비는 계약목적물을 시공하는 데 소요되는 당해 비용을 말한다.
2. 운반비는 재료비에 포함되지 않은 운반비로서 원재료, 반재료 또는 기계기구의 운송비, 하역비, 상하차비, 조작비 등을 말한다.
3. 기계경비는 각 중앙관서의 장 또는 그가 지정하는 단체에서 제정한 "표준품셈상"의 건설기계의 경비 산정기준에 의한 비용을 말한다.
4. 특허권사용료는 타인 소유의 특허권을 사용한 경우에 지급되는 사용료로서 그 사용비례에 따라 계산한다.
5. 기술료는 당해 계약목적물을 시공하는 데 직접 필요한 노우 · 하우비(Know-how비) 및 동 부대비용으로서 외부에 지급되는 비용을 말하며, 세법(「법인세법」상의 시험연구비)에서 정한 바에 따라 계상하여 사업 초년도부터 이연 상각하되 그 사용비례를 기준으로 배분 계산한다.
6. 연구개발비는 당해 계약목적물을 시공하는 데 직접 필요한 기술개발 및 연구비로서 시험 및 시범제작에 소요된 비용 또는 연구기관에 의뢰한 기술개발용역비와 법령에 의한 기술개발촉진비 및 직업훈련비를 말하며, 세법(「법인세법」상의 시험연구비)에서 정한 바에 따라 이연 상각하되 그 사용비례를 기준하여 배분 계산한다. 다만, 연구개발비 중 장래계속시공으로서의 연결이 불확실하여 미래 수익의 증가와 관련이 없는 비용은 특별상각할 수 있다.
7. 품질관리비는 당해 계약목적물의 품질관리를 위하여 관련법령 및 계약조건에 의하여 요구되는 비용(품질시험 인건비를 포함한다)을 말하며, 간접노무비에 계상(시험관리인)되는 것을 제외한다.
8. 가설비는 공사목적물의 실체를 형성하는 것은 아니나 현장사무소, 창고, 식당, 숙사, 화장실 등 동 시공을 위하여 필요한 가설물의 설치에 소요되는 비용(노무비, 재료비를 포함한다)을 말한다.
9. 지급임차료는 계약목적물을 시공하는 데 직접 사용되거나 제공되는 토지, 건물, 기계기구(건설기계를 제외한다)의 사용료를 말한다.
10. 보험료는 산업재해보험, 고용보험, 국민건강보험 및 국민연금보험 등 법령이나 계약조건에 의하여 의무적으로 가입이 요구되는 보험의 보험료를 말하고, 동 보험료는 「건설산업기본법」 제22조제5항 등 관련법령에 정한 바에 따라 계상하며, 재료비에 계상되는 보험료는 제외한다. 다만 공사손해보험료는 제22조

에서 정한 바에 따라 별도로 계상된다.

11. 복리후생비는 계약목적물을 시공하는 데 종사하는 노무자 · 종업원 · 현장사무소직원 등의 의료위생약품대, 공상치료비, 지급피복비, 건강진단비, 급식비 등 작업조건 유지에 직접 관련되는 복리후생비를 말한다.
12. 보관비는 계약목적물의 시공에 소요되는 재료, 기자재 등의 창고사용료로서 외부에 지급되는 비용만을 계상하여야 하며, 이 중에서 재료비에 계상되는 것을 제외한다.
13. 외주가공비는 재료를 외부에 가공시키는 실가공비용을 말하며 외주가공품의 가치로서 재료비에 계상되는 것은 제외한다.
14. 산업안전보건관리비는 작업현장에서 산업재해 및 건강장해예방을 위하여 법령에 의거 요구되는 비용을 말한다.
15. 소모품비는 작업현장에서 발생하는 문방구, 장부대 등 소모용품을 말하며, 보조재료로서 재료비에 계상되는 것을 제외한다.
16. 여비 · 교통비 · 통신비는 시공현장에서 직접 소요되는 여비 및 차량유지비와 전신전화사용료, 우편료를 말한다.
17. 세금과공과는 시공현장에서 당해 공사와 직접 관련되어 부담하여야 할 재산세, 차량세, 사업소세 등의 세금 및 공공단체에 납부하는 공과금을 말한다.
18. 폐기물처리비는 계약목적물의 시공과 관련하여 발생하는 오물, 잔재물, 폐유, 폐알칼리, 폐고무, 폐합성수지 등 공해유발 물질을 법령에 의거 처리하기 위하여 소요되는 비용을 말한다.
19. 도서인쇄비는 계약목적물의 시공을 위한 참고서적 구입비, 각종 인쇄비, 사진제작비(VTR제작비를 포함한다) 및 공사 시공기록 책자 제작비 등을 말한다.
20. 지급수수료는 시행령 제52조제1항 단서의 규정에 의한 공사이행보증서 발급수수료, 「건설산업기본법」 제30조 및 「하도급거래공정화에 관한 법률」 제13조의2의 규정에 의한 건설하도급대금 지급보증서 발급수수수료 등 법령으로서 지급이 의무화된 수수료를 말한다. 이 경우 보증서 발급수수료는 보증서 발급기관이 최고 등급업체에 대해 적용하는 보증요율 중 최저요율을 적용하여 계상한다.
21. 환경보전비는 계약목적물의 시공을 위한 제반환경오염방지시설을 위한 것으로서, 관련법령에 의하여 규정되어 있거나 의무 지워진 비용을 말한다.

22. 보상비는 당해 공사로 인해 공사현장에 인접한 도로 하천 · 기타 재산에 훼손을 가하거나 지장물을 철거하게 됨에 따라 발생하는 보상 · 보수비를 말한다. 다만, 당해 공사를 위한 용지보상비는 제외한다.
23. 안전관리비는 건설공사의 안전관리를 위하여 관계법령에 의하여 요구되는 비용을 말한다.
24. 건설근로자퇴직공제부금비는 관계법령에 의하여 건설근로자퇴직공제에 가입하는 데 소요되는 비용을 말한다. 다만, 제10조제1항제4호 및 제18조의 규정에 의하여 퇴직급여충당금을 산정하여 계상한 경우에는 동 금액을 제외한다.
25. 기타 법정경비는 위에서 열거한 이외의 것으로서 법령으로 규정되어 있거나 의무 지워진 경비를 말한다.

제20조(일반관리비)

일반관리비의 내용은 제12조와 같고 별표 3에서 정한 일반관리비율을 초과하여 계상할 수 없으며, 아래와 같이 공사규모별로 체감 적용한다.

일반건설공사		전문 · 전기 · 정보통신 · 소방공사	
공사원가	일반관리비율(%)	공사원가	일반관리비율(%)
5억 원 미만	6.0	5천만 원 미만	6.0
5억 원~30억 원 미만	5.5	5천만 원~3억 원 미만	5.5
30억 원 이상	5.0	3억 원 이상	5.0

제21조(이윤)

이윤은 영업이익을 말하며 공사원가 중 노무비, 경비와 일반관리비의 합계액(이 경우 기술료 및 외주가공비는 제외한다)에 이윤율 15%를 초과하여 계상할 수 없다.

제22조(공사손해보험료)

① 공사손해보험료는 회계예규 「공사계약일반조건」 제10조의 규정에 의하여 공사손해보험에 가입할 때 지급하는 보험료를 말하며, 보험가입대상 공사부분의 총공사원가(재료비, 노무비, 경비, 일반관리비 및 이윤의 합계액을 말한다. 이하 같다)에 공사손해보험료율을 곱하여 계상한다.

② 발주기관이 지급하는 관급자재가 있을 경우에는 보험가입 대상 공사부분의 총공사원가와 관급자재를 합한 금액에 공사손해보험료율을 곱하여 계상한다.

③ 제1항의 규정에 의한 공사손해보험료를 계상하기 위한 공사손해보험료율은 계약담당공무원이 보험개발원, 손해보험회사 등으로부터 제공받은 자료를 기초로 하여 정한다.

제4절 학술연구용역 원가계산

제23조(용어의 정의)

이 절에서 사용하는 용어의 정의는 다음 각 호와 같다.

1. "학술연구용역"이라 함은 "학문분야의 기초과학과 응용과학에 관한 연구용역 및 이에 준하는 용역"을 말하며, 그 이행방식에 따라 다음 각목과 같이 구분할 수 있다.
   가. 위탁형 용역 : 용역계약을 체결한 계약상대자가 자기책임하에 연구를 수행하여 연구결과물을 용역결과보고서 형태로 제출하는 방식
   나. 공동연구형 용역 : 용역계약을 체결한 계약상대자와 발주기관이 공동으로 연구를 수행하는 방식
   다. 자문형 용역 : 용역계약을 체결한 계약상대자가 발주기관의 특정 현안에 대한 의견을 서면으로 제시하는 방식
2. "책임연구원"이라 함은 당해 용역 수행을 지휘 · 감독하며 결론을 도출하는 역할을 수행하는 자를 말하며, 대학 부교수 수준의 기능을 보유하고 있어야 한다. 이 경우 책임연구원은 1인을 원칙으로 하되, 당해 용역의 성격상 다수의 책임자가 필요한 경우에는 그러하지 아니하다.
3. "연구원"이라 함은 책임연구원을 보조하는 자로서 대학 조교수 수준의 기능을 보유하고 있어야 한다.
4. "연구보조원"이라 함은 통계처리 · 번역 등의 역할을 수행하는 자로서 당해 연구분야에 대해 조교 정도의 전문지식을 가진 자를 말한다.
5. "보조원"이라 함은 타자, 계산, 원고정리 등 단순한 업무처리를 수행하는 자를 말한다.

제24조(원가계산비목)

원가계산은 노무비(이하 "인건비"라 한다), 경비, 일반관리비 등으로 구분 작성한다. 다만, 제23조제2호 및 제3호에 의한 공동연구형 용역 및 자문형 용역의 경우

에는 경비항목 중 최소한의 필요항목만 계상하고 일반관리비는 계상하지 아니한다.

第25조(작성방법)

학술연구용역에 대한 원가계산을 하고자 할 때에는 별표 4에서 정한 학술연구용역 원가계산서를 작성하고 비목별 산출근거를 명시한 기초계산서를 첨부하여야 한다.

第26조(인건비)

① 인건비는 당해 계약목적에 직접 종사하는 연구요원의 급료를 말하며, 이 예규 시행일이 속하는 연도에는 별표 5에서 정한 기준단가에 의하되, 「근로기준법」에서 규정하고 있는 상여금, 퇴직급여충당금의 합계액으로 한다. 다만, 상여금은 기준단가의 연 400%를 초과하여 계상할 수 없다.

② 이 예규 시행일이 속하는 연도의 다음 연도부터는 매년 전년도 소비자물가 상승률만큼 인상한 단가를 기준단가로 한다.

第27조(경비)

경비는 계약목적을 달성하기 위하여 필요한 다음 내용의 여비, 유인물비, 전산처리비, 시약 및 연구용 재료비, 회의비, 임차료, 교통통신비 및 감가상각비를 말한다.

1. 여비는 다음 각 호의 기준에 따라 계상한다.
   가. 여비는 「공무원 여비규정」에 의한 국내여비와 국외여비로 구분하여 계상하되, 이를 인정하지 아니하고는 계약목적을 달성하기 곤란한 경우에 한하며 관계공무원의 여비는 계상할 수 없다.
   나. 국내여비는 시외여비만을 계상하되 연구상 필요불가피한 경우 외에는 월 15일을 초과할 수 없으며, 책임연구원은 「공무원 여비규정」 제3조 관련 별표 1(여비지급 구분표) 제1호 등급, 연구원 및 연구보조원은 동표 제2호 등급을 기준으로 한다.
2. 유인물비는 계약목적을 위하여 직접 소요되는 프린트, 인쇄, 문헌복사비(지대포함)를 말한다.
3. 전산처리비는 당해 연구내용과 관련된 자료처리를 위한 컴퓨터 사용료 및 그 부대비용을 말한다.

4. 시약 및 연구용 재료비는 실험실습에 필요한 당해 비용을 말한다.
5. 회의비는 당해 연구내용과 관련하여 자문회, 토론회, 공청회 등을 위해 소요되는 경비를 말하며, 참석자의 수당은 당해 연도 예산안 작성 세부지침상 위원회 참석비를 기준으로 한다.
6. 임차료는 연구내용에 따라 특수실험 실습기구를 외부로부터 임차하거나 혹은 공청회 등을 위한 회의장 사용을 하지 아니하고는 계약목적을 달성할 수 없는 경우에 한하여 계상할 수 있다.
7. 교통통신비는 당해 연구내용과 직접 관련된 시내교통비, 전신전화 사용료, 우편료를 말한다.
8. 감가상각비는 당해 연구내용과 직접 관련된 특수실험 실습기구 · 기계장치에 대하여 제12조제3항제3호의 규정을 준용하여 계산한다. 단 임차료에 계상되는 것은 제외한다.

제28조(일반관리비 등)

① 일반관리비는 시행규칙 제8조에 규정된 일반관리비율 5%를 초과하여 계상할 수 없다.

② 이윤은 영업이익을 말하며 인건비, 경비 및 일반관리비의 합계액에 대하여 시행규칙 제8조에 규정된 이윤을 10%를 초과하여 계상할 수 없다.

제29조(회계직 공무원의 주의의무)

① 학술연구용역 의뢰 시에는 당해 연구에 대한 전문기관 또는 전문가를 엄선하여 연구목적을 달성할 수 있도록 그 주의의무를 다하여야 한다.

② 각 중앙관서의 장은 학술연구용역을 수의계약으로 체결하고자 할 경우에는 당해 계약상대자의 최근 연도 원가계산 자료(급여명세서, 손익계산서 등)를 활용하여 제26조의 상여금, 퇴직금 및 제28조제1항의 일반관리비 산정 시 과다 계상되지 않도록 주의하여야 한다.

제5절 기타 용역의 원가계산

제30조(기타 용역의 원가계산)

① 엔지니어링사업, 측량용역, 소프트웨어 개발용역 등 다른 법령에서 그 대가기준

(원가계산기준)을 규정하고 있는 경우에는 당해 법령이 정하는 기준에 따라 원가계산을 할 수 있다.

② 원가계산기준이 정해지지 않은 기타의 용역에 대하여는 제1항 및 제23조 내지 제29조에 규정된 원가계산기준에 준하여 원가계산할 수 있다. 이 경우 청소용역 등 단순용역에 대한 인건비의 기준단가는 「통계법」 제8조의 규정에 따라 중소기업협동조합중앙회가 발표하는 제조부문 직종별 평균 조사노임 중 보통인부노임에 의하되, 「근로기준법」에서 정하고 있는 제수당, 상여금(기준단가의 연 400%를 초과하여 계상할 수 없다), 퇴직급여충당금의 합계액으로 한다.

제6절 원가계산용역기관

제31조(원가계산용역기관의 요건)

① 시행규칙 제9조제2항의 규정에 의한 원가계산용역기관(이하 "용역기관"이라 한다)이 될 수 있는 기관은 제1호에 해당되는 기관으로서 제2호의 요건을 갖추어야 한다.

1. 용역대상 기관
   가. 정부 및 정부투자기관이 기본재산의 100분의 50 이상을 출자 또는 출연한 연구기관
   나. 「고등교육법」 제2조 각 호의 규정에 의한 학교의 연구소
   다. 「민법」 기타 다른 법령의 규정에 의하여 주무관청의 허가를 받아 설립된 법인
   라. 「공인회계사법」 제23조의 규정에 의하여 설립된 회계법인
2. 용역기관의 요건
   가. 정관(학칙)목적상 원가계산업무가 등재되어 있을 것
   나. 원가계산업무에 종사(연구기간 포함)한 경력이 3년 이상인 자 4인, 5년 이상인 자 2인, 이공계 대학 학위소지자 또는 「국가기술자격법」에 의한 기술·기능분야의 기사 이상인 자 2인, 상경대학 학위소지자 2인을 포함하여 10인 이상을 상시 고용하고 있을 것. 다만, 제1호 나목의 경우 상시 고용인원은 대학(교) 직원 또는 대학(교)부설연구소 직원이어야 하며, 각 분야별 상시 고용인원 중 교수(부교수, 조교수, 전임강사 포함)는 1인 이하이어야 한다.

다. 기본재산(자본금 또는 기금)이 2억 원(제1호 “나”목에 해당되는 기관에 있어서는 1억 원) 이상일 것.(자본금은 최근 연도 결산재무제표상의 자산총액에서 부채총액을 차감한 금액으로 함)

② 원가계산용역기관은 본부 외에 별도로 지사 · 지부 또는 출장소, 연락사무소 등을 설치하여 원가계산용역업무를 수행할 수 없다.

제31조의 2(원가계산용역기관에 대한 제재)

원가계산용역기관이 자격요건심사 시 허위서류를 제출하는 등 관련규정을 위반하거나 원가계산용역을 부실하게 한 경우에는 국가기관의 원가계산용역업무를 수행할 수 없도록 해당 용역기관의 주무관청 등 감독기관에 요청할 수 있다.

제32조(원가계산 용역 의뢰 시 주의사항)

① 계약담당공무원은 제31조에 정한 요건을 갖춘 기관에 한하여 원가계산 내용에 따른 전문성이 있는 기관에 용역 의뢰를 하여야 한다. 다만, 제31조의 요건을 갖춘 원가계산용역기관들의 단체로서 「민법」 제32조의 규정에 의하여 설립된 법인이 동 요건충족 여부를 확인한 경우에는 별도의 요건심사를 면제할 수 있다.

② 계약담당공무원은 용역 의뢰 시 제1항 단서에서 규정한 법인에게 원가계산용역기관의 자격요건 심사를 의뢰하여 그 충족 여부를 확인하여야 한다.(제1항 단서에 따라 심사가 면제된 용역기관은 제외)

③ 계약담당공무원은 제1항의 경우 당해 용역기관의 장과 다음 각 호의 사항을 명백히 한 계약서를 작성하여야 한다. 다만, 시행령 제49조의 규정에 의한 계약서 작성을 생략할 경우에도 다음 각 호의 사항을 준용하여 각서 등을 징구하여야 한다.

1. 부실원가계산 시 그 책임에 관한 사항
2. 계약의 해제 또는 해지에 관한 사항
3. 원가계산 내용의 보안유지에 관한 사항
4. 기타 발주관서의 장이 필요하다고 인정되는 사항

④ 계약담당공무원은 최종 원가계산서에 당해 용역기관의 장[대학(교) 연구소의 경우에는 연구소장] 및 책임연구원이 직접 확인 · 서명하였음을 확인하여야 한다.

⑤ 계약담당공무원은 용역기관에서 제출된 최종 원가계산서의 내용이 국가를 당사자로 하는 계약에 관한 법령, 이 예규 및 계약서 등의 용역조건에 부합되는지 여

부를 검토하여 당해 원가계산의 적정을 기하여야 한다. 이 경우 원가계산의 적정성을 기하기 위해 필요하다고 판단되는 때에는 당해 원가계산서를 작성하지 아니한 다른 원가계산용역기관에 검토를 의뢰할 수 있다.

제7절 보칙

第33조(특례설정 등)

① 각 중앙관서의 장은 특수한 사유로 인하여 이 장에 의하기 곤란하다고 인정될 때에는 특례를 설정할 수 있다.

② 각 중앙관서의 장은 반복적 또는 계속적으로 발주되는 공사에 있어서는 최근에 발주된 동종의 공사에 대한 원가계산서에 의거 예정가격을 작성할 수 있다.

第34조(원가계산 자료의 비치 및 활용)

① 계약담당공무원은 원가계산에 의한 예정가격을 작성함에 있어서 계약상대방으로 적당하다고 예상되는 2개 업체 이상의 최근 연도 원가계산 자료에 의거하여, 계약목적물에 관계되는 수치를 활용하거나(수의계약대상 업체에 대하여는 당해 업체의 최근 연도 원가계산 자료), 동 업체의 제조(공정)확인 결과를 활용하여 제7조, 제15조의 비목별 가격 결정 및 제12조, 제20조의 일반관리비 계상을 위한 기초자료로 하여야 한다.

② 계약담당공무원은 공사원가계산을 위하여 각 중앙관서의 장 또는 그가 지정하는 단체에서 제정한 "표준품셈"에 따라 제15조의 비목별 가격결정의 기초자료로 하며, 동 품셈적용대상 공사가 아닌 경우와 동 품셈적용을 할 수 없는 비목계상의 경우에는 제1항을 준용한다.

第35조(외국통화로 표시된 재료비의 환율적용)

예정가격을 산출함에 있어서 외국통화로 표시된 재료비는 원가계산 시 외국환거래법에 의한 기준환율 또는 재정환율을 적용하여 환산한다.

第36조(세부시행기준)

이 예규를 운용함에 있어 필요한 세부사항에 관하여는 기획재정부장관이 그 기준을 정할 수 있다.

제3장 실적공사비에 의한 예정가격 작성

제37조(실적공사비에 의한 예정가격의 산정)

예정가격은 직접공사비, 간접공사비, 일반관리비, 이윤, 공사손해보험료 및 부가가치세의 합계액으로 한다.

제38조(직접공사비)

① 직접공사비란 계약목적물의 시공에 직접적으로 소요되는 비용을 말하며, 계약목적물을 세부공종(회계예규 「정부입찰 · 계약 집행기준」 제19조 등 관련규정에 따른 수량산출기준에 따라 공사를 작업단계별로 구분한 것을 말한다)별로 구분하여 공종별 단가에 수량(계약목적물의 설계서 등에 의해 그 완성에 적합하다고 인정되는 합리적인 단위와 방법으로 산출된 공사량을 말한다)을 곱하여 산정한다.

② 직접공사비는 다음 각 호의 비용을 포함한다.

1. 재료비

   재료비는 계약목적물의 실체를 형성하거나 보조적으로 소비되는 물품의 가치를 말한다.

2. 직접노무비

   공사현장에서 계약목적물을 완성하기 위하여 직접 작업에 종사하는 종업원과 노무자의 기본급과 제수당, 상여금 및 퇴직급여충당금의 합계액으로 한다.

3. 직접공사경비

   공사의 시공을 위하여 소요되는 기계경비, 운반비, 전력비, 가설비, 지급임차료, 보관비, 외주가공비, 특허권 사용료, 기술료, 보상비, 연구개발비, 품질관리비, 폐기물처리비 및 안전점검비를 말하며, 비용에 대한 구체적인 정의는 제19조를 준용한다.

③ 제1항의 공종별 단가를 산정함에 있어 재료비 또는 직접공사경비 중의 일부를 제외할 수 있다. 이 경우 제외할 수 있는 금액의 산정은 별도로 당해 계약목적물 시공기간의 소요(소비)량을 측정하거나 계약서, 영수증 등을 근거로 하여야 한다.

④ 직접공사비는 각 중앙관서의 장 또는 각 중앙관서의 장이 지정하는 기관이 공종별로 직접공사비를 가능한 범위 내에서 조사 · 집계하여 비치한 금액을 활용하여 산정할 수 있다.

제39조(간접공사비)

① 간접공사비란 공사의 시공을 위하여 공통적으로 소요되는 법정경비 및 기타 부수적인 비용을 말하며, 직접공사비 총액에 비용별로 일정요율을 곱하여 산정한다.

② 간접공사비는 다음 각 호의 비용을 포함하며, 비용에 대한 구체적인 정의는 제10조제2항 및 제19조를 준용한다.

1. 간접노무비
2. 산재보험료
3. 고용보험료
4. 국민건강보험료
5. 국민연금보험료
6. 건설근로자퇴직공제부금비
7. 안전관리비
8. 환경보전비
9. 기타 관련법령에 규정되어 있거나 의무 지워진 경비로서 공사원가계산에 반영토록 명시된 법정경비
10. 기타 간접공사경비(수도광열비, 복리후생비, 소모품비, 여비, 교통비, 통신비, 세금과공과, 도서인쇄비 및 지급수수료를 말한다.)

③ 제1항의 일정요율이란 관련법에 의해 각 중앙관서의 장이 정하는 법정요율을 말한다. 다만 법정요율이 없는 경우에는 다수기업의 평균치를 나타내는 공신력이 있는 기관의 통계자료를 토대로 각 중앙관서의 장 또는 계약담당공무원이 정한다.

④ 제38조의 규정에 따라 산정되지 아니한 공종에 대하여도 간접공사비 산정은 제1항 내지 제3항의 규정을 적용한다.

제40조(일반관리비)

① 일반관리비는 기업의 유지를 위한 관리활동 부문에서 발생하는 제비용으로서, 비용에 대한 구체적인 정의와 종류에 대하여는 제12조의 규정을 준용한다.

② 일반관리비는 직접공사비와 간접공사비의 합계액에 일반관리비율을 곱하여 계산한다. 다만, 일반관리비율은 공사규모별로 아래에서 정한 비율을 초과할 수 없다.

일반건설공사		전문 · 전기 · 정보통신 · 소방공사	
(직접공사비+간접공사비)	일반관리비율(%)	(직접공사비+간접공사비)	일반관리비율(%)
5억 원 미만 5억 원~30억 원 미만 30억 원 이상	6.0 5.5 5.0	5천만 원 미만 5천만 원~3억 원 미만 3억 원 이상	6.0 5.5 5.0

제41조(이윤)

이윤은 영업이익을 말하며 직접공사비, 간접공사비 및 일반관리비의 합계액에 이윤율을 곱하여 계산한다. 다만, 이윤율은 10%를 초과할 수 없다.

제42조(공사손해보험료)

회계예규 「정부입찰 · 계약 집행기준」 제11장에 따른 공사손해보험가입 비용을 말한다.

제43조(총괄집계표의 작성)

계약담당공무원이 실적공사비에 따라 예정가격을 작성하는 경우, 예정가격을 직접공사비, 간접공사비, 일반관리비, 이윤, 공사손해보험료 및 부가가치세로 구분하여 별표 6의 총괄집계표를 작성하여야 한다.

제44조(세부시행기준)

계약담당공무원은 이 장을 운용함에 있어 필요한 세부사항을 정할 수 있다.

제4장 전문가격조사기관의 등록 및 조사업무

제45조(전문가격조사기관 등록)

이 장은 전문가격조사기관의 등록에 관하여 필요한 사항을 정함으로써, 공신력 있는 조사기관에 의한 조사가격의 객관성과 신뢰성을 확보하여 예정가격의 합리적 결정과 이에 따른 예산의 효율적 집행을 도모함을 목적으로 한다.

제46조(등록자격요건)

조사기관으로 등록하고자 하는 자는 다음 각 호의 자격요건을 갖추어야 한다.

1. 정관상 사업목적에 가격조사업무가 포함되어 있는 비영리법인
2. 별첨 "표준가격 조사요령"에 의하여 조사한 가격의 정보에 관한 정기간행물을 월1회 이상 발행한 실적이 있는 자

제47조(등록신청)

제46조의 자격요건을 갖춘 자가 조사기관으로 등록하고자 할 경우에는 별표 7의 등록 신청서에 다음 각 호의 서류를 첨부하여 기획재정부장관에게 제출하여야 한다.

1. 비영리법인의 설립허가서, 등기부등본 및 정관사본 1부
2. 제46조제2호에 규정한 사항을 증명할 수 있는 자료 1부
3. 조사요원 재직증명서 1부
4. 「국가기술자격법 시행규칙」 제4조 관련 별표 5(기술 · 기능분야)에 의한 기계, 전기, 통신, 토목, 건축 직무분야 중 3개 이상 직무분야의 산업기사 이상인 자의 재직증명서 1부

제48조(등록증의 교부)

기획재정부장관은 제47조에 의한 조사기관등록신청자가 제46조의 자격요건을 갖춘 경우에는 조사기관등록대장에 등재하고, 그 신청인에게 별표 8의 조사기관등록증을 교부한다.

제49조(가격정보에 관한 간행물)

① 조사기관으로 등록한 기관은 매월 1회 이상 별첨 표준가격 조사요령에 의하여 조사한 가격의 정보에 관한 정기간행물을 발행하여야 한다.

② 제1항의 규정에 의한 가격의 정보에 관한 정기간행물에는 조사기관의 등록번호와 등록 연월일을 기재하여야 한다.

제50조(등록사항의 변경신청)

① 조사기관으로 등록한 자가 제46조의 등록요건과 법인명, 대표자, 주소 등이 변경된 때에는 별표 9의 등록사항변경신고서를 작성하여 기획재정부장관에게 60일 이내에 신고하여야 한다.

② 기획재정부장관은 제1항의 등록사항변경신고서의 내용에 따라 조사기관등록증

을 재발급한다. 단, 등록번호 및 등록연월일은 변경하지 아니한다.

제51조(등록의 취소)

기획재정부장관은 다음 각 호의 1에 해당될 경우에는 조사기관의 등록을 취소할 수 있다.

1. 제46조의 규정에 의한 자격요건에 미달될 때
2. 정당한 조사방법에 의하지 아니하고 담합 등 허위로 가격을 게재하는 경우
3. 자료제출의 요구를 받고도 정당한 사유 없이 이를 제출하지 아니하는 경우
4. 3회 이상 시정조치를 받고도 이에 응하지 않은 경우
5. 타 조사원이 윤리강령 등에 위배되는 행동으로 인하여 사회적 물의를 야기한 경우

제52조(등록기관의 지도감독)

① 기획재정부장관은 제45조에 규정한 목적을 달성하기 위하여 필요하다고 인정될 때에는 조사기관에 대하여 가격조사에 관한 필요한 지시 및 시정조치를 명할 수 있다.

② 기획재정부장관은 연 1회 이상 조사기관에 대하여 감사를 할 수 있다.

제5장 보칙

제53조(유효기한)

이 예규는 「훈령 · 예규 등의 발령 및 관리에 관한 규정」(대통령훈령 제248호)에 따라 이 예규발령 후의 법령이나 현실여건의 변화 등을 검토하여야 하는 2012년 9월 21일까지 효력을 가진다.

부칙 〈제2200.04-160-8호, 2010. 10. 22〉

제1조(시행일) 이 회계예규는 2010년 10월 22일부터 시행한다.

[별첨] 표준가격 조사요령(제4장 관련)

제1조(조사대상 가격)

조사기관이 조사할 가격은 저부가 기업 등의 대량수요자가 생산자 또는 도매상으로부터 구입하는 가격(이하 "대량수요자 도매가격"이라 한다)을 원칙으로 하되 필요에 따라 그 외의 가격으로 할 수 있다.

제2조(가격의 구분)

① 가격은 그 형성되는 유형에 따라 시장거래가격, 생산자공표가격, 행정지도가격으로 구분한다.

1. "시장거래가격"이라 함은 수요와 공급의 원리에 의한 시장의 가격조절기능을 통하여 형성되는 가격을 말한다.
2. "생산자공표가격"이라 함은 상품의 성능 · 시방 등이 표준화되어 있지 않거나 독과점으로 인하여 시장거래가격의 조사가 곤란한 경우에 생산자가 대외적으로 공표한 판매희망 가격을 말한다.
3. "행정지도가격"이라 함은 국민경제의 안정을 위하여 필요하다고 인정되는 상품에 대하여 정부가 그 거래가격의 상한선을 지정 · 고시하는 가격을 말한다.

② 가격은 그 유통단계에 따라 생산자가격, 도매가격, 대리점가격 또는 소매가격으로 구분한다.

1. "생산자가격"이라 함은 생산자로부터 수요자에게 인도되는 가격을 말한다.
2. "대리점가격"이라 함은 대리점으로부터 수요자에게 인도되는 가격을 말한다.
3. "소매가격"이라 함은 소매상으로부터 수요자에게 인도되는 가격을 말한다.

③ 가격에는 판매방법, 거래량, 결제조건, 기타 부가가치세 등 국세의 포함 여부 등 거래조건에 의한 구분이 명백하게 표시되어져야 한다.

1. "판매방법"이라 함은 생산자 등이 상품을 수요자에게 인도하는 장소 또는 방법을 말한다.
2. "거래량"이라 함은 통상적인 거래기준량, 즉 거래수량 하한선을 말한다.
3. "결제조건"은 현금에 의한 결제를 원칙으로 한다.
4. 기타 부가가치세, 특별소비세, 교육세, 관세 등의 포함여부를 구분한다.

제3조(조사대상 상품)

① 조사기관이 조사대상 상품을 선정할 경우 당해 상품의 유통성 · 장래성 및 다른 상품에의 영향 등을 고려하여 단위 품조별로 1,000개 이상으로 한다.

② 제1항의 규정에 의한 조사대상 상품이 동일한 경우라 하더라도 생산자에 따라 그 상품의 성능 · 시방 등에 차이가 있을 경우에는 생산자를 구분한다.(이하 "생산자 구분품목"이라 한다.)

③ 제1항 및 제2항의 규정에 의한 조사대상 상품에 대하여는 별표 10에 의한 조사표를 작성 · 비치하여야 한다.

제4조(조사처)

① 조사처는 제5조의 규정에 의한 조사대상 도시에 있어 당해 상품의 취급량이 많고 신뢰도가 높은 생산자를 대상으로 하여 3개 업체 이상으로 한다.

② 제1항의 규정에 의한 조사처에 대하여는 별표 11 및 별표 12에 의한 조사대장 및 품목별 조사처 대장을 작성 · 비치하여야 한다.

제5조(조사대상 도시)

조사대상 도시는 인구 · 산업 · 교육문화 · 행정 · 도로교통사정 · 자연지리조건 등을 서울지역, 경기지역, 강원지역, 충청지역, 전라지역, 경상지역 및 제주지역으로 한다.

제6조(조사방법)

① 가격조사는 제4조의 규정에 의한 조사처를 대상으로 매월 일정한 기간 내에 동일한 기준과 조건으로 면접에 의한 직접조사를 원칙으로 하되, 증빙서류 등에 의한 간접조사를 병행할 수 있으며, 자재의 품귀, 2중 가격 형성 등으로 조사처에 대한 조사만으로 적정한 가격을 파악하기 곤란한 경우에는 수요자를 대상으로 하는 보충조사에 의할 수 있다.

② 제1항의 규정에 의한 조사를 하고자 할 때에는 조사처(면접자 포함), 대상 품종, 조사자, 조사일시, 조사지역, 조사가격 및 거래조건 등이 기재된 조사조서를 작성 · 비치하여야 한다.

③ 제3조 및 제4조의 규정에 의한 조사대상 상품, 조사처 등은 정당한 사유 없이 이를 변경할 수 없다.

제7조(공표가격의 결정)

조사기관이 조사하여 공표할 가격은 최빈치가격으로 한다. 다만 이것이 없을 경우에는 조사처의 거래비중을 고려한 가중평균가격으로 할 수 있다.

제8조(수시조사)

제1조 내지 제7조의 규정은 계약담당공무원이 가격조사를 의뢰하는 수시조사의 경우에 이를 준용한다.

제9조(조사요원 등)

① 조사기관의 가격조사에 종사하는 조사요원(이하 "조사요원"이라 한다.)은 전임제로 한다.

② 조사요원은 30인 이상으로 한다. 이 경우 제5조의 규정에 의한 조사지역별 각1인 이상을 포함한다.

③ 조사기관은 조사요원에 대한 자격요건 및 윤리강령을 제정 · 운용하여야 하고 기타 적정한 조사가 이루어질 수 있도록 그 자질을 유지할 수 있는 교육 등 필요한 조치를 하여야 한다.

④ 조사요원은 소정의 조사증표를 휴대하여야 하고, 면접자가 이의 제시를 요구할 경우에는 그에 응해야 한다.

⑤ 제2항의 규정에 의한 조사요원 외에 제47조제4호에 의한 자가 그 직무분야별로 1인 이상이어야 한다.

제10조(보고)

조사기관은 제3조, 제4조 및 제9조의 규정에 의한 조사상품 기본조사표, 조사처대장, 조사요원의 자격, 윤리강령, 조사증표 등을 재정경제부장관에게 보고하여야 한다.

제11조(보존기한)

조사기간은 제3조위 규정에 의한 조사상품 기본조사표는 5년, 제4조 및 제6조의 규정에 의한 조사처 대장 및 조사조서 등은 3년 이상 보관한다.

부칙 〈2005. 12. 30〉

① 이 예규는 2005년 12월 30일부터 시행한다. 다만, 제31조제2호의 개정규정은 이 예규 시행 후 3월이 경과한 날부터 시행한다. 또한 별첨 표준가격 조사요령(제4장 관련) 제9조제1항의 개정규정은 이 예규 시행 후 6월이 경과한 날부터 시행하며, 기존의 등록기관은 동 기간 내에 개정된 요건을 충족하여 제47조의 규정에 의하여 등록신청을 하여야 한다.

② 이 예규 시행과 동시에 회계예규 2200.04-105-9 원가계산에 의한 예정가격 작성 준칙, 2200.04-157 실적공사비에 의한 예정가격 작성 준칙 및 2200.04-146-1 전문가격조사기관 등록에 관한 준칙은 폐지한다.

부칙 〈2006. 05. 25〉

① 이 예규는 2006년 5월 25일부터 시행한다.

부칙 〈2006. 07. 13〉

① 이 예규는 2006년 7월 13일부터 시행한다.

부칙 〈2006. 12. 29〉

① 이 예규는 2006년 12월 29일부터 시행한다.

[별표 1]

제조원가계산서

품명 : 생산량 :

규격 : 단 위 : 제조기간 :

비목		구분	금액	구성비	비고
제조원가	재료비	직접재료비 간접재료비 작업설 · 부산물 등(△)			
제조원가	재료비	소계			
제조원가	노무비	직접노무비 간접노무비			
제조원가	노무비	소계			
제조원가	경비	전력비 수도광열비 운반비 감가상각비 수리수선비 특허권사용료 기술료 연구개발비 시험검사비 지급임차료 보험료 복리후생비 보관비 외주가공비 산업안전보건관리비 소모품비 여비 · 교통비 · 통신비 세금과공과 폐기물처리비 도서인쇄비 지급수수료 기타법정경비			
제조원가	경비	소계			
일반관리비 ( ) %					
이윤 ( ) %					
총비용					

[별표 2]

공사원가계산서

공사명 : 　　　　　　　　공사기간 :

비목 \ 구분			금액	구성비	비고
제조원가	재료비	직접재료비 간접재료비 작업설·부산물 등(△)			
		소계			
	노무비	직접노무비 간접노무비			
		소계			
	경비	전력비 수도광열비 운반비 기계경비 특허권사용료 기술료 연구개발비 품질관리비 가설비 지급임차료 보험료 복리후생비 보관비 외주가공비 산업안전보건관리비 소모품비 여비·교통비·통신비 세금과공과 폐기물처리비 도서인쇄비 지급수수료 환경보전비 안전관리비 건설근로자퇴직공제부금비 기타법정경비			
		소계			
일반관리비[(재료비+노무비+경비)×( )%]					
이윤[(노무비+경비+일반관리비)×( )%]					
총비용					
공사손해보험료[보험가입대상 공사부분의 총원가×( )%]					

[별표 3]

일반관리비율

업 종	일반관리비율(%)
○ 제조업	
음 · 식료품의 제조 · 구매	14
섬유 · 의복 · 가죽제품의 제조 · 구매	8
나무 · 나무제품의 제조 · 구매	9
종이 · 종이제품 · 인쇄출판물의 제조 · 구매	14
화학 · 석유 · 석탄 · 고무 · 플라스틱제품의 제조 · 구매	8
비금속광물제품의 제조 · 구매	12
제1차 금속제품의 제조 · 구매	6
조립금속제품 · 기계 · 장비의 제조 · 구매	7
기타 물품의 제조 · 구매	11
○ 시설공사업	6

(주1) 업종 분류 : 한국표준산업 분류에 의함.

[별표 4]

학술연구용역 원가계산서

비목 \ 구분	금액	구성비	비고
인 건 비			
책 임 연 구 원			
연 구 원			
연 구 보 조 원			
보 조 원			
경 비			
여 비			
유 인 물 비			
전 산 처 리 비			
시약 및 연구용역 재료비			
회 의 비			
임 차 료			
교 통 통 신 비			
감 가 상 각 비			
일 반 관 리 비( )%			
이 윤( )%			
총 원 가			

[별표 5]

학술연구용역 인건비 기준단가

등급	월 임금
책임연구원	
연구원	
연구보조원	
보조원	

[별표 6]

총괄집계표

비목 / 구분		금액	구성비	비고
직접공사비				
간접공사비	간접노무비			
	산재보험료			
	고용보험료			
	안전관리비			
	환경보전비			
	퇴직공제부금비			
	수도광열비			
	복리후생비			
	소모품비			
	여비·교통비·통신비			
	세금과공과			
	도서인쇄비			
	지급수수료			
	기타법정경비			
일반관리비				
이윤				
공사손해보험료				
부가가치세				
합계				

| 참 | 고 | 문 | 헌 |

1. 강병두, 건축적산, 구미서관, 2008
2. 배대권, 건축적산학 강의노트, 한경대학교, 2010
3. 유원대 외 2인, 최신건축적산, 한국이공학사, 2008
4. 조병후 외 4인, 건축적산실습, 기문당, 2004
5. 건축공학연구회 역, 건축시공핸드북, 기문당
6. 장영진 · 이홍목 · 장철인, 건축적산, 기문당
7. 염환석 · 유봉열 · 송창영, 건축구조재료실험, 기문당
8. 조준현, 개정판 건축공사감리요람, 기문당
9. 대한건축학회, 건축구조설계기준, 기문당
10. 편찬위원회, 건설공사표준품셈, 건설연구원
11. 한국물가정보, 적산정보, 2006
12. 전인식, 표준품셈 무엇이 문제인가, 한국적산연구소, 2003
13. 장영춘, 건축적산실무, 기문당, 2005
14. 김정현, 건축시공 · 적산, 기공사, 1999
15. 대우자동차판매/건설부문, 건축시공기술표준, 2004
16. 배대권, 대형거푸집공사의 투입노무량에 관한 연구, 한양대, 1994
17. 배대권, 건설업의 표준매뉴얼과 절차서, 기문당, 2000
18. http://www.codil.or.kr
19. http://www.kpi.or.kr
20. http://www.concm.net
21. http://www.insurance.or.kr

저자소개

배대권(裵大權)

[학력 및 경력]

- 한양대학교 대학원 졸업 (공학박사)(건설사업관리 전공)
- (주)한국마벨 근무
- (주)한양 근무
- 한솔건설(주) 근무

현재 세기코리아컨설팅 대표
(주)세기경영기술연구원 대표이사
한경대학교 겸임교수
광운대학교 외래교수

[주요자격]

- 건축시공기술사(등록번호:96148070032H)
- ISO9000심사원(국내/국제)

[주요저서]

- 프로세스경영과 성과관리
- 건설ISO인증해설
- 건설환경경영시스템해설
- 건설사업관리실무(2005, 기문당)
- 건설품질경영실무(2003, 기문당)
- 건설관리시스템해설(2000, 기문당)

[주요논문]

- Improving Quality by Managing ISO 9000 Audit Nonconformity in Korean Construction Industry (2006, 한양대 박사학위논문)
- Classifying Audit Result of ISO9000 in Architectural Design and Engineering Firms(2005, JAABE, Journal of Asian Architecture Building Engineering)
- Analysis in the ISO 9001 Audit Results of Construction Management Firms(2006, CMAA, Construction Management Association of America)
- 건설회사의 품질경영 시스템 심사 결과의 유형분석을 통한 업무프로세스 개선방안(2005, 대한건축학회)
- 설계 및 엔지니어링과 건설회사의 품질심사 사례분석을 통한 업무프로세스 개선방안(2005, 대한건축학회)
- 설계엔지니어링 분야의 품질경영시스템 심사결과 유형 분석(2005, 한국건설관리학회)

[주요프로젝트]

- 건설신기술 심사제도 및 현장 활용성 제고방안 연구(2008-2009, 한국건설교통기술평가원)
- 행정중심복합도시 이전계획수립 연구(2007, 한국법제연구원)
- 조직활성화를 위한 경영진단 연구(2008, 한국건설기술인협회)
- 건설공사 점검분야 부패위험성진단(B.P.R)연구(2005, 국가청렴위원회)
- 소방시설 점검분야 부패위험성진단(B.P.R)연구(2006, 국가청렴위원회)

[주요활동]

- 한국기술사회 정회원
- 대한건축학회 정회원
- 건설신기술 심사위원, 자문위원(국토해양부)
- 국가기술수준 평가위원(교육과학기술부)
- 중소기업청 R&D 연구과제 평가위원(지식경제부)
- 한국과학기술정보연구원 위촉 전문연구위원
- 한국건설관리학회 정회원
- 한국품질경영학회 정회원
- 건설교통 R&D 연구과제 평가위원(국토해양부)
- 건설전문심리위원(법원행정처)
- LH공사 주택건설사업단 자문위원
- 한국건설기술연구원 객원연구원

건축적산과 원가관리

2012년 9월 15일 1판 1쇄 인쇄
2012년 9월 20일 1판 1쇄 발행

저　　자 배대권
발 행 인 강해작
발 행 처 기문당
주　　소 서울 성동구 무학봉 28길 4-1 (왕십리동 966-22)
전　　화 02) 2295-6171(代)~5
팩　　스 02) 2296-8188
출판등록 1976. 10. 7 (1-44)
홈페이지 http://기문당
http://www.kimoondang.com
I S B N 978-89-6225-438-9 93540
정　　가 22,000원